普通高等教育数学基础课程“十二五”规划教材——工程数学

线性代数

第2版

同济大学数学科学学院　编著

同济大学出版社
TONGJI UNIVERSITY PRESS
·上海·

内 容 提 要

本书按照教育部最新制定的"工科类本科数学基础课程(线性代数)教学基本要求",结合作者的多年教学经验及编写同类教材的体会,本着"以应用为主,以必需够用为度"的原则编写而成。全书内容包括行列式、矩阵、矩阵的初等变换与线性方程组、向量组的线性相关性、相似矩阵和二次型及线性空间等基本知识与基本理论。本书突出线性代数的计算和方法,淡化线性代数的理论的叙述,把抽象内容与具体问题相结合。书后附有习题参考答案与部分习题解答或提示。本书内容流畅,简洁,易教易学。不论是在教学还是在自学方面,本书都是一部使用较为方便的教材。

本书可供普通高等院校工科类、理科类(非数学专业)及经济管理类各专业学生使用,也可供自学者和科技工作者阅读。

图书在版编目(CIP)数据

线性代数/同济大学数学科学学院编著. -- 2版.
--上海:同济大学出版社,2017.7(2024.1重印)
ISBN 978-7-5608-5828-9

Ⅰ.①线… Ⅱ.①同… Ⅲ.①线性代数—高等学校—教材 Ⅳ.①O151.2

中国版本图书馆 CIP 数据核字(2015)第 089030 号

普通高等教育数学基础课程"十二五"规划教材——工程数学

线性代数 第2版

同济大学数学科学学院 编著

责任编辑 陈佳蔚 　责任校对 徐春莲 　封面设计 潘向蓁

出版发行		同济大学出版社　www.tongjipress.com.cn
		(地址:上海市四平路1239号　邮编:200092　电话:021-65985622)
经	销	全国各地新华书店
印	刷	大丰科星印刷有限责任公司
开	本	710 mm×960 mm　1/16
印	张	12.25
字	数	245 000
版	次	2017年7月第2版
印	次	2024年1月第4次印刷
书	号	ISBN 978-7-5608-5828-9
定	价	28.00元

本书若有印装质量问题,请向本社发行部调换　　版权所有　　侵权必究

前　言

本书是以1999年2月《线性代数》教材(同济大学出版社版)框架为基础,本着"以应用为主,以必需够用为度"的原则,淡化理论的叙述,强调计算与应用.从展开式出发,用递归法给出了 n 阶行列式的定义,突出了行列式的计算与应用.由于矩阵和向量组的对应关系,从矩阵运算出发,先叙述线性方程组解的充分必要条件,后讨论向量组的线性相关性问题;再从向量组的线性相关性出发,讨论线性方程组解的结构,使抽象的概念变得较易理解和掌握.

本书自2011年7月第1版出版以来,收到不少读者的建议和意见.此次2版是在原有的框架基础上,认真分析这些意见和建议,并广泛参阅了许多同类教材,适当调整一些章节的编排;修正了几处说理和证明;文字上作了进一步的修改和删节,使本书的内容更流畅,简洁,易教,更易学.同时对相应的习题也作了适当的调整.

在第2版付稿之际,我们对同济大学出版社给予教材编写的大力支持,表示衷心的感谢.

由于编者水平有限,本书难免有不足、疏漏之处,恳请广大读者批评、指正.

编　者

于2017.6

第 1 版前言

“线性代数”是大学数学的一门重要课程，作为体现教学内容和教学方法的载体，教材对教与学的效果起着重要作用，我们根据当前工科类、理科类（非数学专业）及经济管理类线性代数各专业的教学要求，总结多年教学经验以及编写同类教材的体会，编写了这本《线性代数》教材.

本书在编写时努力做到概念清楚，重点突出，分散难点，解说准确，便于教与学，在内容的选取和安排上侧重学生基本能力的培养，突出计算和方法. 例如，用递推归纳的方法引出 n 阶行列式的定义，使问题的叙述较为直接明了，然后用实例介绍计算行列式的方法，尤其把矩阵的初等变换放在十分重要的位置. 例如，从线性方程组的消元法引出矩阵的初等变换；强调利用矩阵的行初等变换求解相应问题；注意到矩阵方法和线性方程组解法之间的联系，利用矩阵秩和矩阵的行初等变换方便地得出线性方程组解的充分必要条件及解法. 又利用线性方程组的有关结果以及行初等变换讨论了列向量组的线性相关性和相应的线性关系，从而得出线性方程组解结构的确定性，这种讨论过程使抽象的概念变得较易掌握与理解.

在编写教材的过程中，既注意到教材内容的实用性，又注意到教学内容的完整性，故编入第 6 章“线性空间”，并用较详尽的列举来说明抽象的概念，目的在于开阔学生的思路，对线性代数问题有更深入的理解和认识，以供有教学要求的工科专业学生选学.

本书融部分学习指导内容于教材内容中，且针对学生在学习中常见的错误作了相应的叙述和分析. 同时，对书中非必读内容作小字排版或标有星号（*），书后附有参考答案与部分习题解答及提示，便于学习.

本书由黄临文编写，在编写过程中，编者广泛参阅了许多兄弟院校的同类教材及有关资料，在此表示衷心的感谢！

限于编者水平，书中难免存在不足与疏漏之处，恳请广大读者批评、指正.

编　者

2011 年 6 月于同济

目　　录

第1章　行　列　式

本章介绍 n 阶行列式的定义、性质和计算方法，还介绍用行列式求解线性方程组的克拉默(Cramer)法则.

1.1　n 阶行列式的定义

1.1.1　二元线性方程组和二阶行列式

用消元法解二元线性方程组

$$\begin{cases} a_{11}x_1 + a_{12}x_2 = b_1, & ① \\ a_{21}x_1 + a_{22}x_2 = b_2. & ② \end{cases} \tag{1-1}$$

为消去未知数 x_2，以 a_{22} 乘式①减去 a_{12} 乘式②(记作 $a_{22}\times$式①$-a_{12}\times$式②)，得

$$(a_{11}a_{22} - a_{12}a_{21})x_1 = b_1a_{22} - a_{12}b_2.$$

为消去未知数 x_1，以 a_{11} 乘式②减去 a_{21} 乘式①(记作 $a_{11}\times$式②$-a_{21}\times$式①)，得

$$(a_{11}a_{22} - a_{12}a_{21})x_2 = a_{11}b_2 - b_1a_{21}.$$

当 $a_{11}a_{22} - a_{12}a_{21} \neq 0$ 时，得方程组(1-1)的解为

$$\begin{cases} x_1 = \dfrac{b_1a_{22} - a_{12}b_2}{a_{11}a_{22} - a_{12}a_{21}}, \\ x_2 = \dfrac{a_{11}b_2 - b_1a_{21}}{a_{11}a_{22} - a_{12}a_{21}}. \end{cases} \tag{1-2}$$

式(1-2)中的分子、分母都是四个数分两对相乘再相加而得，其中分母 $a_{11}a_{22} - a_{12}a_{21}$ 是由方程组的四个系数所确定，把这四个数按它们在方程组(1-1)中的位置，排成两行两列的数表

$$\begin{matrix} a_{11} & a_{12} \\ a_{21} & a_{22} \end{matrix} \tag{1-3}$$

运算 $a_{11}a_{22} - a_{12}a_{21}$ 称为数表(1-3)所确定的**二阶行列式**，并记作 $\begin{vmatrix} a_{11} & a_{12} \\ a_{21} & a_{22} \end{vmatrix}$.

其中，D 称为三元线性方程组的系数行列式，D_j 是以常数项 b_1, b_2, b_3 分别替换系数行列式中 a_{1j}, a_{2j}, a_{3j}（未知数 x_j 的系数，$j=1, 2, 3$）所得的行列式. 于是当系数行列式 $D \neq 0$ 时，方程组有唯一解：

$$x_1 = \frac{D_1}{D}, \quad x_2 = \frac{D_2}{D}, \quad x_3 = \frac{D_3}{D}.$$

1.1.3 *n* 阶行列式

我们用递归法给出 n 阶行列式的定义.

由三阶行列式的定义，可得

$$\begin{aligned}
\begin{vmatrix} a_{11} & a_{12} & a_{13} \\ a_{21} & a_{22} & a_{23} \\ a_{31} & a_{32} & a_{33} \end{vmatrix} &= a_{11}a_{22}a_{33} + a_{12}a_{23}a_{31} + a_{13}a_{21}a_{32} - \\
&\quad a_{13}a_{22}a_{31} - a_{12}a_{21}a_{33} - a_{11}a_{23}a_{32} \\
&= a_{11}(a_{22}a_{33} - a_{23}a_{32}) - a_{12}(a_{21}a_{33} - a_{23}a_{31}) + \\
&\quad a_{13}(a_{21}a_{32} - a_{22}a_{31}) \\
&= a_{11}\begin{vmatrix} a_{22} & a_{23} \\ a_{32} & a_{33} \end{vmatrix} - a_{12}\begin{vmatrix} a_{21} & a_{23} \\ a_{31} & a_{33} \end{vmatrix} + a_{13}\begin{vmatrix} a_{21} & a_{22} \\ a_{31} & a_{32} \end{vmatrix}.
\end{aligned}$$

从上式可以看到，三阶行列式等于它的第一行的每个元素分别乘一个二阶行列式的代数和.

记 $$M_{11} = \begin{vmatrix} a_{22} & a_{23} \\ a_{32} & a_{33} \end{vmatrix}, \quad M_{12} = \begin{vmatrix} a_{21} & a_{23} \\ a_{31} & a_{33} \end{vmatrix}, \quad M_{13} = \begin{vmatrix} a_{21} & a_{22} \\ a_{31} & a_{32} \end{vmatrix}$$

分别是在三阶行列式

$$D = \begin{vmatrix} a_{11} & a_{12} & a_{13} \\ a_{21} & a_{22} & a_{23} \\ a_{31} & a_{32} & a_{33} \end{vmatrix}$$

中，划去元素 $a_{1j}(j=1, 2, 3)$ 所在的第 1 行和第 j 列的元素，剩下的元素按原来位置顺序组成的二阶行列式叫做元素 a_{1j} 的**余子式**，记作 $M_{1j}(j=1, 2, 3)$，且记 $A_{1j} = (-1)^{1+j}M_{1j}$，称 A_{1j} 为元素 a_{1j} 的**代数余子式**.

利用代数余子式，三阶行列式可写成

$$D = a_{11}(-1)^{1+1}M_{11} + a_{12}(-1)^{1+2}M_{12} + a_{13}(-1)^{1+3}M_{13}$$
$$= a_{11}A_{11} + a_{12}A_{12} + a_{13}A_{13} = \sum_{j=1}^{3} a_{1j}A_{1j},$$

这表明,三阶行列式等于它的第一行的每一个元素与对应的代数余子式乘积的和.

如果规定一阶行列式 $D_1 = |a_{11}| = a_{11}$,并记二阶行列式中元素 $a_{1j}(j=1, 2)$ 的代数余子式分别为

$$A_{11} = (-1)^{1+1}|a_{22}| = a_{22}, \quad A_{12} = (-1)^{1+2}|a_{21}| = -a_{21},$$

于是,二阶行列式也可类似写成

$$D = \begin{vmatrix} a_{11} & a_{12} \\ a_{21} & a_{22} \end{vmatrix} = a_{11}A_{11} + a_{12}A_{12} = \sum_{j=1}^{2} a_{1j}A_{1j},$$

这也表明,二阶行列式等于它的第一行的每一个元素与对应代数余子式乘积的和.

定义 1.1 设有 n^2 个数 $a_{ij}(i, j = 1, 2, \cdots, n)$ 排成 n 行 n 列的数表,定义 **n 阶行列式**

$$D = \begin{vmatrix} a_{11} & a_{12} & \cdots & a_{1n} \\ a_{21} & a_{22} & \cdots & a_{2n} \\ \vdots & \vdots & & \vdots \\ a_{n1} & a_{n2} & \cdots & a_{nn} \end{vmatrix} = a_{11}A_{11} + a_{12}A_{12} + \cdots + a_{1n}A_{1n} = \sum_{j=1}^{n} a_{1j}A_{1j},$$

其中,$A_{1j} = (-1)^{1+j}M_{1j}$ 是元素 a_{1j} 的代数余子式,M_{1j} 是元素 a_{1j} 的余子式(在 n 阶行列式中,划去元素 a_{1j} 所在的第一行第 j 列的元素,剩下的元素按原来位置组成的 $n-1$ 阶行列式). 也就是 n 阶行列式等于它的第一行的每一个元素与对应代数余子式乘积的和.

用递归法给出的 n 阶行列式的定义表明: n 阶行列式等于它的第一行的每一个元素与对应代数余子式乘积的和. 这个和式给出了计算 n 阶行列式的具体公式: 我们可以用二阶行列式来计算三阶行列式,用三阶行列式来计算四阶行列式;如此,可用 $n-1$ 阶行列式计算 n 阶行列式. 一般又称这个和式为 n 阶行列式按行列式的第一行的展开式.

例 1.3 计算行列式

$$D = \begin{vmatrix} 3 & 0 & 0 & -5 \\ -4 & 1 & 0 & 2 \\ 6 & 5 & 7 & 0 \\ -3 & 4 & -2 & -1 \end{vmatrix}.$$

解 由行列式的定义,把行列式按第一行展开,得

$$D=3\times(-1)^{1+1}\begin{vmatrix}1&0&2\\5&7&0\\4&-2&-1\end{vmatrix}+(-5)\times(-1)^{1+4}\begin{vmatrix}-4&1&0\\6&5&7\\-3&4&-2\end{vmatrix}$$

$$=3\left[1\times(-1)^{1+1}\begin{vmatrix}7&0\\-2&-1\end{vmatrix}+2\times(-1)^{1+3}\begin{vmatrix}5&7\\4&-2\end{vmatrix}\right]+$$

$$5\left[(-4)\times(-1)^{1+1}\begin{vmatrix}5&7\\4&-2\end{vmatrix}+1\times(-1)^{1+2}\begin{vmatrix}6&7\\-3&-2\end{vmatrix}\right]$$

$$=3[-7+2(-10-28)]+5[(-4)\times(-10-28)-(-12+21)]$$

$$=466.$$

例 1.4 证明下三角形行列式

$$\begin{vmatrix}a_{11}&&&0\\a_{21}&a_{22}&&\\\vdots&\vdots&\ddots&\\a_{n1}&a_{n2}&\cdots&a_{nn}\end{vmatrix}=a_{11}a_{22}\cdots a_{nn}.$$

下三角形行列式的特点是：主对角线下方的元素不全为零，上方的元素全为零.

证明 由行列式定义，下三角形行列式等于它的第一行元素与第一行元素对应代数余子式乘积的和，把行列式按第一行展开，得

$$\begin{vmatrix}a_{11}&&&0\\a_{21}&a_{22}&&\\\vdots&\vdots&\ddots&\\a_{n1}&a_{n2}&\cdots&a_{nn}\end{vmatrix}=a_{11}(-1)^{1+1}\begin{vmatrix}a_{22}&&&0\\a_{32}&a_{33}&&\\\vdots&\vdots&\ddots&\\a_{n2}&a_{n3}&\cdots&a_{nn}\end{vmatrix}$$

$$\xlongequal{\text{再由行列式定义}}a_{11}a_{22}(-1)^{1+1}\begin{vmatrix}a_{33}&&&0\\a_{43}&a_{44}&&\\\vdots&\vdots&\ddots&\\a_{n3}&a_{n4}&\cdots&a_{nn}\end{vmatrix}$$

$$\xlongequal{\text{以此类推}}\cdots=a_{11}a_{22}\cdots a_{nn}.$$

特别地，对角线行列式

$$\begin{vmatrix}\lambda_1&&&0\\&\lambda_2&&\\&&\ddots&\\0&&&\lambda_n\end{vmatrix}=\lambda_1\lambda_2\cdots\lambda_n.$$

一般地，在 n 阶行列式中划去元素 a_{ij} 所在的第 i 行和第 j 列的元素，剩下的 $n-1$ 阶行列式即为元素 a_{ij} 的余子式，记作 M_{ij}，即

$$M_{ij}=\begin{vmatrix} a_{11} & \cdots & a_{1\,j-1} & a_{1\,j+1} & \cdots & a_{1n} \\ \vdots & & \vdots & \vdots & & \vdots \\ a_{i-1\,1} & \cdots & a_{i-1\,j-1} & a_{i-1\,j+1} & \cdots & a_{i-1\,n} \\ a_{i+1\,1} & \cdots & a_{i+1\,j-1} & a_{i+1\,j+1} & \cdots & a_{i+1\,n} \\ \vdots & & \vdots & \vdots & & \vdots \\ a_{n1} & \cdots & a_{n\,j-1} & a_{n\,j+1} & \cdots & a_{nn} \end{vmatrix}.$$

在余子式 M_{ij} 前面加符号 $(-1)^{i+j}$，即为元素 a_{ij} 的代数余子式，记作 A_{ij}，即

$$A_{ij}=(-1)^{i+j}M_{ij}.$$

应该注意：行列式中元素 a_{ij} 的代数余子式(余子式连同其代数符号)只与元素 a_{ij} 在行列式中的位置有关，而与元素本身无关.

为了下面表述方便，用 $M\begin{pmatrix} i & k \\ j & l \end{pmatrix}$ 表示在 n 阶行列式中划去元素 a_{ij} 以及 a_{kl} 所在行和列，剩下的元素按原来位置所组成 $n-2$ 阶行列式. 有 $M\begin{pmatrix} i & k \\ j & l \end{pmatrix}=M\begin{pmatrix} k & i \\ l & j \end{pmatrix}$.

1.2 n 阶行列式的性质与按行(列)展开

设

$$D=\begin{vmatrix} a_{11} & a_{12} & \cdots & a_{1n} \\ a_{21} & a_{22} & \cdots & a_{2n} \\ \vdots & \vdots & & \vdots \\ a_{n1} & a_{n2} & \cdots & a_{nn} \end{vmatrix}, \quad D^{\mathrm{T}}=\begin{vmatrix} a_{11} & a_{21} & \cdots & a_{n1} \\ a_{12} & a_{22} & \cdots & a_{n2} \\ \vdots & \vdots & & \vdots \\ a_{1n} & a_{2n} & \cdots & a_{nn} \end{vmatrix},$$

称行列式 D^{T} 为行列式 D 的**转置行列式**.

性质 1 行列式 D 与它的转置行列式 D^{T} 相等.

* **证明** 用数学归纳法证明. 当 $n=2$ 时，结论成立.

假设对 $n-1$ 阶行列式上述结论成立，即 $n-1$ 阶行列式与它的转置行列式相等. 现证明对 n 阶行列式结论也成立.

由行列式的定义

$$D=a_{11}A_{11}+a_{12}A_{12}+\cdots+a_{1n}A_{1n},$$
$$D^{\mathrm{T}}=a_{11}\widetilde{A}_{11}+a_{21}\widetilde{A}_{12}+\cdots+a_{n1}\widetilde{A}_{1n}.$$

其中，$A_{1j}=(-1)^{1+j}M_{1j}$，$\widetilde{A}_{1j}=(-1)^{1+j}\widetilde{M}_{1j}\ (j=1,2,\cdots,n)$，由归纳假设 $\widetilde{M}_{11}=M_{11}^{\mathrm{T}}=M_{11}$，所以 $\widetilde{A}_{11}=A_{11}$，

$$D^{\mathrm{T}}=a_{11}A_{11}+a_{21}(-1)^{1+2}\widetilde{M}_{12}+\cdots+a_{n1}(-1)^{1+n}\widetilde{M}_{1n}.$$

把 D^{T} 中后 $n-1$ 项中的 $\widetilde{M}_{1j}$($n-1$ 阶行列式)按第一列展开,实际上是按它们的转置行列式按第一行展开,并且把对应项合并,例如把对应的第一项合并到一起,有

$$a_{21}(-1)^{1+2}\cdot a_{12}M\begin{pmatrix}2&1\\1&2\end{pmatrix}+a_{31}(-1)^{1+3}\cdot a_{12}M\begin{pmatrix}3&1\\1&2\end{pmatrix}+\cdots+a_{n1}(-1)^{1+n}a_{12}M\begin{pmatrix}n&1\\1&2\end{pmatrix}$$

$$=(-1)^{1+2}a_{12}\cdot a_{21}(-1)^{1+1}M\begin{pmatrix}2&1\\1&2\end{pmatrix}+(-1)^{1+2}a_{12}a_{31}(-1)^{1+2}M\begin{pmatrix}3&1\\1&2\end{pmatrix}+\cdots+(-1)^{1+2}a_{12}(-1)^{1+(n-1)}a_{n1}M\begin{pmatrix}n&1\\1&2\end{pmatrix}$$

$$=(-1)^{1+2}a_{12}M_{12}^{\mathrm{T}}=a_{12}A_{12}.$$

类似地,把对应的第二项合并在一起,可得 $a_{13}A_{13}$,依此下去,最后把对应的第 $n-1$ 项合并到一起,得 $a_{1n}A_{1n}$,这就证明了

$$D^{\mathrm{T}}=a_{11}A_{11}+a_{12}A_{12}+\cdots+a_{1n}A_{1n}=D.$$

性质 1 说明了在行列式中行与列有相同的地位. 凡是行所具有的性质,对于列也成立,反过来也是对的.

由例 1.4 知,下三角形行列式等于对角线上元素的积,从而上三角形行列式也等于对角线上元素的积,即

$$D=\begin{vmatrix}a_{11}&a_{12}&\cdots&a_{1n}\\&a_{22}&\cdots&a_{2n}\\&&\ddots&\vdots\\&&&a_{nn}\end{vmatrix}=a_{11}a_{22}\cdots a_{nn}.$$

性质 2 对换行列式的两行(列),行列式变号(对换行列式的第 i 行与第 j 行,记作 $r_i\leftrightarrow r_j$;对换第 i 列与第 j 列,记作 $c_i\leftrightarrow c_j$),即

$$D=\begin{vmatrix}a_{11}&a_{12}&\cdots&a_{1n}\\\vdots&\vdots&&\vdots\\a_{i1}&a_{i2}&\cdots&a_{in}\\\vdots&\vdots&&\vdots\\a_{j1}&a_{j2}&\cdots&a_{jn}\\\vdots&\vdots&&\vdots\\a_{n1}&a_{n2}&\cdots&a_{nn}\end{vmatrix}\xlongequal[\text{第}j\text{行}]{\text{第}i\text{行}}\begin{vmatrix}a_{11}&a_{12}&\cdots&a_{1n}\\\vdots&\vdots&&\vdots\\a_{j1}&a_{j2}&\cdots&a_{jn}\\\vdots&\vdots&&\vdots\\a_{i1}&a_{i2}&\cdots&a_{in}\\\vdots&\vdots&&\vdots\\a_{n1}&a_{n2}&\cdots&a_{nn}\end{vmatrix}\xlongequal[\text{第}j\text{行}]{\text{第}i\text{行}}-D_1.$$

* **证明** 用数学归纳法证明. 当 $n=2$ 时,结论成立.

假设 $n-1$ 阶行列式结论成立,即互换 $n-1$ 阶行列式的某两行,行列式变号. 现证对 n 阶行列式结论也成立.

首先考虑交换相邻两行,即行列式 D 经交换第 i 行与第 $i+1$ 行,变到行列式 D_1,要证 $D=-D_1$.

当 $i\neq 1$ 时,把 D 和 D_1 按第一行展开,有

$$D=a_{11}A_{11}+a_{12}A_{12}+\cdots+a_{1n}A_{1n},$$
$$D_1=a_{21}\widetilde{A}_{11}+a_{22}\widetilde{A}_{12}+\cdots+a_{2n}\widetilde{A}_{1n},$$

其中,$A_{1k}=(-1)^{1+k}M_{1k}$,$\widetilde{A}_{1k}=(-1)^{1+k}\widetilde{M}_{1k}(k=1,2,\cdots,n)$. 由归纳假设 $\widetilde{M}_{1k}=-M_{1k}$,从而

$\widetilde{A}_{1k}=-(-1)^{1+k}M_{1k}=-A_{1k}$，得 $D=-D_1$.

当 $i=1$ 时，把 D_1 中 $\widetilde{M}_{1k}(k=1, 2, \cdots, n)$ 按第一行展开，并把各展开式中含 a_{1k} 的 $n-1$ 个项合并在一起，如 $k=1$ 时(含 a_{11} 的 $n-1$ 个项合并在一起)，得

$$a_{22}(-1)^{1+2}a_{11}M\begin{pmatrix}2 & 1\\ 2 & 1\end{pmatrix}+a_{23}(-1)^{1+3}a_{11}M\begin{pmatrix}2 & 1\\ 3 & 1\end{pmatrix}+\cdots+a_{2n}(-1)^{1+n}a_{11}M\begin{pmatrix}2 & 1\\ n & 1\end{pmatrix}$$

$$=-a_{11}(-1)^{1+1}\cdot(-1)^{1+1}a_{22}M\begin{pmatrix}2 & 1\\ 2 & 1\end{pmatrix}-a_{11}(-1)^{1+1}a_{23}(-1)^{1+2}M\begin{pmatrix}2 & 1\\ 3 & 1\end{pmatrix}-\cdots-a_{11}(-1)^{1+1}a_{2n}(-1)^{1+(n-1)}M\begin{pmatrix}2 & 1\\ n & 1\end{pmatrix}$$

$$=-a_{11}(-1)^{1+1}M_{11}=-a_{11}A_{11}.$$

类似地，把含 a_{12} 的 $(n-1)$ 个项合并在一起，可得 $-a_{12}A_{12}$，依此类推，最后把含 a_{1n} 的 $(n-1)$ 个项合并在一起可得 $-a_{1n}A_{1n}$. 这就证明了，当 $i=1$ 时，相邻两行对换有

$$D_1=-a_{11}A_{11}-a_{12}A_{12}-\cdots-a_{1n}A_{1n}=-D.$$

再证对换任意两行情形. 不妨设 $i<j$，则可经过 $j-i$ 次相邻行对换把第 i 行换到第 j 行位置，再把原第 j 行，经过 $j-i-1$ 次相邻行对换，换到第 i 行位置. 所以经过 $2(j-i)-1$ 次相邻行对换，把 D 变到 D_1，由上述证明知 $D=(-1)^{2(j-i)-1}D_1=-D_1$.

推论 如果行列式中有两行(列)对应元素相同，那么这个行列式等于零.

***证明** 设行列式 D 中第 i 行与第 j 行对应元素完全相同，把这两行对换后得

$$D=-D,\quad 2D=0,$$

所以

$$D=0.$$

下面介绍 n 阶行列式按行(列)展开定理.

定理 1.1 n 阶行列式等于它任一行(列)的 n 个元素与对应的代数余子式乘积的和，即

$$D=a_{i1}A_{i1}+a_{i2}A_{i2}+\cdots+a_{in}A_{in}=\sum_{j=1}^{n}a_{ij}A_{ij}\quad(i=1, 2, \cdots, n)\qquad(1-5)$$

或

$$D=a_{1j}A_{1j}+a_{2j}A_{2j}+\cdots+a_{nj}A_{nj}=\sum_{i=1}^{n}a_{ij}A_{ij}\quad(j=1, 2, \cdots, n).\qquad(1-6)$$

式(1-5)中，$i=1$ 情形即为定义.

***证明** 设行列式

$$D=\begin{vmatrix}a_{11} & a_{12} & \cdots & a_{1n}\\ \vdots & \vdots & & \vdots\\ a_{i1} & a_{i2} & \cdots & a_{in}\\ \vdots & \vdots & & \vdots\\ a_{n1} & a_{n2} & \cdots & a_{nn}\end{vmatrix}.\quad \text{第 } i \text{ 行}$$

将 D 中第 i 行与上面 $i-1$ 个行作逐行相邻对换，由性质 2，得

$$D \xlongequal[r_2 \leftrightarrow r_1]{\substack{r_i \leftrightarrow r_{i-1} \\ r_{i-1} \leftrightarrow r_{i-2} \\ \vdots}} (-1)^{i-1} \begin{vmatrix} a_{i1} & a_{i2} & \cdots & a_{in} \\ a_{11} & a_{12} & \cdots & a_{1n} \\ \vdots & \vdots & & \vdots \\ a_{(i-1)1} & a_{(i-1)2} & \cdots & a_{(i-1)n} \\ a_{(i+1)1} & a_{(i+1)2} & \cdots & a_{(i+1)n} \\ \vdots & \vdots & & \vdots \\ a_{n1} & a_{n2} & \cdots & a_{nn} \end{vmatrix}$$

$$\xlongequal{\text{按第一行展开}} (-1)^{i-1} \sum_{j=1}^{n} a_{ij} (-1)^{1+j} \widetilde{M}_{1j} \quad (\text{注意} \widetilde{M}_{1j} = M_{ij})$$

$$= \sum_{j=1}^{n} a_{ij} (-1)^{i+j} M_{ij} = \sum_{j=1}^{n} a_{ij} A_{ij}.$$

推论 行列式的某一行(列)的每一个元素与另一行(列)对应元素的代数余子式乘积的和等于零，即

$$a_{i1}A_{j1} + a_{i2}A_{j2} + \cdots + a_{in}A_{jn} = \sum_{k=1}^{n} a_{ik}A_{jk} = 0 \quad (i \neq j)$$

或

$$a_{1i}A_{1j} + a_{2i}A_{2j} + \cdots + a_{ni}A_{nj} = \sum_{k=1}^{n} a_{ki}A_{kj} = 0 \quad (i \neq j).$$

* **证明** 设行列式 D 的第 i, j 两行对应元素完全相等

$$D = \begin{vmatrix} a_{11} & a_{12} & \cdots & a_{1n} \\ \vdots & \vdots & & \vdots \\ a_{i1} & a_{i2} & \cdots & a_{in} \\ \vdots & \vdots & & \vdots \\ a_{i1} & a_{i2} & \cdots & a_{in} \\ \vdots & \vdots & & \vdots \\ a_{n1} & a_{n2} & \cdots & a_{nn} \end{vmatrix}, \quad \begin{matrix} \\ \\ \text{第 } i \text{ 行} \\ \\ \text{第 } j \text{ 行} \\ \\ \\ \end{matrix}$$

由性质 2 的推论知道 $D=0$. 将 D 按第 j 行展开，得

$$a_{i1}A_{j1} + a_{i2}A_{j2} + \cdots + a_{in}A_{jn} = \sum_{k=1}^{n} a_{ik}A_{jk} = 0 \quad (i \neq j).$$

性质 3 行列式中某行(列)所有元素都乘以同一个数 k，等于用 k 去乘这个行列式(行列式的第 i 行乘以 k，记作 $r_i \times k$，或 kr_i；第 j 列乘以 k，记作 $c_j \times k$，或 kc_j)，即

$$\begin{vmatrix} a_{11} & a_{12} & \cdots & a_{1n} \\ \vdots & \vdots & & \vdots \\ ka_{i1} & ka_{i2} & \cdots & ka_{in} \\ \vdots & \vdots & & \vdots \\ a_{n1} & a_{n2} & \cdots & a_{nn} \end{vmatrix} = k \begin{vmatrix} a_{11} & a_{12} & \cdots & a_{1n} \\ \vdots & \vdots & & \vdots \\ a_{i1} & a_{i2} & \cdots & a_{in} \\ \vdots & \vdots & & \vdots \\ a_{n1} & a_{n2} & \cdots & a_{nn} \end{vmatrix}.$$

* **证明** 由定理 1.2 将上述等式左边的行列式按第 i 行展开，得

$$\begin{aligned} \text{左边} &= ka_{i1}A_{i1} + ka_{i2}A_{i2} + \cdots + ka_{in}A_{in} \\ &= k(a_{i1}A_{i1} + a_{i2}A_{i2} + \cdots + a_{in}A_{in}) = \text{右边}. \end{aligned}$$

性质 3 说明当行列式的某一行(列)有公因子 k 时，可把 k 提到行列式外面来，行列式的第 i 行(列)提出公因子 k，记作 $r_i \div k(c_i \div k)$.

性质 4 行列式中某两行(列)对应元素成比例，那么这个行列式等于零.

性质 5 如果行列式 D 中某一行(列)的每一个元素都是两个数的和，例如，第 i 行元素都是两个数的和，

$$D = \begin{vmatrix} a_{11} & a_{12} & \cdots & a_{1n} \\ \vdots & \vdots & & \vdots \\ a_{i1}+b_{i1} & a_{i2}+b_{i2} & \cdots & a_{in}+b_{in} \\ \vdots & \vdots & & \vdots \\ a_{n1} & a_{n2} & \cdots & a_{nn} \end{vmatrix},$$

则 D 等于下列两行列式之和：

$$D = \begin{vmatrix} a_{11} & a_{12} & \cdots & a_{1n} \\ \vdots & \vdots & & \vdots \\ a_{i1} & a_{i2} & \cdots & a_{in} \\ \vdots & \vdots & & \vdots \\ a_{n1} & a_{n2} & \cdots & a_{nn} \end{vmatrix} + \begin{vmatrix} a_{11} & a_{12} & \cdots & a_{1n} \\ \vdots & \vdots & & \vdots \\ b_{i1} & b_{i2} & \cdots & b_{in} \\ \vdots & \vdots & & \vdots \\ a_{n1} & a_{n2} & \cdots & a_{nn} \end{vmatrix}.$$

性质 5 表明，当 n 阶行列式的每一个元素都是两个数的和，则它可以拆成 2^n 个行列式的和. 例如，二阶行列式

$$\begin{aligned} \begin{vmatrix} a+x & b+y \\ c+z & d+w \end{vmatrix} &= \begin{vmatrix} a & b+y \\ c & d+w \end{vmatrix} + \begin{vmatrix} x & b+y \\ z & d+w \end{vmatrix} \\ &= \begin{vmatrix} a & b \\ c & d \end{vmatrix} + \begin{vmatrix} a & y \\ c & w \end{vmatrix} + \begin{vmatrix} x & b \\ z & d \end{vmatrix} + \begin{vmatrix} x & y \\ z & w \end{vmatrix}. \end{aligned}$$

性质 6 把行列式的某一行(列)的每一个元素乘以同一个常数 k 后加到另一行

(列)对应元素上去,那么行列式的值不变(行列式第 j 行乘以常数 k 后加到第 i 行上去,记作 r_i+kr_j;行列式第 j 列乘以常数 k 后再加到第 i 列上去,记作 c_i+kc_j),即

$$\begin{vmatrix} a_{11} & a_{12} & \cdots & a_{1n} \\ \vdots & \vdots & & \vdots \\ a_{i1} & a_{i2} & \cdots & a_{in} \\ \vdots & \vdots & & \vdots \\ a_{j1} & a_{j2} & \cdots & a_{jn} \\ \vdots & \vdots & & \vdots \\ a_{n1} & a_{n2} & \cdots & a_{nn} \end{vmatrix} \xlongequal{r_i+kr_j} \begin{vmatrix} a_{11} & a_{12} & \cdots & a_{1n} \\ \vdots & \vdots & & \vdots \\ a_{i1}+ka_{j1} & a_{i2}+ka_{j2} & \cdots & a_{in}+ka_{jn} \\ \vdots & \vdots & & \vdots \\ a_{j1} & a_{j2} & \cdots & a_{jn} \\ \vdots & \vdots & & \vdots \\ a_{n1} & a_{n2} & \cdots & a_{nn} \end{vmatrix}.$$

行列式的性质介绍了行列式的行(列)的三种运算,那就是 $r_i\leftrightarrow r_j$, $r_i\times k$, r_j+kr_j 和 $c_i\leftrightarrow c_j$, $c_i\times k$, c_i+kc_j,归纳法可以证明:任何 n 阶行列式通过行列式运算化为上(下)三角形行列式,所以计算行列式的一种方法就是利用这些运算把行列式化成上(下)三角形行列式来计算.

例 1.5 计算行列式

$$D=\begin{vmatrix} 2 & 0 & 1 & -1 \\ 1 & -5 & 3 & -3 \\ 3 & 1 & -1 & 2 \\ -5 & 1 & 3 & -4 \end{vmatrix}.$$

解 利用行列式的运算性质,先作运算 $c_1\leftrightarrow c_3$,目的是把 a_{11} 所在位置的元素换为 1,使接下来的运算较简单.

$$D\xlongequal{c_1\leftrightarrow c_3}-\begin{vmatrix} 1 & 0 & 2 & -1 \\ 3 & -5 & 1 & -3 \\ -1 & 1 & 3 & 2 \\ 3 & 1 & -5 & -4 \end{vmatrix} \xlongequal[\substack{r_3+r_1 \\ r_4-3r_1}]{r_2-3r_1} -\begin{vmatrix} 1 & 0 & 2 & -1 \\ 0 & -5 & -5 & 0 \\ 0 & 1 & 5 & 1 \\ 0 & 1 & -11 & -1 \end{vmatrix}$$

$$\xlongequal[r_4+\frac{1}{5}r_2]{r_3+\frac{1}{5}r_2} -\begin{vmatrix} 1 & 0 & 2 & -1 \\ 0 & -5 & -5 & 0 \\ 0 & 0 & 4 & 1 \\ 0 & 0 & -12 & -1 \end{vmatrix} \xlongequal{r_4+3r_3} -\begin{vmatrix} 1 & 0 & 2 & -1 \\ 0 & -5 & -5 & 0 \\ 0 & 0 & 4 & 1 \\ 0 & 0 & 0 & 2 \end{vmatrix}=40.$$

例 1.6 计算行列式

$$D=\begin{vmatrix} 3 & 1 & 1 & 1 \\ 1 & 3 & 1 & 1 \\ 1 & 1 & 3 & 1 \\ 1 & 1 & 1 & 3 \end{vmatrix}.$$

解 这个行列式的特点是各行 4 个数之和是 6，因此，把行列式的第 2，3，4 列同时加到第 1 列，再利用行列式性质，把它化为上三角形行列式.

$$D\xlongequal{c_1+c_2+c_3+c_4}\begin{vmatrix}6&1&1&1\\6&3&1&1\\6&1&3&1\\6&1&1&3\end{vmatrix}=6\begin{vmatrix}1&1&1&1\\1&3&1&1\\1&1&3&1\\1&1&1&3\end{vmatrix}$$

$$\xlongequal[\substack{r_3-r_1\\r_4-r_1}]{r_2-r_1}6\times\begin{vmatrix}1&1&1&1\\0&2&0&0\\0&0&2&0\\0&0&0&2\end{vmatrix}=48.$$

例 1.7 计算行列式

$$D=\begin{vmatrix}a&b&c&d\\a&a+b&a+b+c&a+b+c+d\\a&2a+b&3a+2b+c&4a+3b+2c+d\\a&3a+b&6a+3b+c&10a+6b+3c+d\end{vmatrix}.$$

解 从第 4 行开始，后行减前行，把它化为上三角形行列式.

$$D\xlongequal[r_2-r_1]{\substack{r_4-r_3\\r_3-r_2}}\begin{vmatrix}a&b&c&d\\0&a&a+b&a+b+c\\0&a&2a+b&3a+2b+c\\0&a&3a+b&6a+3b+c\end{vmatrix}$$

$$\xlongequal[r_3-r_2]{r_4-r_3}\begin{vmatrix}a&b&c&d\\0&a&a+b&a+b+c\\0&0&a&2a+b\\0&0&a&3a+b\end{vmatrix}$$

$$\xlongequal{r_4-r_3}\begin{vmatrix}a&b&c&d\\0&a&a+b&a+b+c\\0&0&a&2a+b\\0&0&0&a\end{vmatrix}=a^4.$$

在计算行列式时，经常把几个运算写在一起，但要注意运算次序，下一步运算是在上一步运算的结果上进行的，例如

$$\begin{vmatrix}a&b\\c&d\end{vmatrix}\xlongequal{r_1-r_2}\begin{vmatrix}a-c&b-d\\c&d\end{vmatrix}\xlongequal{r_2-r_1}\begin{vmatrix}a-c&b-d\\2c-a&2d-b\end{vmatrix},$$

两步运算合在一起，应为

$$\begin{vmatrix} a & b \\ c & d \end{vmatrix} \xlongequal[r_2 - r_1]{r_1 - r_2} \begin{vmatrix} a-c & b-d \\ 2c-a & 2d-b \end{vmatrix}.$$

在计算行列式时，还可用行列式的性质把行列式的某行(列)的元素尽可能多地化为零，然后按该行(列)展开，把较高阶的行列式降为较低价的行列式. 用这种方法来计算例 1.5 的行列式

$$D = \begin{vmatrix} 2 & 0 & 1 & -1 \\ 1 & -5 & 3 & -3 \\ 3 & 1 & -1 & 2 \\ -5 & 1 & 3 & -4 \end{vmatrix}.$$

利用行列式的运算性质，在第一行的元素中，保留 $a_{13} = 1$，其余元素全化为零后，再按第一行展开，把四阶行列式降为三阶行列式计算.

$$D \xlongequal[c_4 + c_3]{c_1 - 2c_3} \begin{vmatrix} 0 & 0 & 1 & 0 \\ -5 & -5 & 3 & 0 \\ 5 & 1 & -1 & 1 \\ -11 & 1 & 3 & -1 \end{vmatrix}$$

$$\xlongequal{\text{按第一行展开}} 1 \times (-1)^{1+3} \begin{vmatrix} -5 & -5 & 0 \\ 5 & 1 & 1 \\ -11 & 1 & -1 \end{vmatrix}$$

$$\xlongequal{c_2 - c_1} \begin{vmatrix} -5 & 0 & 0 \\ 5 & -4 & 1 \\ -11 & 12 & -1 \end{vmatrix}$$

$$\xlongequal{\text{按第一行展开}} (-5) \times (-1)^{1+1} \begin{vmatrix} -4 & 1 \\ 12 & -1 \end{vmatrix} = 40.$$

例 1.8 计算行列式

$$D_n = \begin{vmatrix} 2 & 1 & & & & \\ 1 & 2 & 1 & & & \\ & 1 & 2 & 1 & & \\ & & \ddots & \ddots & \ddots & \\ & & & 1 & 2 & 1 \\ & & & & 1 & 2 \end{vmatrix}.$$

这是三对角线行列式，各条对角线上的元素都相同，且 n 阶行列式 D_n 与 $n-1$ 阶

行列式 D_{n-1} 有相同形式. 我们可以利用行列式的展开定理,找出行列式的递推关系式来计算行列式.

解 把行列式按第一行展开,有

$$D_n = 2\times(-1)^{1+1}\begin{vmatrix} 2 & 1 & & & \\ 1 & 2 & 1 & & \\ & \ddots & \ddots & \ddots & \\ & & 1 & 2 & 1 \\ & & & 1 & 2 \end{vmatrix} + 1\times(-1)^{1+2}\begin{vmatrix} 1 & 1 & & & & \\ & 2 & 1 & & & \\ & 1 & 2 & 1 & & \\ & & \ddots & \ddots & \ddots & \\ & & & 1 & 2 & 1 \\ & & & & 1 & 2 \end{vmatrix}.$$

等式右边的第二个行列式按第一列展开,得

$$D_n = 2D_{n-1} - D_{n-2},$$

即得递推关系式

$$D_n - D_{n-1} = D_{n-1} - D_{n-2}.$$

以此作递推,可得

$$D_n - D_{n-1} = D_{n-1} - D_{n-2} = \cdots = D_2 - D_1 = \begin{vmatrix} 2 & 1 \\ 1 & 2 \end{vmatrix} - 2 = 1,$$

$$\begin{aligned} D_n &= D_{n-1} + 1 = (D_{n-2}+1)+1 = D_{n-2} + 2 = \cdots \\ &= D_1 + (n-1) = 2 + (n-1) = n+1. \end{aligned}$$

例 1.9 证明 n 阶范德蒙行列式

$$D_n = \begin{vmatrix} 1 & 1 & \cdots & 1 \\ x_1 & x_2 & \cdots & x_n \\ x_1^2 & x_2^2 & \cdots & x_n^2 \\ \vdots & \vdots & & \vdots \\ x_1^{n-1} & x_2^{n-1} & \cdots & x_n^{n-1} \end{vmatrix} = \prod_{n\geqslant i\geqslant j\geqslant 1}(x_i - x_j).$$

其中,记号“$\prod$”表示全体同类因子的乘积.

***证明** 用数学归纳法证明. 当 $n=2$ 时,

$$D_2 = \begin{vmatrix} 1 & 1 \\ x_1 & x_2 \end{vmatrix} = x_2 - x_1 = \prod_{2\geqslant i\geqslant j\geqslant 1}(x_i - x_j).$$

结论成立. 现假设对 $n-1$ 阶范德蒙行列式结论成立,对 n 阶范德蒙行列式从最后一行开始,后行减去前行的 x_1 倍,得到

$$D_n=\begin{vmatrix}1 & 1 & 1 & \cdots & 1\\ 0 & x_2-x_1 & x_3-x_1 & \cdots & x_n-x_1\\ 0 & x_2(x_2-x_1) & x_3(x_3-x_1) & \cdots & x_n(x_n-x_1)\\ \vdots & \vdots & \vdots & & \vdots\\ 0 & x_2^{n-2}(x_2-x_1) & x_3^{n-2}(x_3-x_1) & \cdots & x_n^{n-2}(x_n-x_1)\end{vmatrix}.$$

按第1列展开,并把每一列的公因子 (x_i-x_1) $(i=2,\cdots,n)$ 提出,得到

$$D_n=(x_2-x_1)(x_3-x_1)\cdots(x_n-x_1)\begin{vmatrix}1 & 1 & \cdots & 1\\ x_2 & x_3 & \cdots & x_n\\ \vdots & \vdots & & \vdots\\ x_2^{n-2} & x_3^{n-2} & \cdots & x_n^{n-2}\end{vmatrix}.$$

上式右端的行列式是 $n-1$ 阶范德蒙行列式,由归纳法假设,得

$$\begin{aligned}D_n&=(x_2-x_1)(x_3-x_1)\cdots(x_n-x_1)D_{n-1}\\&=(x_2-x_1)(x_3-x_1)\cdots(x_n-x_1)\prod_{n\geqslant i>j\geqslant 2}(x_i-x_j)\\&=\prod_{n\geqslant i>j\geqslant 1}(x_i-x_j).\end{aligned}$$

利用例1.9的结果,行列式

$$\begin{aligned}D&=\begin{vmatrix}1 & 1 & 1 & 1\\ 1 & 2 & 4 & 8\\ 1 & 3 & 9 & 27\\ 1 & 4 & 16 & 64\end{vmatrix}=\begin{vmatrix}1 & 1 & 1 & 1\\ 1 & 2 & 3 & 4\\ 1 & 4 & 9 & 16\\ 1 & 8 & 27 & 64\end{vmatrix}\\&=(2-1)(3-1)(4-1)(3-2)(4-2)(4-3)\\&=1\times2\times3\times1\times2\times1=12.\end{aligned}$$

例 1.10 设

$$D=\begin{vmatrix}a_{11} & \cdots & a_{1k} & & & \\ \vdots & & \vdots & & 0 & \\ a_{k1} & \cdots & a_{kk} & & & \\ c_{11} & \cdots & c_{1k} & b_{11} & \cdots & b_{1n}\\ \vdots & & \vdots & \vdots & & \vdots\\ c_{n1} & \cdots & c_{nk} & b_{n1} & \cdots & b_{nn}\end{vmatrix},$$

记
$$D_1=\begin{vmatrix}a_{11} & \cdots & a_{1k}\\ \vdots & & \vdots\\ a_{k1} & \cdots & a_{kk}\end{vmatrix},\quad D_2=\begin{vmatrix}b_{11} & \cdots & b_{1n}\\ \vdots & & \vdots\\ b_{n1} & \cdots & b_{nn}\end{vmatrix},$$

证明: $D=D_1D_2$.

*证明 对 D_1 作运算 $r_i+\lambda r_j$，把 D_1 化为下三角形行列式，设为

$$D_1=\begin{vmatrix} p_{11} & & 0 \\ \vdots & \ddots & \\ p_{k1} & \cdots & p_{kk} \end{vmatrix}=p_{11}\cdots p_{kk},$$

对 D_2 作运算 $c_i+\lambda c_j$，把 D_2 化为下三角形行列式，设为

$$D_2=\begin{vmatrix} q_{11} & & 0 \\ \vdots & \ddots & \\ q_{n1} & \cdots & q_{nn} \end{vmatrix}=q_{11}\cdots q_{nn}.$$

于是，对 D 的前 k 行作运算 $r_i+\lambda r_j$，再对后 n 列作运算 $c_i+\lambda c_j$，把 D 化为下三角形行列式

$$D=\begin{vmatrix} p_{11} & & & & & 0 \\ \vdots & \ddots & & & & \\ p_{k1} & \cdots & p_{kk} & & & \\ c_{11} & \cdots & c_{1k} & q_{11} & & \\ \vdots & & \vdots & \vdots & \ddots & \\ c_{n1} & \cdots & c_{nk} & q_{n1} & \cdots & q_{nn} \end{vmatrix},$$

故
$$D=p_{11}\cdot\cdots\cdot p_{kk}\cdot q_{11}\cdot\cdots\cdot q_{nn}=D_1D_2.$$

这是一个有用的结果.

1.3 克拉默法则

含有 n 个未知数 $x_1, x_2, \cdots, x_n$，n 个方程的线性方程组

$$\begin{cases} a_{11}x_1+a_{12}x_2+\cdots+a_{1n}x_n=b_1, \\ a_{21}x_1+a_{22}x_2+\cdots+a_{2n}x_n=b_2, \\ \qquad\qquad\vdots \\ a_{n1}x_1+a_{n2}x_2+\cdots+a_{nn}x_n=b_n. \end{cases} \tag{1-7}$$

与二元、三元线性方程组相类似，它的解可以用 n 阶行列式表示，这就是著名的克拉默法则.

克拉默法则 如果线性方程组(1-7)的系数行列式不等于零，即

$$D=\begin{vmatrix} a_{11} & a_{12} & \cdots & a_{1n} \\ a_{21} & a_{22} & \cdots & a_{2n} \\ \vdots & \vdots & & \vdots \\ a_{n1} & a_{n2} & \cdots & a_{nn} \end{vmatrix}\neq 0,$$

那么方程组(1-7)有唯一解

$$x_j=\frac{D_j}{D}\quad (j=1,\ 2,\ \cdots,\ n).$$

其中,$D_j(j=1,\ 2,\ \cdots,\ n)$是把系数行列式$D$中第$j$列的元素用方程组右端的常数项替换后所得到的$n$阶行列式,即

$$D_j=\begin{vmatrix} a_{11} & \cdots & a_{1\,j-1} & b_1 & a_{1\,j+1} & \cdots & a_{1n}\\ a_{21} & \cdots & a_{2\,j-1} & b_2 & a_{2\,j+1} & \cdots & a_{2n}\\ \vdots & & \vdots & \vdots & \vdots & & \vdots\\ a_{n1} & \cdots & a_{n\,j-1} & b_n & a_{n\,j+1} & \cdots & a_{nn}\end{vmatrix}.$$

* **证明** 用D中第j列元素的代数余子式A_{1j}, A_{2j}, $\cdots$, A_{nj}依次乘方程组(1-7)的n个方程,再把它们相加,得

$$\Big(\sum_{k=1}^{n}a_{k1}A_{kj}\Big)x_1+\cdots+\Big(\sum_{k=1}^{n}a_{kj}A_{kj}\Big)x_j+\cdots+\Big(\sum_{k=1}^{n}a_{kn}A_{kj}\Big)x_n=\sum_{k=1}^{n}b_kA_{kj},$$

根据代数余子式的重要性质

$$\sum_{k=1}^{n}a_{ki}A_{kj}=\begin{cases}D, & i=j,\\ 0, & i\neq j,\end{cases}$$

上式左端中x_j的系数等于D,而其余$x_i(i\neq j)$的系数均为零;上式右端就是D_j按第j列的展开式,于是得

$$Dx_j=D_j\quad (j=1,\ 2,\ \cdots,\ n).$$

当$D\neq 0$时,方程组(1-7)的唯一解为

$$x_j=\frac{D_j}{D}\quad (j=1,\ 2,\ \cdots,\ n).$$

例 1.11 解线性方程组

$$\begin{cases}-2x_1+3x_2-x_3=1,\\ \quad x_1+2x_2-x_3=4,\\ -2x_1-x_2+x_3=-3.\end{cases}$$

解

$$D=\begin{vmatrix}-2 & 3 & -1\\ 1 & 2 & -1\\ -2 & -1 & 1\end{vmatrix}\xlongequal[r_3+2r_2]{r_1+2r_2}\begin{vmatrix}0 & 7 & -3\\ 1 & 2 & -1\\ 0 & 3 & -1\end{vmatrix}=-2\neq 0,$$

$$D_1=\begin{vmatrix}1 & 3 & -1\\ 4 & 2 & -1\\ -3 & -1 & 1\end{vmatrix}=-4,\quad D_2=\begin{vmatrix}-2 & 1 & -1\\ 1 & 4 & -1\\ -2 & -3 & 1\end{vmatrix}=-6,$$

$$D_3=\begin{vmatrix}-2 & 3 & 1\\ 1 & 2 & 4\\ -2 & -1 & -3\end{vmatrix}=-8,$$

所以方程组的解为

$$x_1=\frac{D_1}{D}=2,\quad x_2=\frac{D_2}{D}=3,\quad x_3=\frac{D_3}{D}=4.$$

克拉默法则适用的条件是：①方程组的方程个数与未知数个数必须相等；②方程组的系数行列式不等于零. 不满足这两个条件的线性方程组的求解问题将在第3章中讨论.

克拉默法则是线性代数中的一个基本定理，即

定理 1.2 如果线性方程组(1-7)的系数行列式 $D\neq 0$，那么方程组(1-7)一定有解，并且解是唯一的.

定理 1.2 的逆否定理是：

如果线性方程组(1-7)无解，或有两个不同的解，那么它的系数行列式 $D=0$.

当线性方程组(1-7)的常数项 $b_1, b_2, \cdots, b_n$ 不全为零时，线性方程组(1-9)称为**非齐次线性方程组**. 当 $b_1, b_2, \cdots, b_n$ 全为零时，方程组

$$\begin{cases}a_{11}x_1+a_{12}x_2+\cdots+a_{1n}x_n=0,\\ a_{21}x_1+a_{22}x_2+\cdots+a_{2n}x_n=0,\\ \qquad\qquad\vdots\\ a_{n1}x_1+a_{n2}x_2+\cdots+a_{nn}x_n=0,\end{cases}\tag{1-8}$$

称为**齐次线性方程组**. 齐次线性方程组一定有解. $x_1=x_2=\cdots=x_n=0$ 就是它的解，这个解叫做齐次线性方程组(1-8)的**零解**. 如果一组不全为零的数是式(1-8)的解，则它叫做齐次线性方程组(1-8)的**非零解**. 齐次线性方程组(1-8)一定有零解，但不一定有非零解.

推论 如果齐次线性方程组(1-8)系数行列式 $D\neq 0$，则它只有零解.

推论的逆否命题是：

如果齐次线性方程组(1-8)有非零解，则它的系数行列式 $D=0$.

例 1.12 设齐次线性方程组

$$\begin{cases}x_1-x_2+2x_3=0,\\ -2x_1+\lambda x_2-3x_3=0,\\ 2x_1-2x_2+3x_3=0\end{cases}$$

有非零解，求 λ 的值.

解 由推论可知，这个齐次线性方程组的系数行列式必为零，这里

$$D=\begin{vmatrix}1 & -1 & 2\\ -2 & \lambda & -3\\ 2 & -2 & 3\end{vmatrix}\xlongequal[r_3-2r_1]{r_2+2r_1}\begin{vmatrix}1 & -1 & 2\\ 0 & \lambda-2 & 1\\ 0 & 0 & -1\end{vmatrix}=-(\lambda-2),$$

由 $D=0$，得到

$$\lambda=2.$$

习 题 1

1. 利用对角线法则计算三阶行列式.

(1) $\begin{vmatrix}2 & 0 & 1\\ 1 & -4 & -1\\ -1 & 8 & 3\end{vmatrix}$； (2) $\begin{vmatrix}a & b & c\\ b & c & a\\ c & a & b\end{vmatrix}$；

(3) $\begin{vmatrix}1 & 1 & 1\\ a & b & c\\ a^2 & b^2 & c^2\end{vmatrix}$； (4) $\begin{vmatrix}x & y & x+y\\ y & x+y & x\\ x+y & x & y\end{vmatrix}$.

2. 计算各行列式第三行元素的代数余子式，并求出各行列式.

(1) $\begin{vmatrix}1 & -1 & 0 & 1\\ 2 & 0 & 2 & -1\\ 0 & 0 & 0 & 0\\ 3 & 1 & 3 & -2\end{vmatrix}$； (2) $\begin{vmatrix}1 & -1 & 0 & 1\\ 2 & 0 & 2 & -1\\ a & b & c & d\\ 3 & 1 & 3 & -2\end{vmatrix}$.

3. 利用行列式的定义计算行列式.

(1) $\begin{vmatrix}0 & a_1 & 0 & \cdots & 0\\ 0 & 0 & a_2 & \cdots & 0\\ \vdots & \vdots & \vdots & \ddots & \vdots\\ 0 & 0 & 0 & \cdots & a_{n-1}\\ a_n & 0 & 0 & \cdots & 0\end{vmatrix}$； (2) $\begin{vmatrix}x & y & 0 & \cdots & 0\\ 0 & x & y & \cdots & 0\\ \vdots & \vdots & \vdots & \ddots & \vdots\\ 0 & 0 & 0 & \cdots & y\\ y & 0 & 0 & \cdots & x\end{vmatrix}$.

4. 计算行列式.

(1) $\begin{vmatrix}4 & 1 & 2 & 4\\ 1 & 2 & 0 & 2\\ 10 & 5 & 2 & 0\\ 0 & 1 & 1 & 7\end{vmatrix}$； (2) $\begin{vmatrix}2 & 1 & 4 & 1\\ 3 & -1 & 2 & 1\\ 1 & 2 & 3 & 2\\ 5 & 0 & 6 & 2\end{vmatrix}$；

(3) $\begin{vmatrix} \frac{1}{2} & \frac{1}{2} & \frac{1}{2} & 1 \\ \frac{1}{2} & \frac{1}{2} & 1 & \frac{1}{2} \\ \frac{1}{2} & 1 & \frac{1}{2} & \frac{1}{2} \\ 1 & \frac{1}{2} & \frac{1}{2} & \frac{1}{2} \end{vmatrix}$； (4) $\begin{vmatrix} 1 & 1 & 1 & 1 \\ 1 & 2 & 3 & 4 \\ 1 & 3 & 6 & 10 \\ 1 & 4 & 10 & 20 \end{vmatrix}$；

(5) $\begin{vmatrix} -ab & ac & ae \\ bd & -cd & de \\ bf & cf & -ef \end{vmatrix}$； (6) $\begin{vmatrix} a & 1 & 0 & 0 \\ -1 & b & 1 & 0 \\ 0 & -1 & c & 1 \\ 0 & 0 & -1 & d \end{vmatrix}$；

(7) $\begin{vmatrix} a-b-c & 2a & 2a \\ 2b & b-c-a & 2b \\ 2c & 2c & c-a-b \end{vmatrix}$； (8) $\begin{vmatrix} 1+x & 1 & 1 & 1 \\ 1 & 1-x & 1 & 1 \\ 1 & 1 & 1+y & 1 \\ 1 & 1 & 1 & 1-y \end{vmatrix}$.

5. 证明.

(1) $\begin{vmatrix} ax+by & ay+bz & az+bx \\ ay+bz & az+bx & ax+by \\ az+bx & ax+by & ay+bz \end{vmatrix} = (a^3+b^3)\begin{vmatrix} x & y & z \\ y & z & x \\ z & x & y \end{vmatrix}$；

(2) $\begin{vmatrix} a^2 & (a+1)^2 & (a+2)^2 & (a+3)^2 \\ b^2 & (b+1)^2 & (b+2)^2 & (b+3)^2 \\ c^2 & (c+1)^2 & (c+2)^2 & (c+3)^2 \\ d^2 & (d+1)^2 & (d+2)^2 & (d+3)^2 \end{vmatrix} = 0$.

6. 计算行列式.

(1) $D_5 = \begin{vmatrix} 5 & 6 & 0 & 0 & 0 \\ 1 & 5 & 6 & 0 & 0 \\ 0 & 1 & 5 & 6 & 0 \\ 0 & 0 & 1 & 5 & 6 \\ 0 & 0 & 0 & 1 & 5 \end{vmatrix}$； (2) $D_n = \begin{vmatrix} x & a & \cdots & a \\ a & x & \cdots & a \\ \vdots & \vdots & & \vdots \\ a & a & \cdots & x \end{vmatrix}$；

(3) $D_n = \begin{vmatrix} 1+a_1 & 1 & \cdots & 1 \\ 1 & 1+a_2 & \cdots & 1 \\ \vdots & \vdots & & \vdots \\ 1 & 1 & \cdots & 1+a_n \end{vmatrix}$，其中，$a_1a_2\cdots a_n \neq 0$；

(4) $\begin{vmatrix} 1 & 2 & 3 & \cdots & n-1 & n \\ 1 & -1 & 0 & \cdots & 0 & 0 \\ 0 & 2 & -2 & \cdots & 0 & 0 \\ \vdots & \vdots & \vdots & & \vdots & \vdots \\ 0 & 0 & 0 & \cdots & n-1 & 1-n \end{vmatrix}$.

7. 用克拉默法则解线性方程组.

$$\begin{cases}2x_1+x_2-5x_3+x_4=8,\\ x_1-3x_2-6x_4=9,\\ 2x_2-x_3+2x_4=-5,\\ x_1+4x_2-7x_3+6x_4=0.\end{cases}$$

8. 设曲线 $y=a_0+a_1x+a_2x^2+a_3x^3$ 过点(1, 3), (2, 4), (3, 3), (4, −3),求曲线方程.

9. 选择及填空题.

(1) 如果 $D=\begin{vmatrix}a_{11}&a_{12}&a_{13}\\a_{21}&a_{22}&a_{23}\\a_{31}&a_{32}&a_{33}\end{vmatrix}$,则 $\begin{vmatrix}2a_{11}&2a_{12}&2a_{13}\\2a_{21}&2a_{22}&2a_{23}\\2a_{31}&2a_{32}&2a_{33}\end{vmatrix}=$ ________.

(A) $2D$　　(B) $-2D$　　(C) $8D$　　(D) $-8D$

(2) 如果 $D=\begin{vmatrix}a_{11}&a_{12}&a_{13}\\a_{21}&a_{22}&a_{23}\\a_{31}&a_{32}&a_{33}\end{vmatrix}=1$,则 $\begin{vmatrix}4a_{11}&2a_{11}-3a_{12}&a_{13}\\4a_{21}&2a_{21}-3a_{22}&a_{23}\\4a_{31}&2a_{31}-3a_{32}&a_{33}\end{vmatrix}=$ ________.

(A) 8　　(B) −12　　(C) 24　　(D) −24

(3) 如果 $D=\begin{vmatrix}a_{11}&a_{12}&a_{13}\\a_{21}&a_{22}&a_{23}\\a_{31}&a_{32}&a_{33}\end{vmatrix}$,则 $\begin{vmatrix}a_{31}&a_{32}&a_{33}\\2a_{21}-3a_{31}&2a_{22}-3a_{32}&2a_{23}-3a_{33}\\a_{11}&a_{12}&a_{13}\end{vmatrix}=$ ________.

(4) 设 $\begin{vmatrix}x&3&1\\y&0&1\\z&2&1\end{vmatrix}=1$,则 $\begin{vmatrix}x+2&y-1&z+1\\4&1&3\\1&1&1\end{vmatrix}=$ ________.

(5) 当 $\lambda=$ ________, $\mu=$ ________ 时,齐次线性方程组 $\begin{cases}\lambda x_1+x_2+x_3=0,\\ x_1+\mu x_2+x_3=0,\\ x_1+2\mu x_2+x_3=0\end{cases}$ 有非零解.

(6) 当 $\lambda=$ ________ 时,齐次线性方程组 $\begin{cases}(1-\lambda)x_1-2x_2+4x_3=0,\\ 2x_1+(3-\lambda)x_2+x_3=0,\\ x_1+x_2+(1-\lambda)x_3=0\end{cases}$ 有非零解.

第 2 章 矩　　阵

矩阵是从生产实践和科学技术问题中抽象出来的一个数学概念，它在线性代数中既是最基本的研究对象，又是最重要的研究工具，它贯穿线性代数的各个方面.

本章介绍矩阵的概念、运算，分块矩阵、逆矩阵及其求法.

2.1 矩阵的概念

定义 2.1 $m\times n$ 个数 $a_{ij}(i=1,2,\cdots,m;\ j=1,2,\cdots,n)$ 排成 m 行 n 列的数表（总体加括号），记作

$$\boldsymbol{A}=\begin{pmatrix} a_{11} & a_{12} & \cdots & a_{1n} \\ a_{21} & a_{22} & \cdots & a_{2n} \\ \vdots & \vdots & & \vdots \\ a_{m1} & a_{m2} & \cdots & a_{mn} \end{pmatrix},$$

称为 $\boldsymbol{m\times n}$ **型的矩阵**（简称 $m\times n$ 矩阵），记作 $\boldsymbol{A}=(a_{ij})$，或记作 $\boldsymbol{A}_{m\times n}$，$(a_{ij})_{m\times n}$，数 a_{ij} 为矩阵 $\boldsymbol{A}$ 的第 i 行第 j 列的**元素**，其中 i 称为**行标**，j 称为**列标**.

元素是实数的矩阵称为**实矩阵**，元素为复数的矩阵称为**复矩阵**. 本书除特别指明外，只讨论实矩阵.

元素全为零的矩阵称为**零矩阵**，记作 $\boldsymbol{O}$ 或 $\boldsymbol{O}_{m\times n}$.

只有一行的矩阵

$$(a_1,\ a_2,\ \cdots,\ a_n)$$

称为**行矩阵**（或称为**行向量***）；只有一列的矩阵

$$\begin{pmatrix} a_1 \\ a_2 \\ \vdots \\ a_m \end{pmatrix}$$

称为**列矩阵**（或称为**列向量**）. 当矩阵的行数和列数相等，即 $m=n$ 时，

---

* 关于向量的概念，将在第 4 章中详细讨论. 一般用大写黑体字母 $\boldsymbol{A}$, $\boldsymbol{B}$, $\boldsymbol{C}$, $\boldsymbol{\Lambda}$ 表示矩阵；而用小写黑体字母 $\boldsymbol{a}$, $\boldsymbol{b}$, $\boldsymbol{c}$, $\boldsymbol{\alpha}$, $\boldsymbol{\beta}$ 表示列向量，用 $\boldsymbol{a}^{\mathrm{T}}$, $\boldsymbol{b}^{\mathrm{T}}$, $\boldsymbol{c}^{\mathrm{T}}$, $\boldsymbol{\alpha}^{\mathrm{T}}$, $\boldsymbol{\beta}^{\mathrm{T}}$ 表示行向量.

$$\begin{pmatrix} a_{11} & a_{12} & \cdots & a_{1n} \\ a_{21} & a_{22} & \cdots & a_{2n} \\ \vdots & \vdots & & \vdots \\ a_{n1} & a_{n2} & \cdots & a_{nn} \end{pmatrix}$$

称为 n **阶矩阵**或 n **阶方阵**，记作 $\boldsymbol{A}$ 或 $\boldsymbol{A}_n$. 特别地，一阶方阵 $\boldsymbol{A}=(a)=a$ 就是一个数.

如果矩阵 $\boldsymbol{A}$ 与 $\boldsymbol{B}$ 的行数相等，列数也相等，就称矩阵 $\boldsymbol{A}$ 与 $\boldsymbol{B}$ 是**同型矩阵**.

设矩阵 $\boldsymbol{A}=(a_{ij})$ 与矩阵 $\boldsymbol{B}=(b_{ij})$ 都是 $m\times n$ 矩阵，如果它们的对应位置上的元素相等，即

$$a_{ij}=b_{ij} \quad (i=1, 2, \cdots, m;\ j=1, 2, \cdots, n),$$

则称矩阵 $\boldsymbol{A}$ 与 $\boldsymbol{B}$ **相等**，记作

$$\boldsymbol{A}=\boldsymbol{B}.$$

即两个矩阵相等当且仅当它们是同型矩阵，且它们的对应位置上的元素相等.

矩阵的应用非常广泛，下面举例说明.

例 2.1 某家电公司有彩电、音响、录像机，其规格列成表 2-1.

表 2-1

规格 \ 货名	彩电	音响	录像机
单价/(元/台)	a_{11}	a_{12}	a_{13}
质量/(kg/台)	a_{21}	a_{22}	a_{23}

青岛、西安、武汉三地订购家电台数列成表 2-2.

表 2-2

货名 \ 订购城市	青岛	武汉	西安
彩电	b_{11}	b_{12}	b_{13}
音响	b_{21}	b_{22}	b_{23}
录像机	b_{31}	b_{32}	b_{33}

上述两个表格中的各项数据分别可以组成矩阵

$$\begin{pmatrix} a_{11} & a_{12} & a_{13} \\ a_{21} & a_{22} & a_{23} \end{pmatrix}$$

以及

$$\begin{pmatrix} b_{11} & b_{12} & b_{13} \\ b_{21} & b_{22} & b_{23} \\ b_{31} & b_{32} & b_{33} \end{pmatrix}.$$

矩阵中的每一个数都有具体的含义，不能互换位置.

例 2.2 n 个变量 $x_1, x_2, \cdots, x_n$ 与 m 个变量 $y_1, y_2, \cdots, y_m$ 之间的关系式

$$\begin{cases} y_1 = a_{11}x_1 + a_{12}x_2 + \cdots + a_{1n}x_n, \\ y_2 = a_{21}x_1 + a_{22}x_2 + \cdots + a_{2n}x_n, \\ \quad \vdots \\ y_m = a_{m1}x_1 + a_{m2}x_2 + \cdots + a_{mn}x_n \end{cases}$$

表示一个从变量 $x_1, x_2, \cdots, x_n$ 到变量 $y_1, y_2, \cdots, y_m$ 的**线性变换**. 线性变换的系数 a_{ij} 构成矩阵 $\boldsymbol{A} = (a_{ij})_{m\times n}$. 线性变换和矩阵之间存在着一一对应的关系，称线性变换的系数构成的矩阵 $\boldsymbol{A}$ 为**线性变换矩阵**.

例如，线性变换

$$\begin{cases} y_1 = x_1, \\ y_2 = x_2, \\ \quad \vdots \\ y_n = x_n \end{cases}$$

叫做**恒等变换**，它对应的一个 n 阶方阵

$$\boldsymbol{E} = \begin{pmatrix} 1 & 0 & \cdots & 0 \\ 0 & 1 & \cdots & 0 \\ \vdots & \vdots & & \vdots \\ 0 & 0 & \cdots & 1 \end{pmatrix}$$

叫做 n 阶**单位矩阵**，简称**单位阵**. 这个方阵的特点是：从左上角到右下角的直线（叫做**主对角线**）上的元素都是 1，其他元素都是零.

又如，线性变换

$$\begin{cases} y_1 = \lambda_1 x_1, \\ y_2 = \lambda_2 x_2, \\ \quad \vdots \\ y_n = \lambda_n x_n \end{cases}$$

对应 n 阶方阵

$$\boldsymbol{\Lambda} = \begin{pmatrix} \lambda_1 & 0 & \cdots & 0 \\ 0 & \lambda_2 & \cdots & 0 \\ \vdots & \vdots & & \vdots \\ 0 & 0 & \cdots & \lambda_n \end{pmatrix}.$$

这个方阵的特点是：不在对角线上的元素都是零. 这种方阵称为**对角矩阵**，简记作 $\boldsymbol{A} = \mathrm{diag}(\lambda_1, \lambda_2, \cdots, \lambda_n)$.

2.2 矩阵的运算

2.2.1 矩阵的加法

定义 2.2 设矩阵 $\boldsymbol{A} = (a_{ij})$，$\boldsymbol{B} = (b_{ij})$ 都是 $m \times n$ 矩阵，$\boldsymbol{A}$ 与 $\boldsymbol{B}$ 的和记作 $\boldsymbol{A}+\boldsymbol{B}$，规定为

$$\boldsymbol{A}+\boldsymbol{B} = \begin{pmatrix} a_{11}+b_{11} & a_{12}+b_{12} & \cdots & a_{1n}+b_{1n} \\ a_{21}+b_{21} & a_{22}+b_{22} & \cdots & a_{2n}+b_{2n} \\ \vdots & \vdots & & \vdots \\ a_{m1}+b_{m1} & a_{m2}+b_{m2} & \cdots & a_{mn}+b_{mn} \end{pmatrix}.$$

两个同型矩阵才可以相加. 两个同型矩阵相加是把它们的对应元素相加，它们的和矩阵仍是同型矩阵.

矩阵加法满足以下运算规律（设 $\boldsymbol{A}$, $\boldsymbol{B}$, $\boldsymbol{C}$ 都是 $m \times n$ 矩阵）：

（1）**交换律** $\boldsymbol{A}+\boldsymbol{B} = \boldsymbol{B}+\boldsymbol{A}$；

（2）**结合律** $(\boldsymbol{A}+\boldsymbol{B})+\boldsymbol{C} = \boldsymbol{A}+(\boldsymbol{B}+\boldsymbol{C})$.

矩阵 $\boldsymbol{A} = (a_{ij})_{m\times n}$ 的全部元素都变号后得到一个新矩阵 $(-a_{ij})_{m\times n}$，称为 $\boldsymbol{A}$ 的**负矩阵**，记作 $-\boldsymbol{A}$，显然有

$$\boldsymbol{A}+(-\boldsymbol{A}) = \boldsymbol{O}, \quad \boldsymbol{A}+\boldsymbol{O} = \boldsymbol{A}.$$

由矩阵加法和负矩阵的概念定义矩阵减法：减去一个矩阵等于加上这个矩阵的负矩阵，即

$$\boldsymbol{A}-\boldsymbol{B} = \boldsymbol{A}+(-\boldsymbol{B}).$$

也就是说，两个同型矩阵相减是两个矩阵的对应元素相减.

2.2.2 数与矩阵的乘法

定义 2.3 数 λ 与矩阵 $\boldsymbol{A} = (a_{ij})_{m\times n}$ 的乘积，记作 $\lambda\boldsymbol{A}$ 或 $\boldsymbol{A}\lambda$，规定为

$$\lambda\boldsymbol{A} = \boldsymbol{A}\lambda = \begin{pmatrix} \lambda a_{11} & \lambda a_{12} & \cdots & \lambda a_{1n} \\ \lambda a_{21} & \lambda a_{22} & \cdots & \lambda a_{2n} \\ \vdots & \vdots & & \vdots \\ \lambda a_{m1} & \lambda a_{m2} & \cdots & \lambda a_{mn} \end{pmatrix} = (\lambda a_{ij})_{m\times n}.$$

即数 λ 乘矩阵 $\boldsymbol{A}$ 是矩阵 $\boldsymbol{A}$ 中的每一个元素都乘以数 λ.

当 $\lambda=-1$ 时，$(-1)\times\boldsymbol{A}=-\boldsymbol{A}$ 是矩阵 $\boldsymbol{A}$ 的负矩阵.

数与矩阵乘法满足以下运算规律(设 $\boldsymbol{A}$, $\boldsymbol{B}$ 都是 $m\times n$ 矩阵；λ, μ 都是数)：

(1) $\lambda(\boldsymbol{A}+\boldsymbol{B})=\lambda\boldsymbol{A}+\lambda\boldsymbol{B}$；

(2) $(\lambda+\mu)\boldsymbol{A}=\lambda\boldsymbol{A}+\mu\boldsymbol{A}$；

(3) $(\lambda\mu)\boldsymbol{A}=\lambda(\mu\boldsymbol{A})$.

例 2.3 设矩阵

$$\boldsymbol{A}=\begin{pmatrix}2&0&1\\-3&4&1\end{pmatrix},\quad \boldsymbol{B}=\begin{pmatrix}3&-2&5\\0&0&1\end{pmatrix},$$

求 $2\boldsymbol{A}-3\boldsymbol{B}$.

解 $2\boldsymbol{A}-3\boldsymbol{B}=2\begin{pmatrix}2&0&1\\-3&4&1\end{pmatrix}-3\begin{pmatrix}3&-2&5\\0&0&1\end{pmatrix}$

$$=\begin{pmatrix}4&0&2\\-6&8&2\end{pmatrix}-\begin{pmatrix}9&-6&15\\0&0&3\end{pmatrix}=\begin{pmatrix}-5&6&-13\\-6&8&-1\end{pmatrix}.$$

2.2.3 矩阵与矩阵的乘法

定义 2.4 设矩阵 $\boldsymbol{A}=(a_{ij})$ 是一个 $m\times s$ 矩阵，矩阵 $\boldsymbol{B}=(b_{ij})$ 是一个 $s\times n$ 矩阵，规定矩阵 $\boldsymbol{A}$ 与 $\boldsymbol{B}$ 的乘积是一个 $m\times n$ 矩阵 $\boldsymbol{C}=(c_{ij})$，其中

$$c_{ij}=a_{i1}b_{1j}+a_{i2}b_{2j}+\cdots+a_{is}b_{sj}=\sum_{k=1}^{s}a_{ik}b_{kj}$$

$$(i=1,\ 2,\ \cdots,\ m;\ j=1,\ 2,\ \cdots,\ n).$$

称矩阵 $\boldsymbol{C}$ 为矩阵 $\boldsymbol{A}$ 与 $\boldsymbol{B}$ 的乘积矩阵，记作 $\boldsymbol{C}=\boldsymbol{AB}$.

在做矩阵与矩阵乘法时应注意：

(1) 只有当矩阵 $\boldsymbol{A}$ 的列数等于矩阵 $\boldsymbol{B}$ 的行数时，矩阵 $\boldsymbol{A}$ 与矩阵 $\boldsymbol{B}$ 的乘积 $\boldsymbol{AB}$ 才有意义；

(2) 乘积矩阵 $\boldsymbol{AB}$ 的行数等于矩阵 $\boldsymbol{A}$ 的行数，$\boldsymbol{AB}$ 的列数等于矩阵 $\boldsymbol{B}$ 的列数；

(3) 乘积矩阵 $\boldsymbol{AB}$ 的第 i 行第 j 列的元素 c_{ij} 等于矩阵 $\boldsymbol{A}$ 的第 i 行的元素与矩阵 $\boldsymbol{B}$ 的第 j 列对应元素相乘，然后相加.

例 2.4 设矩阵

$$\boldsymbol{A}=\begin{pmatrix}1&2&3\\1&0&1\end{pmatrix},\quad \boldsymbol{B}=\begin{pmatrix}1&2\\-2&1\\1&1\end{pmatrix}.$$

求乘积矩阵 $\boldsymbol{AB}$ 和 $\boldsymbol{BA}$.

解 $$AB=\begin{pmatrix}1&2&3\\1&0&1\end{pmatrix}\begin{pmatrix}1&2\\-2&1\\1&1\end{pmatrix}$$

$$=\begin{pmatrix}1\times1+2\times(-2)+3\times1 & 1\times2+2\times1+3\times1\\1\times1+0\times(-2)+1\times1 & 1\times2+0\times1+1\times1\end{pmatrix}=\begin{pmatrix}0&7\\2&3\end{pmatrix}.$$

$$BA=\begin{pmatrix}1&2\\-2&1\\1&1\end{pmatrix}\begin{pmatrix}1&2&3\\1&0&1\end{pmatrix}$$

$$=\begin{pmatrix}1\times1+2\times1 & 1\times2+2\times0 & 1\times3+2\times1\\-2\times1+1\times1 & -2\times2+1\times0 & -2\times3+1\times1\\1\times1+1\times1 & 1\times2+1\times0 & 1\times3+1\times1\end{pmatrix}$$

$$=\begin{pmatrix}3&2&5\\-1&-4&-5\\2&2&4\end{pmatrix}.$$

例 2.5 设矩阵

$$A=\begin{pmatrix}1&-1\\-1&1\end{pmatrix},\quad B=\begin{pmatrix}1&1\\-1&-1\end{pmatrix},\quad C=\begin{pmatrix}2&0\\0&-2\end{pmatrix},$$

求 AB, BA, AC.

解 $$AB=\begin{pmatrix}1&-1\\-1&1\end{pmatrix}\begin{pmatrix}1&1\\-1&-1\end{pmatrix}=\begin{pmatrix}2&2\\-2&-2\end{pmatrix},$$

$$BA=\begin{pmatrix}1&1\\-1&-1\end{pmatrix}\begin{pmatrix}1&-1\\-1&1\end{pmatrix}=\begin{pmatrix}0&0\\0&0\end{pmatrix},$$

$$AC=\begin{pmatrix}1&-1\\-1&1\end{pmatrix}\begin{pmatrix}2&0\\0&-2\end{pmatrix}=\begin{pmatrix}2&2\\-2&-2\end{pmatrix}.$$

由例 2.4 与例 2.5 可知,矩阵乘法与大家熟悉的数的乘法有根本差别:

两个矩阵相乘一般不能交换顺序,即使在可乘的情况下,也不能随便变换顺序,即 $AB\neq BA$. 因此,两个矩阵相乘时,AB 称为 **A 左乘 B**;而 BA 称为 **A 右乘 B**.

例 2.4 中,A 是 2×3 矩阵,B 是 3×2 矩阵,AB 是二阶方阵,但 BA 是三阶方阵,故 $AB\neq BA$. 例 2.5 中,A, B, C 都是二阶方阵,但运算结果知,$AB\neq BA$.

对于两个 n 阶方阵 A, B,如果 $AB=BA$,我们称方阵 A 与 B 为**可交换矩阵**.

矩阵乘法一般不能随便消去同一个非零矩阵,即虽然 $A\neq O$,且 $AB=AC$,但不

能得出 $\boldsymbol{B}=\boldsymbol{C}$. 由例 2.5 中可见，$\boldsymbol{AB}=\boldsymbol{AC}=\begin{pmatrix} 2 & 2 \\ -2 & -2 \end{pmatrix}$，但推不出 $\boldsymbol{B}=\boldsymbol{C}$.

两个非零矩阵的乘积可以是零矩阵，即虽然 $\boldsymbol{BA}=\boldsymbol{O}$，但不能得出 $\boldsymbol{A}=\boldsymbol{O}$ 或 $\boldsymbol{B}=\boldsymbol{O}$.

矩阵乘法满足以下运算规律(设矩阵 $\boldsymbol{A}$, $\boldsymbol{B}$, $\boldsymbol{C}$ 对所涉及的运算可行)：

(1) **结合律** $(\boldsymbol{AB})\boldsymbol{C}=\boldsymbol{A}(\boldsymbol{BC})$，

$$(\lambda\boldsymbol{A})\boldsymbol{B}=\boldsymbol{A}(\lambda\boldsymbol{B})=\lambda(\boldsymbol{AB}) \quad (\lambda \text{ 为数});$$

(2) **左乘分配律** $\boldsymbol{A}(\boldsymbol{B}+\boldsymbol{C})=\boldsymbol{AB}+\boldsymbol{AC}$，

右乘分配律 $(\boldsymbol{B}+\boldsymbol{C})\boldsymbol{A}=\boldsymbol{BA}+\boldsymbol{CA}$.

对于单位阵 $\boldsymbol{E}$，容易验证

$$\boldsymbol{E}_m\boldsymbol{A}_{m\times n}=\boldsymbol{A}_{m\times n}, \quad \boldsymbol{A}_{m\times n}\boldsymbol{E}_n=\boldsymbol{A}_{m\times n},$$

或简写成

$$\boldsymbol{EA}=\boldsymbol{AE}=\boldsymbol{A}.$$

可见单位阵 $\boldsymbol{E}$ 在矩阵乘法运算中的作用类似于数 1.

例 2.6 设有两个线性变换

$$\begin{cases} y_1 = 2x_1 + x_3, \\ y_2 = -2x_1 + 3x_2 + 2x_3, \\ y_3 = 4x_1 + x_2 + 5x_3 \end{cases} \quad \text{与} \quad \begin{cases} z_1 = -3y_1 + y_2, \\ z_2 = 2y_1 + y_3, \\ z_3 = -y_2 + 3y_3. \end{cases}$$

求从变量 x_1, x_2, x_3 到变量 z_1, z_2, z_3 的线性变换.

解 由题设可得

$$\begin{pmatrix} y_1 \\ y_2 \\ y_3 \end{pmatrix}=\begin{pmatrix} 2 & 0 & 1 \\ -2 & 3 & 2 \\ 4 & 1 & 5 \end{pmatrix}\begin{pmatrix} x_1 \\ x_2 \\ x_3 \end{pmatrix}, \quad \text{记作 } \boldsymbol{Y}=\boldsymbol{AZ};$$

$$\begin{pmatrix} z_1 \\ z_2 \\ z_3 \end{pmatrix}=\begin{pmatrix} -3 & 1 & 0 \\ 2 & 0 & 1 \\ 0 & -1 & 3 \end{pmatrix}\begin{pmatrix} y_1 \\ y_2 \\ y_3 \end{pmatrix}, \quad \text{记作 } \boldsymbol{Z}=\boldsymbol{BY}.$$

将 x_1, x_2, x_3 到 y_1, y_2, y_3 的线性变换代入 y_1, y_2, y_3 到 z_1, z_2, z_3 的线性变换中去，$\boldsymbol{Z}=\boldsymbol{BY}=\boldsymbol{B}(\boldsymbol{AZ})=(\boldsymbol{BA})\boldsymbol{Z}$. 矩阵 $\boldsymbol{BA}$ 是变量 x_1, x_2, x_3 到 z_1, z_2, z_3 的线性变换矩阵.

$$\boldsymbol{BA}=\begin{pmatrix} -3 & 1 & 0 \\ 2 & 0 & 1 \\ 0 & -1 & 3 \end{pmatrix}\begin{pmatrix} 2 & 0 & 1 \\ -2 & 3 & 2 \\ 4 & 1 & 5 \end{pmatrix}=\begin{pmatrix} -8 & 3 & -1 \\ 8 & 1 & 7 \\ 14 & 0 & 13 \end{pmatrix},$$

得 x_1，x_2，x_3 到 z_1，z_2，z_3 的线性变换为

$$\begin{pmatrix} z_1 \\ z_2 \\ z_3 \end{pmatrix} = \begin{pmatrix} -8 & 3 & -1 \\ 8 & 1 & 7 \\ 14 & 0 & 13 \end{pmatrix} \begin{pmatrix} x_1 \\ x_2 \\ x_3 \end{pmatrix},$$

即

$$\begin{cases} z_1 = -8x_1 + 3x_2 - x_3, \\ z_2 = 8x_1 + x_2 + 7x_3, \\ z_3 = 14x_1 + 13x_3. \end{cases}$$

对于方阵 $\boldsymbol{A}$，由于 $\boldsymbol{A}$ 的列数等于行数，因此可以归纳地给出方阵的幂运算：

$$\boldsymbol{A}^1 = \boldsymbol{A},\ \boldsymbol{A}^2 = \boldsymbol{A}^1\boldsymbol{A}^1,\ \cdots,\ \boldsymbol{A}^{k+1} = \boldsymbol{A}^k\boldsymbol{A}^1,$$

其中 k 为正整数. 这就是说 $\boldsymbol{A}^k$ 就是 k 个 $\boldsymbol{A}$ 连乘. 由于矩阵乘法满足结合律，所以方阵的幂运算满足以下运算规律：

$$\boldsymbol{A}^k\boldsymbol{A}^l = \boldsymbol{A}^{k+l};\quad (\boldsymbol{A}^k)^l = \boldsymbol{A}^{kl}.$$

其中 k，l 为正整数. 又因为矩阵乘法不满足交换律，所以对于两个 n 阶方阵 $\boldsymbol{A}$ 与 $\boldsymbol{B}$，一般来说 $(\boldsymbol{AB})^k \neq \boldsymbol{A}^k\boldsymbol{B}^k$. 这里，$(\boldsymbol{AB})^k = \underbrace{(\boldsymbol{AB})(\boldsymbol{AB})\cdot\cdots\cdot(\boldsymbol{AB})}_{k\text{个}\boldsymbol{AB}\text{相乘}}$，而 $\boldsymbol{A}^k\boldsymbol{B}^k = \underbrace{\boldsymbol{A}\cdot\boldsymbol{A}\cdot\cdots\cdot\boldsymbol{A}}_{k\text{个}\boldsymbol{A}\text{相乘}}\cdot\underbrace{\boldsymbol{B}\cdot\boldsymbol{B}\cdot\cdots\cdot\boldsymbol{B}}_{k\text{个}\boldsymbol{B}\text{相乘}}$.

设 $\boldsymbol{A}$，$\boldsymbol{B}$ 都是 n 阶方阵，那么 $(\boldsymbol{A}+\boldsymbol{B})^2 = (\boldsymbol{A}+\boldsymbol{B})(\boldsymbol{A}+\boldsymbol{B}) = \boldsymbol{A}^2 + \boldsymbol{AB} + \boldsymbol{BA} + \boldsymbol{B}^2$，而 $(\boldsymbol{A}-\boldsymbol{B})(\boldsymbol{A}+\boldsymbol{B}) = \boldsymbol{A}^2 + \boldsymbol{AB} - \boldsymbol{BA} - \boldsymbol{B}^2$，从而数学中的乘法公式必须谨慎使用. 例如，$(\boldsymbol{A}+\boldsymbol{B})^2 = \boldsymbol{A}^2 + 2\boldsymbol{AB} + \boldsymbol{B}^2$，$(\boldsymbol{A}-\boldsymbol{B})(\boldsymbol{A}+\boldsymbol{B}) = \boldsymbol{A}^2 - \boldsymbol{B}^2$ 当且仅当 $\boldsymbol{AB} = \boldsymbol{BA}$.

设 $\varphi(x) = a_0 + a_1x + \cdots + a_mx^m$ 为 x 的 m 次多项式，$\boldsymbol{A}$ 为 n 阶方阵，记

$$\varphi(\boldsymbol{A}) = a_0\boldsymbol{E} + a_1\boldsymbol{A} + \cdots + a_n\boldsymbol{A}^m,$$

称 $\varphi(\boldsymbol{A})$ 为方阵 $\boldsymbol{A}$ 的 m 次多项式. 任意两个方阵 $\boldsymbol{A}$ 的多项式作乘法时是可以交换的，且方阵 $\boldsymbol{A}$ 的多项式可以像数 x 的多项式一样相乘或分解因式，例如

$$(\boldsymbol{E}+\boldsymbol{A})(\boldsymbol{A}^2+2\boldsymbol{E}) = (\boldsymbol{A}^2+2\boldsymbol{E})(\boldsymbol{E}+\boldsymbol{A}) = \boldsymbol{A}^3 + \boldsymbol{A}^2 + 2\boldsymbol{A} + 2\boldsymbol{E},$$
$$(\boldsymbol{E}-\boldsymbol{A})^2 = \boldsymbol{E} - 2\boldsymbol{A} + \boldsymbol{A}^2.$$

2.2.4 矩阵的转置

定义 2.5 设 $m\times n$ 矩阵

$$\boldsymbol{A} = \begin{pmatrix} a_{11} & a_{12} & \cdots & a_{1n} \\ a_{21} & a_{22} & \cdots & a_{2n} \\ \vdots & \vdots & & \vdots \\ a_{m1} & a_{m2} & \cdots & a_{mn} \end{pmatrix}_{m\times n},$$

把矩阵 $\boldsymbol{A}$ 的行换成同序号的列，得到一个 $n\times m$ 矩阵

$$\begin{pmatrix} a_{11} & a_{21} & \cdots & a_{m1} \\ a_{12} & a_{22} & \cdots & a_{m2} \\ \vdots & \vdots & & \vdots \\ a_{1n} & a_{2n} & \cdots & a_{mn} \end{pmatrix}_{n\times m},$$

称为 $\boldsymbol{A}$ 的**转置矩阵**，记作 $\boldsymbol{A}^{\mathrm{T}}$.

例如，矩阵

$$\boldsymbol{A}=\begin{pmatrix} 1 & 2 & 0 \\ 0 & -3 & 1 \end{pmatrix}$$

的转置矩阵为

$$\boldsymbol{A}^{\mathrm{T}}=\begin{pmatrix} 1 & 0 \\ 2 & -3 \\ 0 & 1 \end{pmatrix}.$$

如果记 $\boldsymbol{A}=(a_{ij})_{m\times n}$，$\boldsymbol{A}^{\mathrm{T}}=(d_{ij})_{n\times m}$，那么，矩阵 $\boldsymbol{A}^{\mathrm{T}}$ 中第 i 行第 j 列的元素 d_{ij} 就等于矩阵 $\boldsymbol{A}$ 中第 j 行第 i 列的元素 a_{ji}，即 $d_{ij}=a_{ji}(i=1, 2, \cdots, n; j=1, 2, \cdots, m)$.

矩阵的转置运算满足以下运算规律(设矩阵 $\boldsymbol{A}$, $\boldsymbol{B}$ 对所涉及的运算都可行)：

(1) $(\boldsymbol{A}^{\mathrm{T}})^{\mathrm{T}}=\boldsymbol{A}$;

(2) $(\boldsymbol{A}+\boldsymbol{B})^{\mathrm{T}}=\boldsymbol{A}^{\mathrm{T}}+\boldsymbol{B}^{\mathrm{T}}$;

(3) $(\lambda\boldsymbol{A})^{\mathrm{T}}=\lambda\boldsymbol{A}^{\mathrm{T}}$ (λ 为数);

(4) $(\boldsymbol{AB})^{\mathrm{T}}=\boldsymbol{B}^{\mathrm{T}}\boldsymbol{A}^{\mathrm{T}}$.

这里仅证明运算规律(4).

* **证明** 设矩阵 $\boldsymbol{A}=(a_{ij})_{m\times s}$，$\boldsymbol{B}=(b_{ij})_{s\times n}$，记 $\boldsymbol{AB}=\boldsymbol{C}=(c_{ij})_{m\times n}$，$\boldsymbol{B}^{\mathrm{T}}\boldsymbol{A}^{\mathrm{T}}=\boldsymbol{D}=(d_{ij})_{n\times m}$. 由矩阵与矩阵相乘的定义，得 $\boldsymbol{C}$ 的第 j 行第 i 列的元素：

$$c_{ji}=\sum_{k=1}^{s}a_{jk}b_{ki}.$$

而 $\boldsymbol{B}^{\mathrm{T}}$ 的第 i 行为 $(b_{1i}, b_{2i}, \cdots, b_{si})$，$\boldsymbol{A}^{\mathrm{T}}$ 的第 j 列为 $\begin{pmatrix} a_{j1} \\ a_{j2} \\ \vdots \\ a_{js} \end{pmatrix}$. 因此，$\boldsymbol{D}$ 的第 i 行第 j 列的元素：

$$d_{ij}=\sum_{k=1}^{s}b_{ki}a_{jk}=\sum_{k=1}^{s}a_{jk}b_{ki}=c_{ji} \quad (i=1, 2, \cdots, n; j=1, 2, \cdots, m).$$

由转置运算定义知 $(\boldsymbol{AB})^{\mathrm{T}}=\boldsymbol{C}^{\mathrm{T}}$，于是 $\boldsymbol{D}=\boldsymbol{C}^{\mathrm{T}}$，即 $\boldsymbol{B}^{\mathrm{T}}\boldsymbol{A}^{\mathrm{T}}=(\boldsymbol{AB})^{\mathrm{T}}$.

如果 n 阶方阵 $\boldsymbol{A}=(a_{ij})$ 满足

$$\boldsymbol{A}^{\mathrm{T}}=\boldsymbol{A},$$

称 $\boldsymbol{A}$ 为**对称阵**. 由转置运算定义知,如果 n 阶方阵 $\boldsymbol{A}=(a_{ij})$ 为对称阵,那么 $\boldsymbol{A}$ 中关于主对角线为对称位置上的元素相等,即 $a_{ij}=a_{ji}(i,\ j=1,\ 2,\ \cdots,\ n)$. 例如,矩阵

$$\begin{pmatrix}0 & -1\\ -1 & 1\end{pmatrix} \quad 和 \quad \begin{pmatrix}3 & 4 & 3\\ 4 & 1 & 1\\ 3 & 1 & 0\end{pmatrix}$$

都是对称阵.

例 2.7 设 $\boldsymbol{A}$ 是 $m\times n$ 矩阵,证明 $\boldsymbol{A}^{\mathrm{T}}\boldsymbol{A},\ \boldsymbol{A}\boldsymbol{A}^{\mathrm{T}}$ 都是对称阵.

证明 由转置运算规律可得

$$(\boldsymbol{A}^{\mathrm{T}}\boldsymbol{A})^{\mathrm{T}}=\boldsymbol{A}^{\mathrm{T}}(\boldsymbol{A}^{\mathrm{T}})^{\mathrm{T}}=\boldsymbol{A}^{\mathrm{T}}\boldsymbol{A},$$

$$(\boldsymbol{A}\boldsymbol{A}^{\mathrm{T}})^{\mathrm{T}}=(\boldsymbol{A}^{\mathrm{T}})^{\mathrm{T}}\boldsymbol{A}^{\mathrm{T}}=\boldsymbol{A}\boldsymbol{A}^{\mathrm{T}},$$

所以,$\boldsymbol{A}^{\mathrm{T}}\boldsymbol{A},\ \boldsymbol{A}\boldsymbol{A}^{\mathrm{T}}$ 都是对称阵.

2.2.5 方阵的行列式

定义 2.6 设 $\boldsymbol{A}$ 是 n 阶方阵,由方阵 $\boldsymbol{A}$ 的元素按原来位置构成的行列式

$$|\boldsymbol{A}|=\begin{vmatrix}a_{11} & a_{12} & \cdots & a_{1n}\\ a_{21} & a_{22} & \cdots & a_{2n}\\ \vdots & \vdots & & \vdots\\ a_{n1} & a_{n2} & \cdots & a_{nn}\end{vmatrix}$$

称为**方阵 $\boldsymbol{A}$ 的行列式**,记作 $|\boldsymbol{A}|$ 或 $\det\boldsymbol{A}$.

方阵的行列式满足以下运算规律(设 $\boldsymbol{A},\ \boldsymbol{B}$ 为 n 阶方阵,λ 是数):

(1) $|\boldsymbol{A}^{\mathrm{T}}|=|\boldsymbol{A}|$ (行列式性质 1);

(2) $|\lambda\boldsymbol{A}|=\lambda^n|\boldsymbol{A}|$;

(3) $|\boldsymbol{A}\boldsymbol{B}|=|\boldsymbol{A}||\boldsymbol{B}|$.

由行列式性质 3,行列式某行(列)有公因子 λ,则可把公因子 λ 提到该行列式外面. 又根据定义 2.3,$\lambda\boldsymbol{A}$ 等于矩阵 $\boldsymbol{A}$ 的每一个元素都乘数 λ,从而 $\lambda\boldsymbol{A}$ 的行列式 $|\lambda\boldsymbol{A}|$ 的每一行都有公因子 λ,得运算规律(2).

运算规律(3)不加证明. 运算规律(3)说明,两个方阵相乘一般不能交换,但

$$|\boldsymbol{A}\boldsymbol{B}|=|\boldsymbol{A}||\boldsymbol{B}|=|\boldsymbol{B}||\boldsymbol{A}|=|\boldsymbol{B}\boldsymbol{A}|.$$

例如,矩阵 $\boldsymbol{A}=\begin{pmatrix}1 & -1\\ 0 & 2\end{pmatrix}$, $\boldsymbol{B}=\begin{pmatrix}0 & 1\\ 1 & 0\end{pmatrix}$,得 $|\boldsymbol{A}|=2,\ |\boldsymbol{B}|=-1$,

$$AB=\begin{pmatrix}1&-1\\0&2\end{pmatrix}\begin{pmatrix}0&1\\1&0\end{pmatrix}=\begin{pmatrix}-1&-1\\2&4\end{pmatrix},$$

$$BA=\begin{pmatrix}0&1\\1&0\end{pmatrix}\begin{pmatrix}1&-1\\0&2\end{pmatrix}=\begin{pmatrix}0&2\\1&3\end{pmatrix},$$

$$AB\neq BA.$$

但
$$|AB|=|A||B|=-2,$$
$$|BA|=|B||A|=-2,$$
有
$$|AB|=|BA|.$$

2.3 分块矩阵

在矩阵运算中，对于行数列数较多的矩阵往往采用矩阵分块的方法将矩阵分成若干小块，化大矩阵的运算为小矩阵的运算.

2.3.1 分块矩阵

设 $\boldsymbol{A}$ 是 $m\times n$ 矩阵，用若干条横线和竖线把矩阵 $\boldsymbol{A}$ 分成若干小块，每一个小块作为一个小矩阵称为 $\boldsymbol{A}$ 的**子块**（或称为 $\boldsymbol{A}$ 的**子矩阵**），在进行矩阵运算时，可以把 $\boldsymbol{A}$ 的每一个子块作为一个元素，这种以子块为元素的矩阵称为**分块矩阵**（或**分块阵**）.

例如，将 3×4 矩阵

$$\boldsymbol{A}=\begin{pmatrix}a_{11}&a_{12}&a_{13}&a_{14}\\a_{21}&a_{22}&a_{23}&a_{24}\\a_{31}&a_{32}&a_{33}&a_{34}\end{pmatrix}$$

分成子块的分法很多，下面列出三种分块形状：

(1) $\left(\begin{array}{cc:cc}a_{11}&a_{12}&a_{13}&a_{14}\\a_{21}&a_{22}&a_{23}&a_{24}\\\hdashline a_{31}&a_{32}&a_{33}&a_{34}\end{array}\right)$；　(2) $\left(\begin{array}{cccc}a_{11}&a_{12}&a_{13}&a_{14}\\\hdashline a_{21}&a_{22}&a_{23}&a_{24}\\\hdashline a_{31}&a_{32}&a_{33}&a_{34}\end{array}\right)$（按行分块）；

(3) $\left(\begin{array}{c:c:c:c}a_{11}&a_{12}&a_{13}&a_{14}\\a_{21}&a_{22}&a_{23}&a_{24}\\a_{31}&a_{32}&a_{33}&a_{34}\end{array}\right)$（按列分块）.

分法(1)可记为

$$\boldsymbol{A}=\begin{pmatrix}\boldsymbol{A}_{11}&\boldsymbol{A}_{12}\\\boldsymbol{A}_{21}&\boldsymbol{A}_{22}\end{pmatrix},$$

其中

$$A_{11}=\begin{pmatrix}a_{11} & a_{12}\\ a_{21} & a_{22}\end{pmatrix},\quad A_{12}=\begin{pmatrix}a_{13} & a_{14}\\ a_{23} & a_{24}\end{pmatrix},$$

$$A_{21}=(a_{31}\quad a_{32}),\quad A_{22}=(a_{33}\quad a_{34}).$$

即 $\boldsymbol{A}_{11}$, $\boldsymbol{A}_{12}$, $\boldsymbol{A}_{21}$, $\boldsymbol{A}_{22}$ 是 $\boldsymbol{A}$ 的子块，而 $\boldsymbol{A}$ 形式上成为以这些子块为元素的分块矩阵. 请读者自己写出分法(2),(3) 的分块矩阵.

2.3.2 分块矩阵的运算

分块矩阵运算规则与普通矩阵运算规则类似.

1. 分块矩阵的加法

设 $\boldsymbol{A}$ 与 $\boldsymbol{B}$ 都是 $m\times n$ 矩阵，并且以相同的方式分块，即

$$\boldsymbol{A}=\begin{pmatrix}\boldsymbol{A}_{11} & \boldsymbol{A}_{12} & \cdots & \boldsymbol{A}_{1s}\\ \boldsymbol{A}_{21} & \boldsymbol{A}_{22} & \cdots & \boldsymbol{A}_{2s}\\ \vdots & \vdots & & \vdots\\ \boldsymbol{A}_{r1} & \boldsymbol{A}_{r2} & \cdots & \boldsymbol{A}_{rs}\end{pmatrix},\quad \boldsymbol{B}=\begin{pmatrix}\boldsymbol{B}_{11} & \boldsymbol{B}_{12} & \cdots & \boldsymbol{B}_{1s}\\ \boldsymbol{B}_{21} & \boldsymbol{B}_{22} & \cdots & \boldsymbol{B}_{2s}\\ \vdots & \vdots & & \vdots\\ \boldsymbol{B}_{r1} & \boldsymbol{B}_{r2} & \cdots & \boldsymbol{B}_{rs}\end{pmatrix},$$

其中 $\boldsymbol{A}_{ij}$ 与 $\boldsymbol{B}_{ij}$ $(i=1,2,\cdots,r;\ j=1,2,\cdots,s)$ 都是同型矩阵，则

$$\boldsymbol{A}\pm\boldsymbol{B}=\begin{pmatrix}\boldsymbol{A}_{11}\pm\boldsymbol{B}_{11} & \boldsymbol{A}_{12}\pm\boldsymbol{B}_{12} & \cdots & \boldsymbol{A}_{1s}\pm\boldsymbol{B}_{1s}\\ \boldsymbol{A}_{21}\pm\boldsymbol{B}_{21} & \boldsymbol{A}_{22}\pm\boldsymbol{B}_{22} & \cdots & \boldsymbol{A}_{2s}\pm\boldsymbol{B}_{2s}\\ \vdots & \vdots & & \vdots\\ \boldsymbol{A}_{r1}\pm\boldsymbol{B}_{r1} & \boldsymbol{A}_{r2}\pm\boldsymbol{B}_{r2} & \cdots & \boldsymbol{A}_{rs}\pm\boldsymbol{B}_{rs}\end{pmatrix}.$$

2. 数与分块矩阵的乘法

设 $\boldsymbol{A}=\begin{pmatrix}\boldsymbol{A}_{11} & \boldsymbol{A}_{12} & \cdots & \boldsymbol{A}_{1s}\\ \boldsymbol{A}_{21} & \boldsymbol{A}_{22} & \cdots & \boldsymbol{A}_{2s}\\ \vdots & \vdots & & \vdots\\ \boldsymbol{A}_{r1} & \boldsymbol{A}_{r2} & \cdots & \boldsymbol{A}_{rs}\end{pmatrix}$，$\lambda$ 是数，则 $\lambda\boldsymbol{A}=\begin{pmatrix}\lambda\boldsymbol{A}_{11} & \lambda\boldsymbol{A}_{12} & \cdots & \lambda\boldsymbol{A}_{1s}\\ \lambda\boldsymbol{A}_{21} & \lambda\boldsymbol{A}_{22} & \cdots & \lambda\boldsymbol{A}_{2s}\\ \vdots & \vdots & & \vdots\\ \lambda\boldsymbol{A}_{r1} & \lambda\boldsymbol{A}_{r2} & \cdots & \lambda\boldsymbol{A}_{rs}\end{pmatrix}$.

3. 分块矩阵的乘法

设 $\boldsymbol{A}$ 为 $m\times l$ 矩阵，$\boldsymbol{B}$ 为 $l\times n$ 矩阵，若它们的分块矩阵分别为

$$\boldsymbol{A}=\begin{pmatrix}\boldsymbol{A}_{11} & \cdots & \boldsymbol{A}_{1t}\\ \boldsymbol{A}_{21} & \cdots & \boldsymbol{A}_{2t}\\ \vdots & & \vdots\\ \boldsymbol{A}_{s1} & \cdots & \boldsymbol{A}_{st}\end{pmatrix},\quad \boldsymbol{B}=\begin{pmatrix}\boldsymbol{B}_{11} & \cdots & \boldsymbol{B}_{1r}\\ \boldsymbol{B}_{21} & \cdots & \boldsymbol{B}_{2r}\\ \vdots & & \vdots\\ \boldsymbol{B}_{t1} & \cdots & \boldsymbol{B}_{tr}\end{pmatrix}.$$

其中 $\boldsymbol{A}_{i1}$, $\boldsymbol{A}_{i2}$, $\cdots$, $\boldsymbol{A}_{it}$ 的列数分别等于 $\boldsymbol{B}_{1j}$, $\boldsymbol{B}_{2j}$, $\cdots$, $\boldsymbol{B}_{tj}$ 的行数，则

$$\boldsymbol{AB}=\begin{pmatrix}\boldsymbol{C}_{11} & \boldsymbol{C}_{12} & \cdots & \boldsymbol{C}_{1r}\\ \boldsymbol{C}_{21} & \boldsymbol{C}_{22} & \cdots & \boldsymbol{C}_{2r}\\ \vdots & \vdots & & \vdots\\ \boldsymbol{C}_{s1} & \boldsymbol{C}_{s2} & \cdots & \boldsymbol{C}_{sr}\end{pmatrix},$$

其中

$$\boldsymbol{C}_{ij}=\boldsymbol{A}_{i1}\boldsymbol{B}_{1j}+\boldsymbol{A}_{i2}\boldsymbol{B}_{2j}+\cdots+\boldsymbol{A}_{it}\boldsymbol{B}_{tj}=\sum_{k=1}^{t}\boldsymbol{A}_{ik}\boldsymbol{B}_{kj}$$

$$(i=1,2,\cdots,s;\ j=1,2,\cdots,r).$$

例 2.8 设

$$\boldsymbol{A}=\begin{pmatrix}1&0&0&0\\0&1&0&0\\-1&2&1&0\\1&1&0&1\end{pmatrix},\quad \boldsymbol{B}=\begin{pmatrix}1&0&1&0\\-1&2&0&1\\1&0&4&1\\-1&-1&2&0\end{pmatrix}.$$

求 $\boldsymbol{AB}$.

解 把 $\boldsymbol{A}$, $\boldsymbol{B}$ 分块成

$$\boldsymbol{A}=\left(\begin{array}{cc:cc}1&0&0&0\\0&1&0&0\\ \hdashline -1&2&1&0\\1&1&0&1\end{array}\right)=\begin{pmatrix}\boldsymbol{E}&\boldsymbol{O}\\\boldsymbol{A}_1&\boldsymbol{E}\end{pmatrix},$$

$$\boldsymbol{B}=\left(\begin{array}{cc:cc}1&0&1&0\\-1&2&0&1\\ \hdashline 1&0&4&1\\-1&-1&2&0\end{array}\right)=\begin{pmatrix}\boldsymbol{B}_{11}&\boldsymbol{E}\\\boldsymbol{B}_{21}&\boldsymbol{B}_{22}\end{pmatrix},$$

则

$$\boldsymbol{AB}=\begin{pmatrix}\boldsymbol{E}&\boldsymbol{O}\\\boldsymbol{A}_1&\boldsymbol{E}\end{pmatrix}\begin{pmatrix}\boldsymbol{B}_{11}&\boldsymbol{E}\\\boldsymbol{B}_{21}&\boldsymbol{B}_{22}\end{pmatrix}=\begin{pmatrix}\boldsymbol{B}_{11}&\boldsymbol{E}\\\boldsymbol{A}_1\boldsymbol{B}_{11}+\boldsymbol{B}_{21}&\boldsymbol{A}_1+\boldsymbol{B}_{22}\end{pmatrix}.$$

而

$$\boldsymbol{A}_1\boldsymbol{B}_{11}+\boldsymbol{B}_{21}=\begin{pmatrix}-1&2\\1&1\end{pmatrix}\begin{pmatrix}1&0\\-1&2\end{pmatrix}+\begin{pmatrix}1&0\\-1&-1\end{pmatrix}$$

$$=\begin{pmatrix}-3&4\\0&2\end{pmatrix}+\begin{pmatrix}1&0\\-1&-1\end{pmatrix}=\begin{pmatrix}-2&4\\-1&1\end{pmatrix},$$

$$\boldsymbol{A}_1+\boldsymbol{B}_{22}=\begin{pmatrix}-1&2\\1&1\end{pmatrix}+\begin{pmatrix}4&1\\2&0\end{pmatrix}=\begin{pmatrix}3&3\\3&1\end{pmatrix},$$

于是

$$\boldsymbol{AB}=\left(\begin{array}{cc:cc} 1 & 0 & 1 & 0 \\ -1 & 2 & 0 & 1 \\ \hdashline -2 & 4 & 3 & 3 \\ -1 & 1 & 3 & 1 \end{array}\right).$$

4. 分块矩阵的转置

设 $\boldsymbol{A}=\begin{pmatrix} \boldsymbol{A}_{11} & \boldsymbol{A}_{12} & \cdots & \boldsymbol{A}_{1r} \\ \boldsymbol{A}_{21} & \boldsymbol{A}_{22} & \cdots & \boldsymbol{A}_{2r} \\ \vdots & \vdots & & \vdots \\ \boldsymbol{A}_{s1} & \boldsymbol{A}_{s2} & \cdots & \boldsymbol{A}_{sr} \end{pmatrix}$，则 $\boldsymbol{A}^{\mathrm{T}}=\begin{pmatrix} \boldsymbol{A}_{11}^{\mathrm{T}} & \boldsymbol{A}_{21}^{\mathrm{T}} & \cdots & \boldsymbol{A}_{s1}^{\mathrm{T}} \\ \boldsymbol{A}_{12}^{\mathrm{T}} & \boldsymbol{A}_{22}^{\mathrm{T}} & \cdots & \boldsymbol{A}_{s2}^{\mathrm{T}} \\ \vdots & \vdots & & \vdots \\ \boldsymbol{A}_{1r}^{\mathrm{T}} & \boldsymbol{A}_{2r}^{\mathrm{T}} & \cdots & \boldsymbol{A}_{sr}^{\mathrm{T}} \end{pmatrix}$.

2.3.3 列分块矩阵(行分块矩阵)

设 $m\times n$ 矩阵

$$\boldsymbol{A}=\begin{pmatrix} a_{11} & a_{12} & \cdots & a_{1n} \\ a_{21} & a_{22} & \cdots & a_{2n} \\ \vdots & \vdots & & \vdots \\ a_{m1} & a_{m2} & \cdots & a_{mn} \end{pmatrix},$$

如果把 $\boldsymbol{A}$ 按行分块，即每一行为一小块，那么 $\boldsymbol{A}$ 就可以写成

$$\boldsymbol{A}=\begin{pmatrix} \boldsymbol{\alpha}_1^{\mathrm{T}} \\ \boldsymbol{\alpha}_2^{\mathrm{T}} \\ \vdots \\ \boldsymbol{\alpha}_m^{\mathrm{T}} \end{pmatrix},$$

称为**行分块矩阵**(或称为**行向量矩阵**)，其中

$$\boldsymbol{\alpha}_i^{\mathrm{T}}=(a_{i1},\ a_{i2},\ \cdots,\ a_{in}),\quad i=1,\ 2,\ \cdots,\ m.$$

如果把 $\boldsymbol{A}$ 按列分块，即每一列为一小块，那么 $\boldsymbol{A}$ 就可以写成

$$\boldsymbol{A}=(\boldsymbol{\alpha}_1,\ \boldsymbol{\alpha}_2,\ \cdots,\ \boldsymbol{\alpha}_n),$$

称为**列分块矩阵**(或称为**列向量矩阵**)，其中

$$\boldsymbol{\alpha}_j=\begin{pmatrix} a_{1j} \\ a_{2j} \\ \vdots \\ a_{mj} \end{pmatrix},\quad j=1,\ 2,\ \cdots,\ n.$$

在实际问题中，我们会碰到由 n 个未知数、m 个方程组成的 n 元线性方程组：

$$\begin{cases} a_{11}x_1+a_{12}x_2+\cdots+a_{1n}x_n=b_1, \\ a_{21}x_1+a_{22}x_2+\cdots+a_{2n}x_n=b_2, \\ \qquad\qquad\vdots \\ a_{m1}x_1+a_{m2}x_2+\cdots+a_{mn}x_n=b_m. \end{cases} \tag{2-1}$$

这个方程组未知数的系数可组成 m 行 n 列的数表，称为线性方程组的**系数矩阵**，记作

$$\boldsymbol{A}=\begin{pmatrix} a_{11} & a_{12} & \cdots & a_{1n} \\ a_{21} & a_{22} & \cdots & a_{2n} \\ \vdots & \vdots & & \vdots \\ a_{m1} & a_{m2} & \cdots & a_{mn} \end{pmatrix}.$$

而未知数的系数与常数项合在一起，又可组成 m 行 $n+1$ 列数表，称为线性方程组的**增广矩阵**，记作

$$\overline{\boldsymbol{A}}=\begin{pmatrix} a_{11} & a_{12} & \cdots & a_{1n} & b_1 \\ a_{21} & a_{22} & \cdots & a_{2n} & b_2 \\ \vdots & \vdots & & \vdots & \vdots \\ a_{m1} & a_{m2} & \cdots & a_{mn} & b_m \end{pmatrix}.$$

按分块矩阵写法，增广矩阵又常可写成

$$\overline{\boldsymbol{A}}=(\boldsymbol{A},\ \boldsymbol{b})=(\boldsymbol{A}\mid\boldsymbol{b}).$$

未知数和常数项分别组成 $n\times1$ 与 $m\times1$ 列矩阵(列向量)，记作

$$\boldsymbol{x}=\begin{pmatrix} x_1 \\ x_2 \\ \vdots \\ x_n \end{pmatrix},\quad \boldsymbol{b}=\begin{pmatrix} b_1 \\ b_2 \\ \vdots \\ b_m \end{pmatrix}.$$

由矩阵乘法，可得式(2-1)的矩阵式：

$$\begin{pmatrix} a_{11} & a_{12} & \cdots & a_{1n} \\ a_{21} & a_{22} & \cdots & a_{2n} \\ \vdots & \vdots & & \vdots \\ a_{m1} & a_{m2} & \cdots & a_{mn} \end{pmatrix}\begin{pmatrix} x_1 \\ x_2 \\ \vdots \\ x_n \end{pmatrix}=\begin{pmatrix} b_1 \\ b_2 \\ \vdots \\ b_m \end{pmatrix},$$

记作

$$\boldsymbol{A}\boldsymbol{x}=\boldsymbol{b}. \tag{2-2}$$

如果把线性方程组 $\boldsymbol{Ax}=\boldsymbol{b}$ 的系数矩阵 $\boldsymbol{A}$ 按列分块：

$$\boldsymbol{A}=(\boldsymbol{\alpha}_1,\boldsymbol{\alpha}_2,\cdots,\boldsymbol{\alpha}_n),$$

其中 $\boldsymbol{\alpha}_j=\begin{pmatrix}a_{1j}\\a_{2j}\\\vdots\\a_{mj}\end{pmatrix}$, $j=1,2,\cdots,n$. 则有

$$(\boldsymbol{\alpha}_1,\boldsymbol{\alpha}_2,\cdots,\boldsymbol{\alpha}_n)\begin{pmatrix}x_1\\x_2\\\vdots\\x_n\end{pmatrix}=\boldsymbol{b},$$

得线性方程组(2-1)的向量表示式：

$$x_1\boldsymbol{\alpha}_1+x_2\boldsymbol{\alpha}_2+\cdots+x_n\boldsymbol{\alpha}_n=\boldsymbol{b}. \tag{2-3}$$

如果把 $\boldsymbol{A}$ 按行分块,则有

$$\begin{pmatrix}\boldsymbol{\alpha}_1^{\mathrm{T}}\\\boldsymbol{\alpha}_2^{\mathrm{T}}\\\vdots\\\boldsymbol{\alpha}_m^{\mathrm{T}}\end{pmatrix}\boldsymbol{x}=\begin{pmatrix}b_1\\b_2\\\vdots\\b_m\end{pmatrix},$$

即得

$$\boldsymbol{\alpha}_i^{\mathrm{T}}\boldsymbol{x}=b_i, \tag{2-4}$$

相当于方程：

$$a_{i1}x_1+a_{i2}x_2+\cdots+a_{in}x_n=b_i\quad(i=1,2,\cdots,m).$$

式(2-2),式(2-3)和式(2-4)是线性方程组(2-1)的三种不同的表示形式,在涉及有关问题讨论时,将用到不同的形式.

2.4 逆　　阵

在数的运算中,设 a 是任意一个非零数,即 a 可逆,a 的唯一的逆就是数 $\frac{1}{a}$ $\left(记\frac{1}{a}=a^{-1}\right)$,且满足

$$a\cdot\frac{1}{a}=\frac{1}{a}\cdot a=1.$$

在矩阵运算中,满足什么条件的矩阵 $\boldsymbol{A}$ 可逆?如果 $\boldsymbol{A}$ 可逆,$\boldsymbol{A}$ 的逆阵是否唯一?如何求它的逆阵?这些都是这一节要讨论的问题.

2.4.1 逆阵的定义

定义 2.7 设 $\boldsymbol{A}$ 是 n 阶方阵,如果存在 n 阶方阵 $\boldsymbol{B}$,使

$$\boldsymbol{AB} = \boldsymbol{BA} = \boldsymbol{E},$$

则称方阵 $\boldsymbol{A}$ 是**可逆阵**(或称 $\boldsymbol{A}$ **可逆**),称方阵 $\boldsymbol{B}$ 是 $\boldsymbol{A}$ 的**逆矩阵**(或**逆阵**).

如果方阵 $\boldsymbol{A}$ 是可逆阵,则 $\boldsymbol{A}$ 的逆阵是唯一的.这是因为假设 $\boldsymbol{B}$ 和 $\boldsymbol{C}$ 都是 $\boldsymbol{A}$ 的逆阵,则有

$$\boldsymbol{AB} = \boldsymbol{BA} = \boldsymbol{E}, \quad \boldsymbol{AC} = \boldsymbol{CA} = \boldsymbol{E},$$

于是

$$\boldsymbol{B} = \boldsymbol{BE} = \boldsymbol{B}(\boldsymbol{AC}) = (\boldsymbol{BA})\boldsymbol{C} = \boldsymbol{EC} = \boldsymbol{C}.$$

通常将 $\boldsymbol{A}$ 的逆阵记作 $\boldsymbol{A}^{-1}$,即 $\boldsymbol{A}^{-1} = \boldsymbol{B}$,有 $\boldsymbol{AA}^{-1} = \boldsymbol{A}^{-1}\boldsymbol{A} = \boldsymbol{E}$.

例如

$$\boldsymbol{A} = \begin{pmatrix} 1 & 2 \\ 1 & 3 \end{pmatrix}, \qquad \boldsymbol{B} = \begin{pmatrix} 3 & -2 \\ -1 & 1 \end{pmatrix},$$

因为

$$\boldsymbol{AB} = \begin{pmatrix} 1 & 2 \\ 1 & 3 \end{pmatrix}\begin{pmatrix} 3 & -2 \\ -1 & 1 \end{pmatrix} = \begin{pmatrix} 1 & 0 \\ 0 & 1 \end{pmatrix},$$

$$\boldsymbol{BA} = \begin{pmatrix} 3 & -2 \\ -1 & 1 \end{pmatrix}\begin{pmatrix} 1 & 2 \\ 1 & 3 \end{pmatrix} = \begin{pmatrix} 1 & 0 \\ 0 & 1 \end{pmatrix},$$

所以 $\boldsymbol{A}$ 可逆,$\boldsymbol{A}^{-1} = \boldsymbol{B}$.

2.4.2 方阵可逆的条件

先介绍 n 阶方阵 $\boldsymbol{A}$ 的伴随矩阵的概念.

定义 2.8 设 $\boldsymbol{A}$ 是 n 阶方阵,A_{ij} 是行列式 $|\boldsymbol{A}|$ 中元素 a_{ij} 的代数余子式,以 A_{ij} 为元素组成 n 阶方阵

$$\boldsymbol{A}^* = \begin{pmatrix} A_{11} & A_{21} & \cdots & A_{n1} \\ A_{12} & A_{22} & \cdots & A_{n2} \\ \vdots & \vdots & & \vdots \\ A_{1n} & A_{2n} & \cdots & A_{nn} \end{pmatrix},$$

称 $\boldsymbol{A}^*$ 为方阵 $\boldsymbol{A}$ 的**伴随阵**.

定理 2.1 设 $\boldsymbol{A}$ 是 n 阶方阵,$\boldsymbol{A}^*$ 是 $\boldsymbol{A}$ 的伴随阵,有

$$\boldsymbol{A}\boldsymbol{A}^* = \boldsymbol{A}^*\boldsymbol{A} = |\boldsymbol{A}|\boldsymbol{E}.$$

*证明

$$\boldsymbol{A}\boldsymbol{A}^* = \begin{pmatrix} a_{11} & a_{12} & \cdots & a_{1n} \\ a_{21} & a_{22} & \cdots & a_{2n} \\ \vdots & \vdots & & \vdots \\ a_{n1} & a_{n2} & \cdots & a_{nn} \end{pmatrix} \begin{pmatrix} A_{11} & A_{21} & \cdots & A_{n1} \\ A_{12} & A_{22} & \cdots & A_{n2} \\ \vdots & \vdots & & \vdots \\ A_{1n} & A_{2n} & \cdots & A_{nn} \end{pmatrix}$$

$$= \begin{pmatrix} \sum a_{1k}A_{1k} & \sum a_{1k}A_{2k} & \cdots & \sum a_{1k}A_{nk} \\ \sum a_{2k}A_{1k} & \sum a_{2k}A_{2k} & \cdots & \sum a_{2k}A_{nk} \\ \vdots & \vdots & & \vdots \\ \sum a_{nk}A_{1k} & \sum a_{nk}A_{2k} & \cdots & \sum a_{nk}A_{nk} \end{pmatrix},$$

其中每个和号 $\sum$ 均对 k 从 1 到 n 求和. 根据定理 1.1 及推论:

$$\sum_{k=1}^{n} a_{ik}A_{jk} = \begin{cases} |\boldsymbol{A}|, & i = j, \\ 0, & i \neq j, \end{cases}$$

可得

$$\boldsymbol{A}\boldsymbol{A}^* = \begin{pmatrix} |\boldsymbol{A}| & & & \\ & |\boldsymbol{A}| & & \\ & & \ddots & \\ & & & |\boldsymbol{A}| \end{pmatrix} = |\boldsymbol{A}|\boldsymbol{E}.$$

类似可以证得 $\boldsymbol{A}^*\boldsymbol{A} = |\boldsymbol{A}|\boldsymbol{E}$.

定理 2.2 设 $\boldsymbol{A}$ 是 n 阶方阵,$\boldsymbol{A}$ 可逆的充分必要条件是 $|\boldsymbol{A}| \neq 0$,且 $\boldsymbol{A}^{-1} = \dfrac{\boldsymbol{A}^*}{|\boldsymbol{A}|}$.

证明 必要性. 因为 $\boldsymbol{A}$ 可逆,由逆阵定义 2.7,存在 $\boldsymbol{A}^{-1}$,使 $\boldsymbol{A}\boldsymbol{A}^{-1} = \boldsymbol{A}^{-1}\boldsymbol{A} = \boldsymbol{E}$. 由方阵行列式运算规律(3),可得 $|\boldsymbol{A}\boldsymbol{A}^{-1}| = |\boldsymbol{A}| \cdot |\boldsymbol{A}^{-1}| = |\boldsymbol{E}| = 1 \neq 0$,从而得 $|\boldsymbol{A}| \neq 0$.

充分性. 因 $|\boldsymbol{A}| \neq 0$,记方阵 $\boldsymbol{B} = \dfrac{\boldsymbol{A}^*}{|\boldsymbol{A}|}$,由定理 2.1 可得 $\boldsymbol{A}\dfrac{\boldsymbol{A}^*}{|\boldsymbol{A}|} = \dfrac{\boldsymbol{A}^*}{|\boldsymbol{A}|}\boldsymbol{A} = \dfrac{1}{|\boldsymbol{A}|}(\boldsymbol{A}^*\boldsymbol{A}) = \boldsymbol{E}$. 由逆阵定义 2.7 知 $\boldsymbol{A}$ 可逆,且 $\boldsymbol{A}^{-1} = \boldsymbol{B} = \dfrac{\boldsymbol{A}^*}{|\boldsymbol{A}|}$.

推论 设 $\boldsymbol{A}, \boldsymbol{B}$ 是 n 阶方阵,且 $\boldsymbol{A}\boldsymbol{B} = \boldsymbol{E}$,那么 $\boldsymbol{A}$ 可逆,且 $\boldsymbol{A}^{-1} = \boldsymbol{B}$.

证明 由 $\boldsymbol{A}, \boldsymbol{B}$ 都是 n 阶方阵,且 $\boldsymbol{A}\boldsymbol{B} = \boldsymbol{E}$,得 $|\boldsymbol{A}\boldsymbol{B}| = |\boldsymbol{A}||\boldsymbol{B}| = |\boldsymbol{E}| = 1 \neq 0$,$|\boldsymbol{A}| \neq 0$,由定理 2.2 知 $\boldsymbol{A}$ 可逆,于是

$$\boldsymbol{B} = \boldsymbol{E}\boldsymbol{B} = (\boldsymbol{A}^{-1}\boldsymbol{A})\boldsymbol{B} = \boldsymbol{A}^{-1}(\boldsymbol{A}\boldsymbol{B}) = \boldsymbol{A}^{-1}\boldsymbol{E} = \boldsymbol{A}^{-1}.$$

即 $\boldsymbol{A}^{-1}=\boldsymbol{B}$.

当 $|\boldsymbol{A}|\neq 0$ 时,$\boldsymbol{A}$ 称为**非奇异阵**;当 $|\boldsymbol{A}|=0$ 时,$\boldsymbol{A}$ 称为**奇异阵**.

定理 2.2 给出了方阵 $\boldsymbol{A}$ 为非奇异阵的充分必要条件是$|\boldsymbol{A}|\neq 0$. 推论表明：判别 $\boldsymbol{B}$ 是否是 $\boldsymbol{A}$ 的逆阵,只要验证 $\boldsymbol{AB}=\boldsymbol{E}$(或 $\boldsymbol{BA}=\boldsymbol{E}$) 是否成立.

例 2.9 求二阶方阵 $\boldsymbol{A}=\begin{pmatrix} a & b \\ c & d \end{pmatrix}$的逆阵.

解 当 $|\boldsymbol{A}|=ad-bc\neq 0$ 时,$\boldsymbol{A}$ 可逆,$\boldsymbol{A}^{-1}=\dfrac{\boldsymbol{A}^*}{|\boldsymbol{A}|}=\dfrac{1}{ad-bc}\begin{pmatrix} d & -b \\ -c & a \end{pmatrix}$.

例 2.10 设

$$\boldsymbol{A}=\begin{pmatrix} 1 & 2 & 3 \\ 2 & 2 & 1 \\ 3 & 4 & 3 \end{pmatrix},$$

判别 $\boldsymbol{A}$ 是否可逆,若可逆,求出 $\boldsymbol{A}^{-1}$.

解 因为

$$|\boldsymbol{A}|=\begin{vmatrix} 1 & 2 & 3 \\ 2 & 2 & 1 \\ 3 & 4 & 3 \end{vmatrix}=2\neq 0,$$

所以方阵 $\boldsymbol{A}$ 可逆,再求 $\boldsymbol{A}^*$,计算$|\boldsymbol{A}|$的余子式.

$$M_{11}=(-1)^{1+1}\begin{vmatrix} 2 & 1 \\ 4 & 3 \end{vmatrix}=2,\quad M_{12}=(-1)^{1+2}\begin{vmatrix} 2 & 1 \\ 3 & 3 \end{vmatrix}=3,$$

$$M_{13}=(-1)^{1+3}\begin{vmatrix} 2 & 2 \\ 3 & 4 \end{vmatrix}=2.$$

类似有

$$M_{21}=-6,\quad M_{22}=-6,\quad M_{23}=-2,$$
$$M_{31}=-4,\quad M_{32}=-5,\quad M_{33}=-2.$$

得

$$\boldsymbol{A}^*=\begin{pmatrix} A_{11} & A_{21} & A_{31} \\ A_{12} & A_{22} & A_{32} \\ A_{13} & A_{23} & A_{33} \end{pmatrix}=\begin{pmatrix} M_{11} & -M_{21} & M_{31} \\ -M_{12} & M_{22} & -M_{32} \\ M_{13} & -M_{23} & M_{33} \end{pmatrix}=\begin{pmatrix} 2 & 6 & -4 \\ -3 & -6 & 5 \\ 2 & 2 & -2 \end{pmatrix},$$

于是

$$\boldsymbol{A}^{-1}=\frac{\boldsymbol{A}^*}{|\boldsymbol{A}|}=\begin{pmatrix} 1 & 3 & -2 \\ -\dfrac{3}{2} & -3 & \dfrac{5}{2} \\ 1 & 1 & -1 \end{pmatrix}.$$

例 2.11 设

$$A=\begin{pmatrix}1&2&3\\2&2&1\\3&4&3\end{pmatrix},\quad B=\begin{pmatrix}2&1\\5&3\end{pmatrix},\quad C=\begin{pmatrix}1&3\\2&0\\3&1\end{pmatrix},$$

求矩阵 $\boldsymbol{X}$,使 $\boldsymbol{AXB}=\boldsymbol{C}$.

解 由例 2.10 知 $|\boldsymbol{A}|\neq 0$,又 $|\boldsymbol{B}|=1\neq 0$,知 $\boldsymbol{A}$, $\boldsymbol{B}$ 都可逆,

$$A^{-1}=\begin{pmatrix}1&3&-2\\-\frac{3}{2}&-3&\frac{5}{2}\\1&1&-1\end{pmatrix},\quad B^{-1}=\begin{pmatrix}3&-1\\-5&2\end{pmatrix}.$$

用 $\boldsymbol{A}^{-1}$, $\boldsymbol{B}^{-1}$同时分别左乘、右乘方程 $\boldsymbol{AXB}=\boldsymbol{C}$ 的两边,有

$$A^{-1}AXBB^{-1}=A^{-1}CB^{-1},$$

得
$$X=A^{-1}CB^{-1}=\begin{pmatrix}1&3&-2\\-\frac{3}{2}&-3&\frac{5}{2}\\1&1&-1\end{pmatrix}\begin{pmatrix}1&3\\2&0\\3&1\end{pmatrix}\begin{pmatrix}2&1\\5&3\end{pmatrix}^{-1}$$

$$=\begin{pmatrix}1&1\\0&-2\\0&2\end{pmatrix}\begin{pmatrix}3&-1\\-5&2\end{pmatrix}=\begin{pmatrix}-2&1\\10&-4\\-10&4\end{pmatrix}.$$

例 2.12 设方阵 $\boldsymbol{A}$ 与 $\boldsymbol{B}$ 满足 $\boldsymbol{A}-\boldsymbol{B}=\boldsymbol{AB}$,证明 $\boldsymbol{A}+\boldsymbol{E}$ 可逆,且求出它的逆阵.

由定理 2.2 的推论,求 $\boldsymbol{A}+\boldsymbol{E}$ 的逆阵就是根据题设,找这样的矩阵 $\boldsymbol{X}$,使$(\boldsymbol{A}+\boldsymbol{E})\boldsymbol{X}=\boldsymbol{E}$.

解 由条件 $\boldsymbol{A}-\boldsymbol{B}=\boldsymbol{AB}$ 可得

$$A+E-(B+AB)=E,$$

$$(A+E)-(A+E)B=E,$$

于是得

$$(A+E)(E-B)=E.$$

由推论知 $\boldsymbol{A}+\boldsymbol{E}$ 可逆,且

$$(A+E)^{-1}=E-B.$$

在矩阵运算中,应特别注意各种矩阵运算规律. 例如在例 2.12 中的项 $\boldsymbol{B}+\boldsymbol{AB}$,这里因矩阵 $\boldsymbol{B}$ 右乘矩阵 $\boldsymbol{A}$,根据矩阵乘法的运算规律,把矩阵 $\boldsymbol{B}$ 从右边提出,为$(\boldsymbol{E}+$

$\boldsymbol{A})\boldsymbol{B}$,不能写成 $\boldsymbol{B}(\boldsymbol{E}+\boldsymbol{A})$.

方阵的逆阵有下列运算规律：

(1) 如果 $\boldsymbol{A}$ 可逆,则 $\boldsymbol{A}^{-1}$ 也可逆,且 $(\boldsymbol{A}^{-1})^{-1}=\boldsymbol{A}$；

(2) 如果 $\boldsymbol{A}$ 可逆,数 $\lambda\neq 0$,则 $\lambda\boldsymbol{A}$ 可逆,且 $(\lambda\boldsymbol{A})^{-1}=\dfrac{1}{\lambda}\boldsymbol{A}^{-1}$；

(3) 如果 $\boldsymbol{A}$ 可逆,则 $\boldsymbol{A}^{\mathrm{T}}$ 也可逆,且 $(\boldsymbol{A}^{\mathrm{T}})^{-1}=(\boldsymbol{A}^{-1})^{\mathrm{T}}$；

(4) 如果 $\boldsymbol{A}$, $\boldsymbol{B}$ 都是 n 阶方阵,且都可逆,则 $\boldsymbol{AB}$ 也可逆,且 $(\boldsymbol{AB})^{-1}=\boldsymbol{B}^{-1}\boldsymbol{A}^{-1}$.

现只证(3),(4).

证明(3)　由矩阵转置运算规律(4)得 $\boldsymbol{A}^{\mathrm{T}}(\boldsymbol{A}^{-1})^{\mathrm{T}}=(\boldsymbol{A}^{-1}\boldsymbol{A})^{\mathrm{T}}=\boldsymbol{E}^{\mathrm{T}}=\boldsymbol{E}$,所以

$$(\boldsymbol{A}^{\mathrm{T}})^{-1}=(\boldsymbol{A}^{-1})^{\mathrm{T}}.$$

(4) 由矩阵乘法运算规律(1)得 $(\boldsymbol{AB})(\boldsymbol{B}^{-1}\boldsymbol{A}^{-1})=\boldsymbol{A}(\boldsymbol{BB}^{-1})\boldsymbol{A}^{-1}=\boldsymbol{AEA}^{-1}=\boldsymbol{AA}^{-1}=\boldsymbol{E}$,所以

$$(\boldsymbol{AB})^{-1}=\boldsymbol{B}^{-1}\boldsymbol{A}^{-1}.$$

运算规律(4)可以推广到对有限个 n 阶可逆方阵的情形. 即如果 $\boldsymbol{A}_1$, $\boldsymbol{A}_2$, $\cdots$, $\boldsymbol{A}_k$ 都是 n 阶可逆方阵,则乘积 $\boldsymbol{A}_1\boldsymbol{A}_2\cdots\boldsymbol{A}_k$ 也可逆,且

$$(\boldsymbol{A}_1\boldsymbol{A}_2\cdots\boldsymbol{A}_k)^{-1}=\boldsymbol{A}_k^{-1}\cdots\boldsymbol{A}_2^{-1}\boldsymbol{A}_1^{-1}.$$

例 2.13　设 $\boldsymbol{A}$, $\boldsymbol{B}$, $\boldsymbol{A}+\boldsymbol{B}$ 都是 n 阶方阵,且都可逆. 证明 $\boldsymbol{A}^{-1}+\boldsymbol{B}^{-1}$ 也可逆,并求出它的逆阵.

证明　利用定义 2.7 及上述结论,可得

$$\begin{aligned}\boldsymbol{A}^{-1}+\boldsymbol{B}^{-1}&=\boldsymbol{A}^{-1}\boldsymbol{E}+\boldsymbol{EB}^{-1}=\boldsymbol{A}^{-1}\boldsymbol{E}+\boldsymbol{A}^{-1}\boldsymbol{AB}^{-1}=\boldsymbol{A}^{-1}(\boldsymbol{E}+\boldsymbol{AB}^{-1})\\&=\boldsymbol{A}^{-1}(\boldsymbol{BB}^{-1}+\boldsymbol{AB}^{-1})=\boldsymbol{A}^{-1}(\boldsymbol{A}+\boldsymbol{B})\boldsymbol{B}^{-1}.\end{aligned}$$

因为 $\boldsymbol{A}$, $\boldsymbol{B}$ 可逆,所以 $\boldsymbol{A}^{-1}$, $\boldsymbol{B}^{-1}$ 都可逆,又因 $(\boldsymbol{A}+\boldsymbol{B})$ 也可逆,由运算规律(4),它们的乘积仍可逆,即 $\boldsymbol{A}^{-1}+\boldsymbol{B}^{-1}$ 可逆,且

$$(\boldsymbol{A}^{-1}+\boldsymbol{B}^{-1})^{-1}=[\boldsymbol{A}^{-1}(\boldsymbol{A}+\boldsymbol{B})\boldsymbol{B}^{-1}]^{-1}=\boldsymbol{B}(\boldsymbol{A}+\boldsymbol{B})^{-1}\boldsymbol{A}.$$

设 $\boldsymbol{A}$, $\boldsymbol{B}$, $\boldsymbol{C}$ 都是 n 阶方阵,利用可逆阵的性质,还可以得出以下结论：

如果 $\boldsymbol{A}$ 可逆,且 $\boldsymbol{AB}=\boldsymbol{AC}$,则 $\boldsymbol{B}=\boldsymbol{C}$；

如果 $\boldsymbol{A}$ 可逆,且 $\boldsymbol{AB}=\boldsymbol{O}$,则 $\boldsymbol{B}=\boldsymbol{O}$.

当 $\boldsymbol{A}$ 可逆时,还规定 $\boldsymbol{A}^{-k}=(\boldsymbol{A}^{-1})^k$, $\boldsymbol{A}^0=\boldsymbol{E}$. 于是当 $\boldsymbol{A}$ 可逆,且 k, l 为整数时,有

$$\boldsymbol{A}^k\boldsymbol{A}^l=\boldsymbol{A}^{k+l},\quad (\boldsymbol{A}^k)^l=\boldsymbol{A}^{kl}.$$

设 $\boldsymbol{A}=\mathrm{diag}(\lambda_1, \lambda_2, \lambda_3)$ 为对角阵,则

$$|\boldsymbol{\Lambda}|=\lambda_1\lambda_2\lambda_3,\quad \boldsymbol{\Lambda}^k=\begin{pmatrix}\lambda_1^k & & \\ & \lambda_2^k & \\ & & \lambda_3^k\end{pmatrix},\quad \boldsymbol{\Lambda}^{-1}=\begin{pmatrix}\frac{1}{\lambda_1} & & \\ & \frac{1}{\lambda_2} & \\ & & \frac{1}{\lambda_3}\end{pmatrix}\quad (\lambda_1\lambda_2\lambda_3\neq 0).$$

设对角阵 $\boldsymbol{\Lambda}$ 的多项式 $\varphi(\boldsymbol{\Lambda})=2\boldsymbol{\Lambda}^2+\frac{3}{\boldsymbol{\Lambda}}$,从而

$$\varphi(\boldsymbol{\Lambda})=\begin{pmatrix}2\lambda_1^2 & & \\ & 2\lambda_2^2 & \\ & & 2\lambda_3^2\end{pmatrix}+\begin{pmatrix}\frac{3}{\lambda_1} & & \\ & \frac{3}{\lambda_2} & \\ & & \frac{3}{\lambda_3}\end{pmatrix}=\begin{pmatrix}2\lambda_1^2+\frac{3}{\lambda_1} & & \\ & 2\lambda_2^2+\frac{3}{\lambda_2} & \\ & & 2\lambda_3^2+\frac{3}{\lambda_3}\end{pmatrix}$$

$$=\begin{pmatrix}\varphi(\lambda_1) & & \\ & \varphi(\lambda_2) & \\ & & \varphi(\lambda_3)\end{pmatrix}=\mathrm{diag}(\varphi(\lambda_1),\ \varphi(\lambda_2),\ \varphi(\lambda_3)).$$

对角阵 $\boldsymbol{\Lambda}$ 的多项式就是对角阵对角线上的元素的多项式 $\varphi(\lambda_i)$ $(i=1,\ 2,\ 3)$ 所构成的对角阵.

2.4.3 分块对角方阵的逆阵

设 $\boldsymbol{A}$ 是 n 阶方阵,如果 $\boldsymbol{A}$ 的分块矩阵只有主对角线上有非零子块,其余子块都是零矩阵,且非零子块都是方阵,即

$$\boldsymbol{A}=\begin{pmatrix}\boldsymbol{A}_1 & & & \boldsymbol{O} \\ & \boldsymbol{A}_2 & & \\ & & \ddots & \\ \boldsymbol{O} & & & \boldsymbol{A}_s\end{pmatrix},$$

其中 $\boldsymbol{A}_i(i=1,\ 2,\ \cdots,\ s)$ 都是方阵,则称方阵 $\boldsymbol{A}$ 为**分块对角方阵**. 由例 1.10 可以证明 $|\boldsymbol{A}|=|\boldsymbol{A}_1||\boldsymbol{A}_2|\cdots|\boldsymbol{A}_s|$,因此分块对角方阵 $\boldsymbol{A}$ 可逆的充分必要条件是 $\boldsymbol{A}$ 的对角线上的非零子块 $\boldsymbol{A}_1,\ \boldsymbol{A}_2,\ \cdots,\ \boldsymbol{A}_s$ 都可逆,且

$$\boldsymbol{A}^{-1}=\begin{pmatrix}\boldsymbol{A}_1^{-1} & & & \\ & \boldsymbol{A}_2^{-1} & & \\ & & \ddots & \\ & & & \boldsymbol{A}_s^{-1}\end{pmatrix}.$$

例如,矩阵

$$A=\begin{pmatrix}2&0&0&0&0\\0&2&0&0&0\\0&0&3&1&0\\0&0&0&3&1\\0&0&0&0&3\end{pmatrix},$$

将矩阵 A 表示成分块对角阵

$$A=\begin{pmatrix}2E&O\\O&B\end{pmatrix}.$$

其中 $$E=\begin{pmatrix}1&0\\0&1\end{pmatrix},\quad B=\begin{pmatrix}3&1&0\\0&3&1\\0&0&3\end{pmatrix}.$$

因为 $|2E|=2$, $|B|=27$, $2E$, B 都可逆,所以 A 可逆,又 $(2E)^{-1}=\frac{1}{2}E^{-1}=\frac{1}{2}E$,经计算

$$B^{-1}=\frac{1}{27}\begin{pmatrix}9&-3&1\\0&9&-3\\0&0&9\end{pmatrix},$$

所以

$$A^{-1}=\begin{pmatrix}\frac{1}{2}&0&0&0&0\\0&\frac{1}{2}&0&0&0\\0&0&\frac{1}{3}&-\frac{1}{9}&\frac{1}{27}\\0&0&0&\frac{1}{3}&-\frac{1}{9}\\0&0&0&0&\frac{1}{3}\end{pmatrix}.$$

习　题　2

1. 已知

$$2\begin{pmatrix}2&0\\1&-2\\-3&1\end{pmatrix}+3X-\begin{pmatrix}1&3\\-2&0\\2&-1\end{pmatrix}=O,$$

求矩阵 $\boldsymbol{X}$.

2. 计算乘积.

(1) $(1\quad 3\quad -1)\begin{pmatrix}2\\-1\\3\end{pmatrix}$;　　(2) $\begin{pmatrix}2\\-1\\3\end{pmatrix}(1\quad 3\quad -1)$;

(3) $(1\quad -1\quad 3)\begin{pmatrix}2&1&-2\\3&0&2\\-1&4&3\end{pmatrix}$;　　(4) $\begin{pmatrix}2&1&-2\\3&0&2\\-1&4&3\end{pmatrix}\begin{pmatrix}1\\-1\\3\end{pmatrix}$;

(5) $\begin{pmatrix}1&1\\2&-3\\4&1\end{pmatrix}\begin{pmatrix}5&0&-1\\2&-3&2\end{pmatrix}$;　　(6) $\begin{pmatrix}2\\-1\\3\end{pmatrix}(2\quad -1)\begin{pmatrix}1&-1&0\\2&1&3\end{pmatrix}$.

3. 设

$$\boldsymbol{A}=\begin{pmatrix}1&1&1\\1&1&-1\\1&-1&1\end{pmatrix},\quad \boldsymbol{B}=\begin{pmatrix}1&2&3\\-1&-2&4\\0&5&1\end{pmatrix}.$$

求 $3\boldsymbol{AB}-2\boldsymbol{A}$, $\boldsymbol{A}^{\mathrm{T}}\boldsymbol{B}$.

4. 求方阵的逆矩阵.

(1) $\begin{pmatrix}1&2&-3\\0&1&2\\0&0&1\end{pmatrix}$;　　(2) $\begin{pmatrix}1&2&3\\1&1&1\\3&1&1\end{pmatrix}$;

(3) $\begin{pmatrix}1&0&0&0\\1&2&0&0\\2&1&3&0\\1&2&1&4\end{pmatrix}$;　　(4) $\begin{pmatrix}3&-2&0&0\\5&-3&0&0\\0&0&1&1\\0&0&3&4\end{pmatrix}$.

5. 设 $\boldsymbol{A}$, $\boldsymbol{B}$ 都是可逆阵,求

$$\begin{pmatrix}\boldsymbol{O}&\boldsymbol{A}\\\boldsymbol{B}&\boldsymbol{O}\end{pmatrix}$$

的逆阵,并求矩阵

$$\begin{pmatrix}0&0&0&1&2\\0&0&0&3&5\\1&1&0&0&0\\0&1&1&0&0\\0&0&1&0&0\end{pmatrix}$$

的逆阵.

6. 设矩阵

$$A=\begin{pmatrix}1&4&0&0&0\\1&3&0&0&0\\0&0&1&1&0\\0&0&3&5&0\\0&0&0&0&8\end{pmatrix},\quad B=\begin{pmatrix}1&0&2&3&0\\2&0&1&2&0\\1&1&0&0&1\end{pmatrix}.$$

用矩阵分块法求 A^{-1}，$A^{-1}B^{\mathrm{T}}$.

7. 解矩阵方程.

(1) $\begin{pmatrix}2&5\\1&3\end{pmatrix}X=\begin{pmatrix}4&-6\\2&1\end{pmatrix}$；　　(2) $\begin{pmatrix}1&1&-1\\0&2&2\\1&-1&0\end{pmatrix}X=\begin{pmatrix}1\\1\\2\end{pmatrix}$；

(3) $X\begin{pmatrix}2&1&-1\\2&1&0\\1&-1&1\end{pmatrix}=(1\quad 2\quad 1)$；　　(4) $\begin{pmatrix}0&1&0\\1&0&0\\0&0&1\end{pmatrix}X\begin{pmatrix}1&0&0\\0&0&1\\0&1&0\end{pmatrix}=\begin{pmatrix}2&-4&3\\2&0&-1\\1&-2&0\end{pmatrix}$.

8. 利用逆阵解线性方程组.

(1) $\begin{cases}x_1+2x_2+3x_3=1,\\2x_1+2x_2+5x_3=2,\\3x_1+5x_2+x_3=3;\end{cases}$　　(2) $\begin{cases}x_1-x_2-x_3=2,\\2x_1-x_2-3x_3=1,\\3x_1+2x_2-5x_3=0.\end{cases}$

9. 已知线性变换

$$\begin{cases}x_1=2y_1+2y_2+y_3,\\x_2=3y_1+y_2+5y_3,\\x_3=3y_1+2y_2+3y_3,\end{cases}$$

求从变量 x_1，x_2，x_3 到变量 y_1，y_2，y_3 的线性变换.

10. 设矩阵

$$A=\begin{pmatrix}1\\2\\3\end{pmatrix},\quad B=\begin{pmatrix}1\\\frac{1}{2}\\\frac{1}{3}\end{pmatrix}.$$

且 $C=AB^{\mathrm{T}}$，求 C^n.

11. 设

$$A=\begin{pmatrix}2&0&0\\0&3&5\\0&1&4\end{pmatrix}.$$

且 $AB=A+B$，求 $A+B$.

12. 设 $A-AB=-xx^{\mathrm{T}}$，其中

$$x=\begin{pmatrix}1\\-1\\1\end{pmatrix},\quad B=\begin{pmatrix}1&-1&1\\-1&1&-1\\1&-1&1\end{pmatrix}.$$

求 A.

13. 设

$$\boldsymbol{A}=\begin{pmatrix}\frac{1}{2} & 0 & 0\\ 0 & 1 & -\frac{3}{4}\\ 0 & -\frac{2}{3} & 1\end{pmatrix},\quad \boldsymbol{B}=\begin{pmatrix}0\\1\\-1\end{pmatrix},$$

满足 $\boldsymbol{A}^{-1}(\boldsymbol{E}-\boldsymbol{B}\boldsymbol{B}^{\mathrm{T}}\boldsymbol{A}^{-1})^{-1}\boldsymbol{C}^{-1}=\boldsymbol{E}$,求 $\boldsymbol{C}$.

14. 设 $\boldsymbol{A}=\begin{pmatrix}1 & 0 & 1\\ 0 & 2 & 0\\ 1 & 0 & 1\end{pmatrix}$,且 $\boldsymbol{AB}+\boldsymbol{E}=\boldsymbol{A}^2+\boldsymbol{B}$,求 $\boldsymbol{B}$.

15. 设 $\boldsymbol{A}=\mathrm{diag}(1,-2,1)$,$\boldsymbol{A}^*\boldsymbol{BA}=2\boldsymbol{BA}-8\boldsymbol{E}$,求 $\boldsymbol{B}$.

16. 已知矩阵 $\boldsymbol{A}$ 的伴随阵 $\boldsymbol{A}^*=\mathrm{diag}(1,1,1,8)$,且 $\boldsymbol{ABA}^{-1}=\boldsymbol{BA}^{-1}+3\boldsymbol{E}$,求 $\boldsymbol{B}$.

17. 设 $\boldsymbol{AP}=\boldsymbol{P\Lambda}$,其中 $\boldsymbol{P}=\begin{pmatrix}-1 & -4\\ 1 & 1\end{pmatrix}$,$\boldsymbol{\Lambda}=\begin{pmatrix}-1 & 0\\ 0 & 2\end{pmatrix}$,求 $\boldsymbol{A}^{11}$.

18. 设 $\boldsymbol{AP}=\boldsymbol{P\Lambda}$,其中 $\boldsymbol{P}=\begin{pmatrix}1 & 1 & 1\\ 1 & 0 & -2\\ 1 & -1 & 1\end{pmatrix}$,$\boldsymbol{\Lambda}=\begin{pmatrix}-1 & & \\ & 1 & \\ & & 5\end{pmatrix}$,求 $\varphi(\boldsymbol{A})=5\boldsymbol{E}-6\boldsymbol{A}+\boldsymbol{A}^2$.

19. 设 $\boldsymbol{A}=(a_{ij})$ 为三阶方阵,且 $a_{ij}=A_{ij}$(A_{ij} 是 a_{ij} 的代数余子式;$i,j=1,2,3$),$|\boldsymbol{A}|\neq 0$,求 $|\boldsymbol{A}|$.

20. 设 $\boldsymbol{A}=(a_{ij})$ 为三阶方阵,且 $\boldsymbol{AA}^{\mathrm{T}}=\boldsymbol{E}$,$a_{33}=1$,求方程 $\boldsymbol{Ax}=\begin{pmatrix}0\\0\\1\end{pmatrix}$ 的解.

21. 设 $\boldsymbol{A}$ 是 n 阶方阵,且 $\boldsymbol{A}^2=\boldsymbol{A}$,求证 $\boldsymbol{A}+\boldsymbol{E}$ 可逆,求 $(\boldsymbol{A}+\boldsymbol{E})^{-1}$.

22. 选择题.

(1) 设矩阵 $\boldsymbol{A}_{3\times 2}$,$\boldsymbol{B}_{2\times 3}$,$\boldsymbol{C}_{3\times 3}$,下列运算________ 可行.

(A) $\boldsymbol{CBA}$ (B) $\boldsymbol{ACB}$

(C) $\boldsymbol{CAB}$ (D) $\boldsymbol{BAC}$

(2) 设矩阵 $\boldsymbol{A}_{m\times n}$,$\boldsymbol{B}_{n\times m}(m\neq n)$,下列运算结果不是 n 阶方阵的是________.

(A) $\boldsymbol{BA}$ (B) $\boldsymbol{AB}$

(C) $\boldsymbol{A}^{\mathrm{T}}\boldsymbol{B}^{\mathrm{T}}$ (D) $(\boldsymbol{BA})^{\mathrm{T}}$

(3) 设 $\boldsymbol{A}$ 是可逆阵,下列运算________结果正确.

(A) $(2\boldsymbol{A})^{\mathrm{T}}=\frac{1}{2}\boldsymbol{A}^{\mathrm{T}}$ (B) $(2\boldsymbol{A})^{-1}=2\boldsymbol{A}^{-1}$

(C) $[(\boldsymbol{A}^{-1})^{-1}]^{\mathrm{T}}=[(\boldsymbol{A}^{\mathrm{T}})^{-1}]^{-1}$ (D) $[(\boldsymbol{A}^{\mathrm{T}})^{\mathrm{T}}]^{-1}=[(\boldsymbol{A}^{-1})^{-1}]^{\mathrm{T}}$

(4) 设 $\boldsymbol{A}$, $\boldsymbol{B}$ 和 $\boldsymbol{C}$ 都是 n 阶方阵,且 $\boldsymbol{ABC}=\boldsymbol{E}$,那么________.

(A) $\boldsymbol{ACB}=\boldsymbol{E}$ (B) $\boldsymbol{BCA}=\boldsymbol{E}$

(C) $\boldsymbol{BAC}=\boldsymbol{E}$ (D) $\boldsymbol{CBA}=\boldsymbol{E}$

(5) $\boldsymbol{A}$, $\boldsymbol{B}$ 是 n 阶可逆阵,且 $\boldsymbol{AB}=\boldsymbol{BA}$,则下列各式中不正确的是________.

(A) $\boldsymbol{AB}^{-1}=\boldsymbol{B}^{-1}\boldsymbol{A}$　　(B) $\boldsymbol{A}^{-1}\boldsymbol{B}=\boldsymbol{BA}^{-1}$

(C) $\boldsymbol{AB}^{-1}=\boldsymbol{BA}^{-1}$　　(D) $\boldsymbol{A}^{-1}\boldsymbol{B}^{-1}=\boldsymbol{B}^{-1}\boldsymbol{A}^{-1}$

23. 设四阶方阵

$$\boldsymbol{A}=(\boldsymbol{A}_1,\boldsymbol{A}_2,\boldsymbol{A}_3,\boldsymbol{A}_4),\quad \boldsymbol{B}=(\boldsymbol{A}_1,\boldsymbol{A}_2,\boldsymbol{A}_3,\boldsymbol{B}_4).$$

其中 $\boldsymbol{A}_1,\boldsymbol{A}_2,\boldsymbol{A}_3,\boldsymbol{A}_4,\boldsymbol{B}_4$ 都是四元列向量,已知 $|\boldsymbol{A}|=-1$, $|\boldsymbol{B}|=2$,则行列式 $|\boldsymbol{A}+2\boldsymbol{B}|=$________.

24. 设 $\boldsymbol{A}$ 为三阶方阵,$\boldsymbol{A}^*$ 是 $\boldsymbol{A}$ 的伴随阵,且 $|\boldsymbol{A}|=\frac{1}{6}$,则行列式 $\left|(2\boldsymbol{A})^{-1}-\frac{1}{3}\boldsymbol{A}^*\right|=$________.

25. 举例说明下列命题是错误的.

(1) 如果 $\boldsymbol{A}^2=\boldsymbol{O}$,那么,$\boldsymbol{A}=\boldsymbol{O}$;

(2) 如果 $\boldsymbol{A}^2=\boldsymbol{A}$,那么,$\boldsymbol{A}=\boldsymbol{O}$ 或 $\boldsymbol{A}=\boldsymbol{E}$;

(3) 如果 $\boldsymbol{AX}=\boldsymbol{AY}$,且 $\boldsymbol{A}\neq\boldsymbol{O}$,那么 $\boldsymbol{X}=\boldsymbol{Y}$.

第 3 章　矩阵的初等变换与线性方程组

设有 n 个未知数 m 个方程的线性方程组

$$\begin{cases} a_{11}x_1 + a_{12}x_2 + \cdots + a_{1n}x_n = b_1, \\ a_{21}x_1 + a_{22}x_2 + \cdots + a_{2n}x_n = b_2, \\ \qquad\qquad\qquad\vdots \\ a_{m1}x_1 + a_{m2}x_2 + \cdots + a_{mn}x_n = b_m. \end{cases} \tag{3-1}$$

记作

$$\boldsymbol{Ax} = \boldsymbol{b}. \tag{3-2}$$

如果 $\boldsymbol{b} = \begin{pmatrix} b_1 \\ b_2 \\ \vdots \\ b_m \end{pmatrix} \neq \boldsymbol{0}$，则称为非齐次线性方程组；如果 $\boldsymbol{b} = \boldsymbol{0}$，则称为齐次线性方程组.

如果 $x_1 = k_1,\ x_2 = k_2,\ \cdots,\ x_n = k_n$ 是线性方程组(3－1) 的解，那么

$$\boldsymbol{x} = \begin{pmatrix} k_1 \\ k_2 \\ \vdots \\ k_n \end{pmatrix}$$

称为线性方程组(3－1)的**解向量**(或称为**解**).

线性方程组(3－1)如果有解，就称它是**相容的**；否则，称它为**不相容**.

设有两个线性方程组 $\boldsymbol{A}_1\boldsymbol{x} = \boldsymbol{b}_1$ 和 $\boldsymbol{A}_2\boldsymbol{x} = \boldsymbol{b}_2$，如果 $\boldsymbol{A}_1\boldsymbol{x} = \boldsymbol{b}_1$ 的解都是 $\boldsymbol{A}_2\boldsymbol{x} = \boldsymbol{b}_2$ 的解，而 $\boldsymbol{A}_2\boldsymbol{x} = \boldsymbol{b}_2$ 的解也都是 $\boldsymbol{A}_1\boldsymbol{x} = \boldsymbol{b}_1$ 的解，称它们是**同解的线性方程组**，或称这两个线性方程组**同解**.

对 m 个方程 n 个未知数组成的线性方程组，怎样来判断线性方程组是否有解？在已知有解的情况下，如何求出解来？本章介绍矩阵的初等变换，矩阵秩的概念，并用来解决问题.

3.1　矩阵的初等变换

3.1.1　消元法解线性方程组

消元法的基本思路是通过方程组的消元变形把方程组化成容易求解的同解方程

组. 下面举例说明之.

例 3.1 用消元法解线性方程组

$$\begin{cases} x_1+2x_2+3x_3=6, & ① \\ 2x_1-3x_2+2x_3=14, & ② \\ 3x_1+x_2-x_3=-2. & ③ \end{cases} \tag{1}$$

解 在式(1)的方程②,③中消去未知数 x_1,

$$\begin{matrix} \\ ②-2\times① \\ ③-3\times① \end{matrix}\begin{cases} x_1+2x_2+3x_3=6, & ① \\ -7x_2-4x_3=2, & ② \\ -5x_2-10x_3=-20. & ③ \end{cases} \tag{2}$$

为了运算方便,对换式(2)中的方程②,③,

$$②\leftrightarrow③\begin{cases} x_1+2x_2+3x_3=6, & ① \\ -5x_2-10x_3=-20, & ② \\ -7x_2-4x_3=2. & ③ \end{cases} \tag{3}$$

在式(3)中,方程②乘以$-\frac{1}{5}$,且在方程③中消去未知数 x_2,

$$\begin{matrix} ②\times\left(-\frac{1}{5}\right) \\ [③+7\times②]\times\frac{1}{10} \\ \end{matrix}\begin{cases} x_1+2x_2+3x_3=6, & ① \\ x_2+2x_3=4, & ② \\ x_3=3. & ③ \end{cases} \tag{4}$$

所得的方程组(4)具有这样的特点: 自上而下看,未知数的个数依次减少,成为阶梯形状.

其中式(1)→式(4)的运算过程是方程组的消元过程:即通过运算消去多余方程,得到保留方程组;消去多余未知数,得到保留未知数. 下面的运算是方程组的回代过程,回代过程也可以用类似消元过程来完成.

将式(4)中的方程③代入方程①,②,得

$$\begin{matrix} ①-3\times③ \\ ②-2\times③ \\ \end{matrix}\begin{cases} x_1+2x_2=-3, & ① \\ x_2=-2, & ② \\ x_3=3. & ③ \end{cases} \tag{5}$$

将式(5)中 $x_2=-2$ 再代入方程 ①,得

$$①-2\times②\begin{cases} x_1=1, \\ x_2=-2, \\ x_3=3. \end{cases} \tag{6}$$

得方程组的解 $x_1=1$, $x_2=-2$, $x_3=3$,即

$$\boldsymbol{x}=\begin{pmatrix}x_1\\x_2\\x_3\end{pmatrix}=\begin{pmatrix}1\\-2\\3\end{pmatrix}.$$

由上述例子可知,消元法解线性方程组的具体做法如下:始终把方程组看作一个整体,把整个方程组变成另一个方程组,对方程组反复施行下面三种运算:

(1) 对换两个方程的位置($\textcircled{i}\leftrightarrow\textcircled{j}$);

(2) 以不等于零的数 k 乘某个方程($k\times\textcircled{i}$);

(3) 把某个方程的 k 倍加在另一个方程上($\textcircled{i}+k\times\textcircled{j}$).

对线性方程组施以上述三种运算都是可逆运算,也就是说,经一次运算把方程组(A)变成另一个新的方程组(B),那么,新的方程组(B)必可经一次同类型的运算变成方程组(A),具体做法如下:

如果(A)$\xrightarrow{\textcircled{i}\leftrightarrow\textcircled{j}}$(B),则(B)$\xrightarrow{\textcircled{i}\leftrightarrow\textcircled{j}}$(A);

如果(A)$\xrightarrow{k\times\textcircled{i}}$(B),则(B)$\xrightarrow{\frac{1}{k}\times\textcircled{i}}$(A);

如果(A)$\xrightarrow{\textcircled{i}+k\times\textcircled{j}}$(B),则(B)$\xrightarrow{\textcircled{i}-k\times\textcircled{j}}$(A).

方程组(A)经有限次上述三种运算变成方程组(B),那么方程组(B)也可经有限次相同类型的运算变到方程组(A). 因此方程组(A)与方程组(B)是同解线性方程组. 在例 3.1 的运算过程中所得到的六个方程组都是同解的线性方程组. 最后得到的解就是原方程组的解.

在消元法解方程组的运算过程中,只是对方程组的系数和常数项进行运算,而未知数在整个运算过程中并未参加运算. 如果记线性方程组的增广矩阵为

$$\overline{\boldsymbol{A}}=(\boldsymbol{A}\,\vdots\,\boldsymbol{b})=\begin{pmatrix}1&2&3&6\\2&-3&2&14\\3&1&-1&12\end{pmatrix},$$

那么,上述对线性方程组的消元运算完全可以转换为对线性方程组的增广矩阵 $\overline{\boldsymbol{A}}$ 行与行之间的运算. 把线性方程组消元过程中的三种运算引到矩阵上,得到矩阵的三种初等运算(或称初等变换).

3.1.2 矩阵的初等变换

定义 3.1 下面三种变换称为矩阵的**行初等变换**:

(1) 对换矩阵的某两行(对换矩阵第 i, j 行,记作 $r_i\leftrightarrow r_j$);

(2) 以数 $k\neq0$ 乘以矩阵某一行的所有元素(矩阵第 i 行乘数 $k\neq0$,记作 $r_i\times k$ 或 kr_i);

(3) 把矩阵的某一行的 k 倍加到另一行对应元素上去(矩阵第 j 行的 k 倍加到

第 i 行对应元素上去,记作 r_i+kr_j).

把上述定义中的"行"换成"列",即得矩阵的**列初等变换**,相应的列初等变换分别记作 $c_i\leftrightarrow c_j$, kc_i, c_i+kc_j.

矩阵的行初等变换与列初等变换统称为矩阵的**初等变换**.

矩阵的每一种初等变换都是可逆变换,且其逆变换是同一类型的初等变换. 事实上,矩阵 $\boldsymbol{A}$ 经过对换第 i, j 两行变成矩阵 $\boldsymbol{B}$,那么,对 $\boldsymbol{B}$ 也经过对换第 i, j 两行,$\boldsymbol{B}$ 又变回到 $\boldsymbol{A}$,所以变换 $r_i\leftrightarrow r_j$ 的逆变换就是其本身 $r_i\leftrightarrow r_j$;类似地,变换 $kr_i(k\neq 0)$的逆变换是 $\dfrac{1}{k}r_i$;变换 r_i+kr_j 的逆变换是 $r_i+(-k)r_j$(或 r_i-kr_j).

定义 3.2 如果矩阵 $\boldsymbol{A}$ 经有限次行初等变换变到矩阵 $\boldsymbol{B}$,则称 $\boldsymbol{A}$ 与 $\boldsymbol{B}$ **行等价**,记作 $\boldsymbol{A}\overset{r}{\Longrightarrow}\boldsymbol{B}$;如果矩阵 $\boldsymbol{A}$ 经有限次列初等变换变到矩阵 $\boldsymbol{B}$,则称 $\boldsymbol{A}$ 与 $\boldsymbol{B}$ **列等价**,记作 $\boldsymbol{A}\overset{c}{\Longrightarrow}\boldsymbol{B}$;矩阵的行、列等价统称为矩阵**等价**,记作 $\boldsymbol{A}\Longrightarrow\boldsymbol{B}$.

矩阵等价具有以下运算规律:

(1) **自反性** $\boldsymbol{A}\Longrightarrow\boldsymbol{A}$;

(2) **对称性** 如果 $\boldsymbol{A}\Longrightarrow\boldsymbol{B}$,则 $\boldsymbol{B}\Longrightarrow\boldsymbol{A}$;

(3) **传递性** 如果 $\boldsymbol{A}\Longrightarrow\boldsymbol{B}$, $\boldsymbol{B}\Longrightarrow\boldsymbol{C}$,则 $\boldsymbol{A}\Longrightarrow\boldsymbol{C}$.

定义 3.3 如果矩阵 $\boldsymbol{A}$ 满足下列条件:

(1) $\boldsymbol{A}$ 中全零行都在非零行的下方(元素全为零的行称为**全零行**,否则称为**非零行**);

(2) 下一非零行的首元素(非零行的第一个不为零的元素称为**首元素**)均在上一非零行的首元素的右侧,

称矩阵 $\boldsymbol{A}$ 为**行阶梯形矩阵**.

例如

$$\begin{pmatrix} 3 & 2 & 3 & 5 \\ 0 & 0 & 2 & 0 \\ 0 & 0 & 0 & 0 \end{pmatrix}, \quad \begin{pmatrix} 4 & 2 & 3 & 5 & 4 \\ 0 & 0 & 4 & 0 & 1 \\ 0 & 0 & 0 & 0 & 1 \end{pmatrix}$$

都是行阶梯形矩阵. 其特点是:可画一条一行为一阶的阶梯线,线的下方全为零,台阶数就是非零行的行数.

定理 3.1 任何一个 $m\times n$ 矩阵 $\boldsymbol{A}$ 都行等价于一个行阶梯形矩阵.

***证明** 设

$$\boldsymbol{A}=\begin{pmatrix} a_{11} & a_{12} & \cdots & a_{1n} \\ a_{21} & a_{22} & \cdots & a_{2n} \\ \vdots & \vdots & & \vdots \\ a_{m1} & a_{m2} & \cdots & a_{mn} \end{pmatrix}_{m\times n}.$$

如果 $\boldsymbol{A}=\boldsymbol{0}$,那么 $\boldsymbol{A}$ 就是一个行阶梯形矩阵.

如果 $\boldsymbol{A}\neq\boldsymbol{0}$,对 $\boldsymbol{A}$ 的行数作归纳证明:

当 $m=1$ 时，$\boldsymbol{A}=(a_{11}a_{12}\cdots a_{1n})$ 就是一个行阶梯形矩阵.

设 $(m-1)\times n$ 矩阵行等价于一个行阶梯形矩阵.

对 $m\times n$ 矩阵 $\boldsymbol{A}$，通过行初等变换，对换矩阵 $\boldsymbol{A}$ 的某两行，可以使 $m\times n$ 矩阵 $\boldsymbol{A}$ 的第一行第一列的元素不为零，所以不妨设 $a_{11}\neq 0$.

用 $\left(-\dfrac{a_{i1}}{a_{11}}\right)$ 乘矩阵 $\boldsymbol{A}$ 的第一行所有元素，再分别加到第 i 行对应元素上去，即作行初等变换 $r_i-\dfrac{a_{i1}}{a_{11}}r_1(i=2,3,\cdots,n)$，化矩阵为 $\boldsymbol{B}$，

$$\boldsymbol{A}\xrightarrow[(i=2,3,\cdots,n)]{r_i-\frac{a_{i1}}{a_{11}}r_1}\begin{pmatrix}a_{11} & a_{12} & \cdots & a_{1n}\\ 0 & b_{22} & \cdots & b_{2n}\\ \vdots & \vdots & & \vdots\\ 0 & b_{m2} & \cdots & b_{mn}\end{pmatrix}=\boldsymbol{B}.$$

其中 $b_{ij}=a_{ij}-\dfrac{a_{i1}}{a_{11}}a_{1j}(i=2,3,\cdots,m;\ j=2,3,\cdots,n)$，在矩阵 $\boldsymbol{B}$ 中，由归纳假设，$(m-1)\times n$ 型矩阵行等价于行阶梯形矩阵，即

$$\begin{pmatrix}0 & b_{22} & \cdots & b_{2n}\\ \vdots & \vdots & & \vdots\\ 0 & b_{2n} & \cdots & b_{nm}\end{pmatrix}\xrightarrow{\text{行初等变换}}\begin{pmatrix}0 & c_{22} & \cdots & c_{2s} & \cdots & c_{2n}\\ \vdots & \vdots & & \vdots & & \vdots\\ 0 & 0 & \cdots & c_{rs} & \cdots & c_{rn}\\ 0 & 0 & \cdots & 0 & \cdots & 0\\ \vdots & \vdots & & \vdots & & \vdots\\ 0 & 0 & \cdots & 0 & \cdots & 0\end{pmatrix}.$$

由此证得

$$\boldsymbol{A}\xrightarrow{\text{行初等变换}}\begin{pmatrix}a_{11} & a_{12} & \cdots & a_{1s} & \cdots & a_{1n}\\ 0 & c_{22} & \cdots & c_{2s} & \cdots & c_{2n}\\ \vdots & \vdots & & \vdots & & \vdots\\ 0 & 0 & \cdots & c_{rs} & \cdots & c_{rn}\\ 0 & 0 & \cdots & 0 & \cdots & 0\\ \vdots & \vdots & & \vdots & & \vdots\\ 0 & 0 & \cdots & 0 & \cdots & 0\end{pmatrix}.$$

在下面的进一步讨论中可知，行阶梯形矩阵中非零行的行数是唯一确定的. 同理，任一 $m\times n$ 矩阵 $\boldsymbol{A}$ 都列等价于**列阶梯形矩阵**，也就是说，对 $m\times n$ 矩阵 $\boldsymbol{A}$ 只经过列初等变换，可化为列阶梯形矩阵，且在列阶梯形矩阵中非零列的列数也是唯一确定的. 非特别说明，本书强调矩阵的行初等变换.

例 3.2 设矩阵

$$\boldsymbol{A}=\begin{pmatrix}1 & -2 & -1 & -2\\ 4 & 1 & 2 & 1\\ 2 & 5 & 4 & -1\\ 1 & 1 & 1 & 1\end{pmatrix},$$

对 $\boldsymbol{A}$ 作行初等变换，化 $\boldsymbol{A}$ 为行阶梯形矩阵.

解

$$\boldsymbol{A}\xrightarrow[r_4-r_1]{\substack{r_2-4r_1\\ r_3-2r_1}}\begin{pmatrix}1&-2&-1&-2\\0&9&6&9\\0&9&6&3\\0&3&2&3\end{pmatrix}\xrightarrow[r_4-\frac{1}{3}r_2]{r_3-r_2}\begin{pmatrix}1&-2&-1&-2\\0&9&6&9\\0&0&0&-6\\0&0&0&0\end{pmatrix}=\boldsymbol{B},$$

$\boldsymbol{B}$ 为行阶梯形矩阵.

对 $\boldsymbol{B}$ 继续施以行初等变换，将 $\boldsymbol{B}$ 化为下面形式的矩阵：

$$\boldsymbol{B}\xrightarrow[-\frac{1}{6}r_3]{\frac{1}{9}r_2}\begin{pmatrix}1&-2&-1&-2\\0&1&\frac{2}{3}&1\\0&0&0&1\\0&0&0&0\end{pmatrix}\xrightarrow[r_2-r_3]{r_1+2r_2}\begin{pmatrix}1&0&\frac{1}{3}&0\\0&1&\frac{2}{3}&0\\0&0&0&1\\0&0&0&0\end{pmatrix}=\boldsymbol{R}.$$

矩阵 $\boldsymbol{R}$ 仍是行阶梯形矩阵，且它具有下面两个特点：

(1) 矩阵 $\boldsymbol{R}$ 中非零行的首元素全为 1；

(2) 首元素 1 所在的列的其他元素全为零，

称矩阵 $\boldsymbol{R}$ 为矩阵 $\boldsymbol{A}$ 的**行最简形矩阵**.

对上述所化得的行最简形矩阵，再施以列初等变换，则可以将 $\boldsymbol{R}$ 化成下面形式的矩阵：

$$\boldsymbol{R}\xrightarrow[c_3\leftrightarrow c_4]{\substack{c_3-\frac{1}{3}c_1\\ c_3-\frac{2}{3}c_2}}\begin{pmatrix}1&0&0&0\\0&1&0&0\\0&0&1&0\\0&0&0&0\end{pmatrix}=\boldsymbol{F}=\begin{pmatrix}\boldsymbol{E}_r&\boldsymbol{O}\\\boldsymbol{O}&\boldsymbol{O}\end{pmatrix}.$$

矩阵 $\boldsymbol{F}$ 的左上角是一个 r(在这里 $r=3$)阶单位阵 $\boldsymbol{E}_r$，其他元素全为零，称矩阵 $\boldsymbol{F}$ 为矩阵 $\boldsymbol{A}$ 的**标准形**.

同样归纳法可以证明：

任何一个 $m\times n$ 矩阵 $\boldsymbol{A}$ 行等价于一个行最简形矩阵；

任何一个 $m\times n$ 矩阵 $\boldsymbol{A}$ 等价于标准形，即

$$\boldsymbol{A}\xrightarrow{\text{初等变换}}\begin{pmatrix}\boldsymbol{E}_r&\boldsymbol{O}\\\boldsymbol{O}&\boldsymbol{O}\end{pmatrix}=\boldsymbol{F}.$$

下面用矩阵的行初等变换来解例 3.1 中方程组. 对方程组的增广矩阵 $\overline{\boldsymbol{A}}$ 作行初等变换.

$$\overline{\boldsymbol{A}}=\begin{pmatrix}1&2&3&6\\2&-3&2&14\\3&1&-1&-2\end{pmatrix}\xrightarrow[r_3-3r_1]{r_2-2r_1}\begin{pmatrix}1&2&3&6\\0&-7&-4&2\\0&-5&-10&-20\end{pmatrix}$$

(1)　　　　　　　　(2)

$$\xrightarrow{r_3\leftrightarrow r_2}\begin{pmatrix}1&2&3&6\\0&-5&-10&-20\\0&-7&-4&2\end{pmatrix}\xrightarrow[r_3\times\frac{1}{10}]{r_2\times(-\frac{1}{5})\atop r_3+7r_2}\begin{pmatrix}1&2&3&6\\0&1&2&4\\0&0&1&3\end{pmatrix}=\boldsymbol{B}.$$

(3)　　　　　　　　(4)

$\overline{\boldsymbol{A}}$ 经过行初等变换化成行阶梯形矩阵 $\boldsymbol{B}$ 的过程就是线性方程组的消元过程. 再对 $\boldsymbol{B}$ 继续施以行初等变换：

$$\boldsymbol{B}\xrightarrow[r_2-2r_3]{r_1-3r_3}\begin{pmatrix}1&2&0&-3\\0&1&0&-2\\0&0&1&3\end{pmatrix}\xrightarrow{r_1-2r_2}\begin{pmatrix}1&0&0&1\\0&1&0&-2\\0&0&1&3\end{pmatrix}=\boldsymbol{R}.$$

(5)　　　　　　　　(6)

$\boldsymbol{B}$ 经过行初等变换化成行最简形矩阵 $\boldsymbol{R}$ 的过程就是解线性方程组的回代过程. 我们把线性方程组的序号写在对应的矩阵下面，便于读者一一对照，显然在行初等变换的过程中的六个矩阵对应的线性方程组同解，而从行最简形矩阵 $\boldsymbol{R}$ 很容易写出线性方程组的解来.

3.1.3　初等方阵

定义 3.4　n 阶单位阵 $\boldsymbol{E}$ 经一次初等变换后得到的方阵称为**初等方阵**.

三种初等变换对应三种初等方阵.

(1) 对换 $\boldsymbol{E}$ 的第 i 行和第 j 行(或对换 $\boldsymbol{E}$ 的第 i 列和第 j 列)后得到的初等方阵，记作 $\boldsymbol{E}(i, j)$，

$$\boldsymbol{E}(i,j)=\begin{pmatrix}1&&&&&&&&&\\&\ddots&&&&&&&&\\&&1&&&&&&&\\&&&0&\cdots&1&&&&\\&&&&1&&&&&\\&&&\vdots&\ddots&\vdots&&&&\\&&&&&1&&&&\\&&&1&\cdots&0&&&&\\&&&&&&1&&&\\&&&&&&&\ddots&&\\&&&&&&&&1\end{pmatrix}\begin{matrix}\\\\\\\leftarrow\text{第 } i \text{ 行}\\\\\\\\\leftarrow\text{第 } j \text{ 行}\\\\\\\\\end{matrix}.$$

(2) 用数 $k \neq 0$ 乘以 $\boldsymbol{E}$ 的第 i 行(或列)后得到的初等方阵,记作 $\boldsymbol{E}(i(k))$,

$$\boldsymbol{E}(i(k)) = \begin{pmatrix} 1 & & & & & & \\ & \ddots & & & & & \\ & & 1 & & & & \\ & & & k & & & \\ & & & & 1 & & \\ & & & & & \ddots & \\ & & & & & & 1 \end{pmatrix}. \leftarrow 第 i 行$$

(3) 用数 k 乘以 $\boldsymbol{E}$ 的第 j 行,再加到 $\boldsymbol{E}$ 的第 i 行上去(或用数 k 乘以 $\boldsymbol{E}$ 的第 i 列,再加到 $\boldsymbol{E}$ 的第 j 列上去)所得到的初等方阵,记作 $\boldsymbol{E}(i, j(k))$,

$$\boldsymbol{E}(i, j(k)) = \begin{pmatrix} 1 & & & & & \\ & \ddots & & & & \\ & & 1 & \cdots & k & & \\ & & & \ddots & \vdots & & \\ & & & & 1 & & \\ & & & & & \ddots & \\ & & & & & & 1 \end{pmatrix}. \begin{matrix} \leftarrow 第 i 行 \\ \\ \leftarrow 第 j 行 \end{matrix}$$

显然初等方阵有以下性质:

(1) 初等方阵的行列式都不等于零:

$$|\boldsymbol{E}(i, j)| = -1, \quad |\boldsymbol{E}(i(k))| = k, \quad |\boldsymbol{E}(i, j(k))| = 1.$$

(2) 初等方阵都可逆,且其逆阵是同类型的初等方阵:

$$\boldsymbol{E}(i, j)^{-1} = \boldsymbol{E}(i, j), \quad \boldsymbol{E}(i(k))^{-1} = \boldsymbol{E}\left(i\left(\frac{1}{k}\right)\right),$$

$$\boldsymbol{E}(i, j(k))^{-1} = \boldsymbol{E}(i, j(-k)).$$

(3) 有限个初等方阵的积是可逆阵.

借助于初等方阵,可把矩阵的初等变换通过矩阵乘法表示出来.

定理 3.2 设 $\boldsymbol{A}$ 是 $m \times n$ 矩阵,用 m 阶初等方阵左乘矩阵 $\boldsymbol{A}$,相当于对 $\boldsymbol{A}$ 作一次相应的行初等变换;用 n 阶初等方阵右乘矩阵 $\boldsymbol{A}$,相当于对 $\boldsymbol{A}$ 作一次相应的列初等变换.(四个字"左行右列",便于记忆和理解).

证明 只验证用初等方阵 $\boldsymbol{E}(i, j(k))$ 左乘矩阵 $\boldsymbol{A}$,相当于对 $\boldsymbol{A}$ 作一次相应的行初等变换(把 $\boldsymbol{A}$ 的第 j 行的 k 倍加到第 i 行上去). 其他情形可类似验证. 记

$$A=\begin{pmatrix}\boldsymbol{\alpha}_1^{\mathrm T}\\ \vdots\\ \boldsymbol{\alpha}_i^{\mathrm T}\\ \vdots\\ \boldsymbol{\alpha}_j^{\mathrm T}\\ \vdots\\ \boldsymbol{\alpha}_m^{\mathrm T}\end{pmatrix},\quad\begin{matrix}\\ \\ \leftarrow 第\ i\ 行\\ \\ \leftarrow 第\ j\ 行\\ \\ \\ \end{matrix}$$

$$\boldsymbol{E}(i,\ j(k))\boldsymbol{A}=\begin{pmatrix}1&&&&&\\ &\ddots&&&&\\ &&1&\cdots&k&\\ &&&\ddots&\vdots&\\ &&&&1&\\ &&&&&\ddots&\\ &&&&&&1\end{pmatrix}\begin{pmatrix}\boldsymbol{\alpha}_1^{\mathrm T}\\ \vdots\\ \boldsymbol{\alpha}_i^{\mathrm T}\\ \vdots\\ \boldsymbol{\alpha}_j^{\mathrm T}\\ \vdots\\ \boldsymbol{\alpha}_m^{\mathrm T}\end{pmatrix}=\begin{pmatrix}\boldsymbol{\alpha}_1^{\mathrm T}\\ \vdots\\ \boldsymbol{\alpha}_i^{\mathrm T}+k\boldsymbol{\alpha}_j^{\mathrm T}\\ \vdots\\ \boldsymbol{\alpha}_j^{\mathrm T}\\ \vdots\\ \boldsymbol{\alpha}_m^{\mathrm T}\end{pmatrix},\quad\begin{matrix}\\ \\ \leftarrow 第\ i\ 行\\ \\ \leftarrow 第\ j\ 行\\ \\ \\ \end{matrix}$$

而

$$\boldsymbol{A}=\begin{pmatrix}\boldsymbol{\alpha}_1^{\mathrm T}\\ \vdots\\ \boldsymbol{\alpha}_i^{\mathrm T}\\ \vdots\\ \boldsymbol{\alpha}_j^{\mathrm T}\\ \vdots\\ \boldsymbol{\alpha}_m^{\mathrm T}\end{pmatrix}\xrightarrow{r_i+kr_j}\begin{pmatrix}\boldsymbol{\alpha}_1^{\mathrm T}\\ \vdots\\ \boldsymbol{\alpha}_i^{\mathrm T}+k\boldsymbol{\alpha}_j^{\mathrm T}\\ \vdots\\ \boldsymbol{\alpha}_j^{\mathrm T}\\ \vdots\\ \boldsymbol{\alpha}_m^{\mathrm T}\end{pmatrix}.\quad\begin{matrix}\\ \\ \leftarrow 第\ i\ 行\\ \\ \leftarrow 第\ j\ 行\\ \\ \\ \end{matrix}$$

例如,设有矩阵

$$\boldsymbol{A}=\begin{pmatrix}a_{11}&a_{12}\\ a_{21}&a_{22}\\ a_{31}&a_{32}\end{pmatrix},$$

用三阶初等方阵 $\boldsymbol{E}(1,\ 2)$, $\boldsymbol{E}(2(k))$, $\boldsymbol{E}(3,\ 1(k))$分别左乘矩阵 $\boldsymbol{A}$,有

$$\boldsymbol{E}(1,\ 2)\boldsymbol{A}=\begin{pmatrix}0&1&0\\ 1&0&0\\ 0&0&1\end{pmatrix}\begin{pmatrix}a_{11}&a_{12}\\ a_{21}&a_{22}\\ a_{31}&a_{32}\end{pmatrix}=\begin{pmatrix}a_{21}&a_{22}\\ a_{11}&a_{12}\\ a_{31}&a_{32}\end{pmatrix},$$

$$\boldsymbol{E}(2(k))\boldsymbol{A}=\begin{pmatrix}1&0&0\\ 0&k&0\\ 0&0&1\end{pmatrix}\begin{pmatrix}a_{11}&a_{12}\\ a_{21}&a_{22}\\ a_{31}&a_{32}\end{pmatrix}=\begin{pmatrix}a_{11}&a_{12}\\ ka_{21}&ka_{22}\\ a_{31}&a_{32}\end{pmatrix}\quad(k\neq 0),$$

$$\boldsymbol{E}(3,1(k))\boldsymbol{A}=\begin{pmatrix}1&0&0\\0&1&0\\k&0&1\end{pmatrix}\begin{pmatrix}a_{11}&a_{12}\\a_{21}&a_{22}\\a_{31}&a_{32}\end{pmatrix}=\begin{pmatrix}a_{11}&a_{12}\\a_{21}&a_{22}\\ka_{11}+a_{31}&ka_{12}+a_{32}\end{pmatrix}.$$

结果表明：相当于对矩阵 $\boldsymbol{A}$ 分别作了一次相应的行初等变换：$r_1\leftrightarrow r_2$；$r_2\times k$；r_3+kr_1. 类似地，用三种二阶初等方阵分别右乘矩阵 $\boldsymbol{A}$，相当于对矩阵 $\boldsymbol{A}$ 分别作了一次相应的列初等变换.

推论 n 阶方阵 $\boldsymbol{A}$ 可逆的充分必要条件是 $\boldsymbol{A}$ 可表示成有限个初等方阵的乘积

$$\boldsymbol{A}=\boldsymbol{P}_1\boldsymbol{P}_2\cdot\cdots\cdot\boldsymbol{P}_l,$$

其中，$\boldsymbol{P}_1,\boldsymbol{P}_2,\cdots,\boldsymbol{P}_l$ 是初等方阵.

证明 先证充分性. 设 $\boldsymbol{A}=\boldsymbol{P}_1\boldsymbol{P}_2\cdot\cdots\cdot\boldsymbol{P}_l$，因初等方阵可逆，有限个可逆矩阵的乘积仍可逆. 故 $\boldsymbol{A}$ 可逆.

再证必要性. 设 n 阶方阵 $\boldsymbol{A}$ 可逆，且 $\boldsymbol{A}$ 的标准形矩阵为 $\boldsymbol{F}$，由于 $\boldsymbol{F}\longrightarrow\boldsymbol{A}$，知 $\boldsymbol{F}$ 经有限次初等变换可化为 $\boldsymbol{A}$，即有初等矩阵 $\boldsymbol{P}_1,\boldsymbol{P}_2,\cdots,\boldsymbol{P}_l$，使

$$\boldsymbol{A}=\boldsymbol{P}_1\cdot\cdots\cdot\boldsymbol{P}_s\boldsymbol{F}\boldsymbol{P}_{s+1}\cdot\cdots\cdot\boldsymbol{P}_l,$$

因为 $\boldsymbol{A}$ 可逆，$\boldsymbol{P}_1,\cdots,\boldsymbol{P}_l$ 也都可逆，故标准形矩阵 $\boldsymbol{F}$ 可逆；又 $\boldsymbol{F}$ 是 n 阶方阵，则必有 $\boldsymbol{F}=\boldsymbol{E}$. 即 $\boldsymbol{A}$ 是有限个初等方阵的乘积.

从上述讨论可知：用可逆矩阵 $\boldsymbol{P}$ 左乘矩阵 $\boldsymbol{A}$ 相当于对矩阵 $\boldsymbol{A}$ 作有限次行初等变换；用可逆阵 $\boldsymbol{Q}$ 右乘矩阵 $\boldsymbol{A}$ 相当于对矩阵 $\boldsymbol{A}$ 作有限次列初等变换.

定理 3.3 设 $\boldsymbol{A}$ 与 $\boldsymbol{B}$ 为 $m\times n$ 矩阵，那么

(1) $\boldsymbol{A}\xrightarrow{r}\boldsymbol{B}$ 的充分必要条件是存在 m 阶可逆矩阵 $\boldsymbol{P}$，使 $\boldsymbol{PA}=\boldsymbol{B}$；

(2) $\boldsymbol{A}\xrightarrow{c}\boldsymbol{B}$ 的充分必要条件是存在 n 阶可逆矩阵 $\boldsymbol{Q}$，使 $\boldsymbol{AQ}=\boldsymbol{B}$；

(3) $\boldsymbol{A}\longrightarrow\boldsymbol{B}$ 的充分必要条件是存在 m 阶可逆矩阵 $\boldsymbol{P}$ 及 n 阶可逆矩阵 $\boldsymbol{Q}$，使 $\boldsymbol{PAQ}=\boldsymbol{B}$.

证明 (1) $\boldsymbol{A}\xrightarrow{r}\boldsymbol{B}\Leftrightarrow\boldsymbol{A}$ 经有限次行初等变换变成矩阵 $\boldsymbol{B}\Leftrightarrow$ 存在有限个 m 阶初等方阵 $\boldsymbol{P}_1,\boldsymbol{P}_2,\cdots,\boldsymbol{P}_l$，使 $\boldsymbol{P}_l\cdot\cdots\cdot\boldsymbol{P}_2\boldsymbol{P}_1\boldsymbol{A}=\boldsymbol{B}\Leftrightarrow$ 记 $\boldsymbol{P}=\boldsymbol{P}_l\boldsymbol{P}_{l-1}\cdot\cdots\cdot\boldsymbol{P}_2\boldsymbol{P}_1$，$\boldsymbol{P}$ 为 m 阶可逆阵，使 $\boldsymbol{PA}=\boldsymbol{B}$. 类似证明(2)(3).

推论 1 方阵 $\boldsymbol{A}$ 可逆的充分必要条件是 $\boldsymbol{A}\xrightarrow{r}\boldsymbol{E}$.

设 n 阶方阵 $\boldsymbol{A}$ 是可逆阵，则它的逆阵 $\boldsymbol{A}^{-1}$ 也是可逆阵，取 $\boldsymbol{P}=\boldsymbol{A}^{-1}$，有 $\boldsymbol{PA}=\boldsymbol{A}^{-1}\boldsymbol{A}=\boldsymbol{E}\Leftrightarrow\boldsymbol{A}\xrightarrow{r}\boldsymbol{E}$.

下面介绍用行初等变换求逆阵的方法.

设 n 阶方阵 $\boldsymbol{A}$ 可逆，$\boldsymbol{A}^{-1}$ 是它的逆阵，取 $\boldsymbol{P}=\boldsymbol{A}^{-1}$，则

$$\begin{cases}\boldsymbol{PA}=\boldsymbol{A}^{-1}\boldsymbol{A}=\boldsymbol{E},\\\boldsymbol{PE}=\boldsymbol{A}^{-1}\boldsymbol{E}=\boldsymbol{A}^{-1}\end{cases}\xLeftrightarrow{\text{由定理3.3}}\begin{cases}\boldsymbol{A}\xrightarrow{r}\boldsymbol{E},\\\boldsymbol{E}\xrightarrow{r}\boldsymbol{A}^{-1}\end{cases}$$

作 $n\times 2n$ 矩阵$(\boldsymbol{A}\vdots\boldsymbol{E})$，用可逆阵 $\boldsymbol{A}^{-1}$左乘这个矩阵，

$$\boldsymbol{A}^{-1}(\boldsymbol{A}\vdots\boldsymbol{E}) = (\boldsymbol{A}^{-1}\boldsymbol{A}\vdots\boldsymbol{A}^{-1}\boldsymbol{E}) = (\boldsymbol{E}\vdots\boldsymbol{A}^{-1})$$

$$\xLeftrightarrow{\text{由定理3.3}}(\boldsymbol{A}\vdots\boldsymbol{E})\xrightarrow{r}(\boldsymbol{E}\vdots\boldsymbol{A}^{-1}),$$

即要判别矩阵 $\boldsymbol{A}$ 是否可逆并求 $\boldsymbol{A}^{-1}$，只需对 $n\times 2n$ 矩阵$(\boldsymbol{A}\vdots\boldsymbol{E})$作行初等变换，把 $\boldsymbol{A}$ 化为单位阵 $\boldsymbol{E}$(说明矩阵 $\boldsymbol{A}$ 可逆)，同时就把单位阵 $\boldsymbol{E}$ 变为矩阵 $\boldsymbol{A}$ 的逆阵 $\boldsymbol{A}^{-1}$.

例 3.3 设

$$\boldsymbol{A} = \begin{pmatrix} 1 & 2 & 3 \\ 2 & 2 & 1 \\ 3 & 4 & 3 \end{pmatrix},$$

求 $\boldsymbol{A}^{-1}$.

解

$$(\boldsymbol{A}\vdots\boldsymbol{E}) = \left(\begin{array}{ccc:ccc} 1 & 2 & 3 & 1 & 0 & 0 \\ 2 & 2 & 1 & 0 & 1 & 0 \\ 3 & 4 & 3 & 0 & 0 & 1 \end{array}\right) \xrightarrow[r_3-3r_1]{r_2-2r_1} \left(\begin{array}{ccc:ccc} 1 & 2 & 3 & 1 & 0 & 0 \\ 0 & -2 & -5 & -2 & 1 & 0 \\ 0 & -2 & -6 & -3 & 0 & 1 \end{array}\right)$$

$$\xrightarrow[r_3-r_2]{r_1+r_2} \left(\begin{array}{ccc:ccc} 1 & 0 & -2 & -1 & 1 & 0 \\ 0 & -2 & -5 & -2 & 1 & 0 \\ 0 & 0 & -1 & -1 & -1 & 1 \end{array}\right)$$

$$\xrightarrow[r_2-5r_3]{r_1-2r_3} \left(\begin{array}{ccc:ccc} 1 & 0 & 0 & 1 & 3 & -2 \\ 0 & -2 & 0 & 3 & 6 & -5 \\ 0 & 0 & -1 & -1 & -1 & 1 \end{array}\right)$$

$$\xrightarrow[r_3\times(-1)]{r_2\times\left(-\frac{1}{2}\right)} \left(\begin{array}{ccc:ccc} 1 & 0 & 0 & 1 & 3 & -2 \\ 0 & 1 & 0 & -\dfrac{3}{2} & -3 & \dfrac{5}{2} \\ 0 & 0 & 1 & 1 & 1 & -1 \end{array}\right),$$

可知 $\boldsymbol{A}\xrightarrow{r}\boldsymbol{E}$，$\boldsymbol{A}$ 可逆，且

$$\boldsymbol{A}^{-1} = \begin{pmatrix} 1 & 3 & -2 \\ -\dfrac{3}{2} & -3 & \dfrac{5}{2} \\ 1 & 1 & -1 \end{pmatrix}.$$

当 $\boldsymbol{A}$ 可逆时，矩阵方程 $\boldsymbol{AX} = \boldsymbol{B}$ 有解 $\boldsymbol{X} = \boldsymbol{A}^{-1}\boldsymbol{B}$，我们可以利用行初等变换求 $\boldsymbol{A}^{-1}\boldsymbol{B}$. 因为 $\boldsymbol{A}$ 可逆，故 $\boldsymbol{A}^{-1}$ 也可逆，取 $\boldsymbol{P} = \boldsymbol{A}^{-1}$，有

$$\begin{cases} \boldsymbol{PA}=\boldsymbol{A}^{-1}\boldsymbol{A}=\boldsymbol{E}, \\ \boldsymbol{PB}=\boldsymbol{A}^{-1}\boldsymbol{B}=\boldsymbol{X} \end{cases} \xLeftrightarrow{\text{由定理3.3}} \begin{cases} \boldsymbol{A}\xrightarrow{r}\boldsymbol{E}, \\ \boldsymbol{B}\xrightarrow{r}\boldsymbol{X}=\boldsymbol{A}^{-1}\boldsymbol{B}, \end{cases}$$

作矩阵$(\boldsymbol{A}\vdots\boldsymbol{B})$,用$\boldsymbol{A}^{-1}$左乘这个矩阵,有

$$\boldsymbol{A}^{-1}(\boldsymbol{A}\vdots\boldsymbol{B})=(\boldsymbol{A}^{-1}\boldsymbol{A}\vdots\boldsymbol{A}^{-1}\boldsymbol{B})=(\boldsymbol{E}\vdots\boldsymbol{X})$$
$$\xLeftrightarrow{\text{由定理3.3}}(\boldsymbol{A}\vdots\boldsymbol{B})\xrightarrow{r}(\boldsymbol{E}\vdots\boldsymbol{X}).$$

例 3.4 设

$$\boldsymbol{A}=\begin{pmatrix}1&2&3\\2&2&1\\3&4&3\end{pmatrix},\quad \boldsymbol{B}=\begin{pmatrix}2&5\\3&1\\4&3\end{pmatrix},$$

求矩阵$\boldsymbol{X}$,使$\boldsymbol{AX}=\boldsymbol{B}$.

解 由例 3.6 可知$\boldsymbol{A}$可逆,$\boldsymbol{X}=\boldsymbol{A}^{-1}\boldsymbol{B}$.

$$(\boldsymbol{A}\vdots\boldsymbol{B})=\left(\begin{array}{ccc:cc}1&2&3&2&5\\2&2&1&3&1\\3&4&3&4&3\end{array}\right)\xrightarrow[r_3-3r_1]{r_2-2r_1}\left(\begin{array}{ccc:cc}1&2&3&2&5\\0&-2&-5&-1&-9\\0&-2&-6&-2&-12\end{array}\right)$$

$$\xrightarrow[r_3-r_2]{r_1+r_2}\left(\begin{array}{ccc:cc}1&0&-2&1&-4\\0&-2&-5&-1&-9\\0&0&-1&-1&-3\end{array}\right)\xrightarrow[r_2-5r_3]{r_1-2r_3}\left(\begin{array}{ccc:cc}1&0&0&3&2\\0&-2&0&4&6\\0&0&-1&-1&-3\end{array}\right)$$

$$\xrightarrow[r_3\times(-1)]{r_2\times(-\frac{1}{2})}\left(\begin{array}{ccc:cc}1&0&0&3&2\\0&1&0&-2&-3\\0&0&1&1&3\end{array}\right),$$

所以

$$\boldsymbol{A}^{-1}\boldsymbol{B}=\begin{pmatrix}3&2\\-2&-3\\1&3\end{pmatrix}.$$

应该注意:本例用行初等变换求解方程$\boldsymbol{AX}=\boldsymbol{B}$. 对矩阵方程$\boldsymbol{XA}=\boldsymbol{B}$来说,若$\boldsymbol{A}$可逆,则$\boldsymbol{X}=\boldsymbol{BA}^{-1}$. 根据定理 3.3,与上述类似,为求$\boldsymbol{BA}^{-1}$,只需对$\begin{pmatrix}\boldsymbol{A}\\\boldsymbol{B}\end{pmatrix}$矩阵作列初等变换,把$\boldsymbol{A}$化为$\boldsymbol{E}$的同时,把$\boldsymbol{B}$化成$\boldsymbol{BA}^{-1}$.

$$\begin{pmatrix}\boldsymbol{A}\\\boldsymbol{B}\end{pmatrix}\xrightarrow{\text{有限次列初等变换}}\begin{pmatrix}\boldsymbol{E}\\\boldsymbol{BA}^{-1}\end{pmatrix}.$$

3.2 矩阵的秩

3.2.1 矩阵秩的定义

定义 3.5 在 $m\times n$ 矩阵 $\boldsymbol{A}$ 中任取 k 行 k 列 $(1\leqslant k\leqslant \min\{m, n\})$，位于 k 行 k 列交叉位置上的 k^2 个元素，按原来次序组成的 k 阶行列式称为 $\boldsymbol{A}$ 的 k **阶子式**.

n 阶方阵 $\boldsymbol{A}$ 的 n 阶子式就是 $\boldsymbol{A}$ 的行列式 $|\boldsymbol{A}|$.

$m\times n$ 矩阵 $\boldsymbol{A}$ 的 k 阶子式共有 $C_m^k C_n^k$ 个.

例如，矩阵

$$\boldsymbol{A}=\begin{pmatrix}1 & 1 & -1 & 4\\ 2 & 1 & 3 & 2\\ 0 & 1 & 0 & 1\end{pmatrix}$$

的三阶子式共有 4 个，它们分别是

$$\begin{vmatrix}1 & 1 & -1\\ 2 & 1 & 3\\ 0 & 1 & 0\end{vmatrix},\quad \begin{vmatrix}1 & 1 & 4\\ 2 & 1 & 2\\ 0 & 1 & 1\end{vmatrix},\quad \begin{vmatrix}1 & -1 & 4\\ 2 & 3 & 2\\ 0 & 0 & 1\end{vmatrix},\quad \begin{vmatrix}1 & -1 & 4\\ 1 & 3 & 2\\ 1 & 0 & 1\end{vmatrix}.$$

定义 3.6 设 $m\times n$ 矩阵 $\boldsymbol{A}$ 中有一个 r 阶子式 D_r 不等于零，而所有 $r+1$ 阶子式(如果存在的话)全等于零，则称 D_r 为矩阵 $\boldsymbol{A}$ 的**最高阶非零子式**；称数 r 为矩阵 $\boldsymbol{A}$ 的**秩**，记作 $R(\boldsymbol{A})=r$；规定零矩阵的秩等于零.

在 $\boldsymbol{A}$ 中所有 $r+1$ 阶子式全为零时，由行列式的展开定理知所有 $r+2$ 阶和高于 $r+2$阶的子式(如果存在的话)也全为零，因此 $\boldsymbol{A}$ 的秩就是 $\boldsymbol{A}$ 中不等于零的子式的最高阶数.

于是，如果 $m\times n$ 矩阵 $\boldsymbol{A}$ 中有一个 r 阶子式不等于零，则 $R(\boldsymbol{A})\geqslant r$；如果 $m\times n$ 矩阵 $\boldsymbol{A}$ 中所有 $r+1$ 阶子式全为零，则 $R(\boldsymbol{A})\leqslant r<r+1$；$m\times n$ 矩阵 $\boldsymbol{A}$ 的秩 $R(\boldsymbol{A})\leqslant \min\{m, n\}$；$R(\boldsymbol{A}^{\mathrm{T}})=R(\boldsymbol{A})$(这是因为 $\boldsymbol{A}^{\mathrm{T}}$的子式与 $\boldsymbol{A}$ 的子式相等).

下面按照矩阵秩的定义来求矩阵的秩.

例 3.5 求下列矩阵的秩.

$$(1)\ \boldsymbol{A}=\begin{pmatrix}1 & 2 & 4 & 1\\ 2 & 4 & 8 & 2\\ 3 & 6 & 0 & 2\end{pmatrix};\quad (2)\ \boldsymbol{B}=\begin{pmatrix}6 & 0 & 0 & 1 & 5\\ 0 & 1 & 2 & 4 & -1\\ 0 & 0 & 0 & 1 & 3\\ 0 & 0 & 0 & 0 & 0\end{pmatrix}.$$

解 (1) 因为 $\boldsymbol{A}$ 中有 1 个二阶子式

$$\begin{vmatrix}4 & 1\\ 0 & 2\end{vmatrix}=8\neq 0,$$

而$\boldsymbol{A}$中三阶子式共有4个，它们分别是

$$\begin{vmatrix}1&2&4\\2&4&8\\3&6&0\end{vmatrix},\quad\begin{vmatrix}1&2&1\\2&4&2\\3&6&2\end{vmatrix},\quad\begin{vmatrix}1&4&1\\2&8&2\\3&0&2\end{vmatrix},\quad\begin{vmatrix}2&4&1\\4&8&2\\6&0&2\end{vmatrix},$$

由计算可知，这4个三阶子式全等于零，所以$\begin{vmatrix}4&1\\0&2\end{vmatrix}$是$\boldsymbol{A}$的一个最高阶非零子式，得$R(\boldsymbol{A})=2$.

(2) 矩阵$\boldsymbol{B}$是行阶梯形矩阵

$$\boldsymbol{B}=\begin{pmatrix}6&0&0&1&5\\0&1&2&4&-1\\0&0&1&0&3\\0&0&0&0&0\end{pmatrix},$$

非零行的行数为3，$\boldsymbol{B}$中有一个三阶子式(取非零行的首元素所在行和列交叉位置上的元素组成的三阶行列式)

$$\begin{vmatrix}6&0&0\\0&1&2\\0&0&1\end{vmatrix}=6\neq 0.$$

而$\boldsymbol{B}$的所有四阶子式中均含一全零行，故$\boldsymbol{B}$的所有四阶子式全为零，所以这个不等于零的三阶子式就是$\boldsymbol{B}$的一个最高阶非零子式，得$R(\boldsymbol{B})=3$，从而行阶梯形矩阵的秩等于非零行的行数.

3.2.2 用初等变换求矩阵的秩

用矩阵秩的定义来计算矩阵秩就是要求出矩阵的一个最高阶非零子式，需计算很多行列式，尤其是行数列数较多的矩阵，计算量很大，下面介绍用初等变换求矩阵秩的简便方法.

定理 3.4 初等变换不改变矩阵的秩. 即如果$\boldsymbol{A}\longrightarrow\boldsymbol{B}$，那么$R(\boldsymbol{A})=R(\boldsymbol{B})$.

***证明** 设$R(\boldsymbol{A})=r$，$D_r\neq 0$是$\boldsymbol{A}$的r阶非零子式.

当$\boldsymbol{A}\xrightarrow{r_i\leftrightarrow r_j}\boldsymbol{B}$或$\boldsymbol{A}\xrightarrow{kr_i}\boldsymbol{B}$时，在$\boldsymbol{B}$中找得到$r$阶子式$\overline{D}_r$，有$\overline{D}_r=D_r$，或$\overline{D}_r=-D$，或$\overline{D}_r=kD_r$，故$R(\boldsymbol{B})\geqslant r$；

当$\boldsymbol{A}\xrightarrow{r_i+kr_j}\boldsymbol{B}$时，分三种情形：① D_r不含第i行；②D_r含第i，j行；③D_r含第i行但不含第j行. 情形①,②中，$\boldsymbol{B}$中与D_r对应的r阶子式$\overline{D}_r=D_r\neq 0$，故$R(\boldsymbol{B})\geqslant r$；对情形③，$\boldsymbol{B}$中与$D_r$对应的$r$阶子式可表示成

$$\overline{D}_r=\begin{vmatrix}&\cdots&&\\a_{it_1}&a_{it_2}&\cdots&a_{it_r}\\&\cdots&&\end{vmatrix}+\begin{vmatrix}&\cdots&&\\ka_{jt_1}&ka_{jt_2}&\cdots&ka_{jt_r}\\&\cdots&&\end{vmatrix}=D_r+kD_1,$$

故 $\overline{D}_r \neq 0$, $R(\boldsymbol{B}) \geqslant r$.

以上证明了如果 $\boldsymbol{A}$ 经一次行变换变到矩阵 $\boldsymbol{B}$,有 $R(\boldsymbol{B}) \geqslant R(\boldsymbol{A})$. 由于初等变换是可逆变换,$\boldsymbol{B}$ 也可经一次行初等变换变到 $\boldsymbol{A}$,又有 $R(\boldsymbol{A}) \geqslant R(\boldsymbol{B})$,所以有 $R(\boldsymbol{A}) = R(\boldsymbol{B})$,即经一次行初等变换后矩阵秩不变,从而 $\boldsymbol{A}$ 经有限次行初等变换变到 $\boldsymbol{B}$, $R(\boldsymbol{A}) = R(\boldsymbol{B})$.

设 $\boldsymbol{A}$ 经列初等变换变到 $\boldsymbol{B}$,则 $\boldsymbol{A}^{\mathrm{T}}$ 经相应行初等变换可变到 $\boldsymbol{B}^{\mathrm{T}}$,由上面证明可知 $R(\boldsymbol{A}^{\mathrm{T}}) = R(\boldsymbol{B}^{\mathrm{T}})$. 又 $R(\boldsymbol{A}^{\mathrm{T}}) = R(\boldsymbol{A})$, $R(\boldsymbol{B}^{\mathrm{T}}) = R(\boldsymbol{B})$,故有 $R(\boldsymbol{A}) = R(\boldsymbol{B})$.

总之,初等变换不改变矩阵的秩.

初等变换不改变矩阵的秩,而任一 $m \times n$ 矩阵的行都等价于行阶梯形矩阵,行阶梯形矩阵的秩等于它的非零行行数,从而可以用行初等变换化 $m \times n$ 矩阵为行阶梯形矩阵来求其秩(类似地,也可以用列初等变换,化 $m \times n$ 矩阵为列阶梯形矩阵来求其秩).

例 3.6 求矩阵

$$\boldsymbol{A} = \begin{pmatrix} 1 & -2 & -1 & 0 & 2 \\ -2 & 4 & 2 & 6 & -6 \\ 2 & -1 & 0 & 2 & 3 \\ 3 & 3 & 3 & 3 & 4 \end{pmatrix}$$

的秩.

解 对矩阵 $\boldsymbol{A}$ 施以行初等变换,化为行阶梯形矩阵

$$\boldsymbol{A} \xrightarrow[\substack{r_3-2r_1 \\ r_4-3r_1}]{r_2+2r_1} \begin{pmatrix} 1 & -2 & -1 & 0 & 2 \\ 0 & 0 & 0 & 6 & -2 \\ 0 & 3 & 2 & 2 & -1 \\ 0 & 9 & 6 & 3 & -2 \end{pmatrix} \xrightarrow[r_3 \leftrightarrow r_4]{r_2 \leftrightarrow r_3} \begin{pmatrix} 1 & -2 & -1 & 0 & 2 \\ 0 & 3 & 2 & 2 & -1 \\ 0 & 9 & 6 & 3 & -2 \\ 0 & 0 & 0 & 6 & -2 \end{pmatrix}$$

$$\xrightarrow{r_3-3r_2} \begin{pmatrix} 1 & -2 & -1 & 0 & 2 \\ 0 & 3 & 2 & 2 & -1 \\ 0 & 0 & 0 & -3 & 1 \\ 0 & 0 & 0 & 6 & -2 \end{pmatrix} \xrightarrow{r_4+2r_3} \begin{pmatrix} 1 & -2 & -1 & 0 & 2 \\ 0 & 3 & 2 & 2 & -1 \\ 0 & 0 & 0 & -3 & 1 \\ 0 & 0 & 0 & 0 & 0 \end{pmatrix} = \boldsymbol{B}.$$

行阶梯形矩阵 $\boldsymbol{B}$ 的秩为 3,所以矩阵 $\boldsymbol{A}$ 的秩 $R(\boldsymbol{A}) = 3$.

$m \times n$ 矩阵 $\boldsymbol{A}$ 与其标准形等价,即存在 m 阶可逆阵 $\boldsymbol{P}$ 和 n 阶可逆阵 $\boldsymbol{Q}$,使

$$\boldsymbol{PAQ} = \boldsymbol{F} = \begin{pmatrix} \boldsymbol{E}_r & \boldsymbol{O} \\ \boldsymbol{O} & \boldsymbol{O} \end{pmatrix},$$

标准形左上角单位阵中 1 的个数唯一确定,等于矩阵 $\boldsymbol{A}$ 的秩;也就是,矩阵 $\boldsymbol{A}$ 的标准形是确定的.

当 $R(\boldsymbol{A}) = m$ 时,矩阵 $\boldsymbol{A}$ 的标准形是 $(\boldsymbol{E}_m, \boldsymbol{O})$,称 $\boldsymbol{A}$ 为**行满秩矩阵**;

当 $R(\boldsymbol{A}) = n$ 时,矩阵 $\boldsymbol{A}$ 的标准形是 $\begin{pmatrix}\boldsymbol{E}_n \\ \boldsymbol{O}\end{pmatrix}$,称 $\boldsymbol{A}$ 为**列满秩矩阵**;

如果 n 阶方阵 $\boldsymbol{A}$ 的秩 $R(\boldsymbol{A})=n$,称 $\boldsymbol{A}$ 为**满秩阵**;如果 n 阶方阵 $\boldsymbol{A}$ 的秩 $R(\boldsymbol{A})<n$,称 $\boldsymbol{A}$ 为**降秩阵**.

设 n 阶方阵 $\boldsymbol{A}$ 是可逆阵,则 $|\boldsymbol{A}| \neq 0$,从而 $|\boldsymbol{A}|$ 就是可逆阵 $\boldsymbol{A}$ 的最高阶非零子式,得 $R(\boldsymbol{A}) = n$,因此可逆阵就是满秩阵,不可逆阵就是降秩阵. 满秩阵的标准形就是单位阵 $\boldsymbol{E}$.

由定理 3.3 得

推论 1 设 $\boldsymbol{P}, \boldsymbol{Q}$ 都是可逆阵,则 $R(\boldsymbol{PAQ})=R(\boldsymbol{PA})=R(\boldsymbol{AQ})=R(\boldsymbol{A})$.

例 3.7 证明 $\max\{R(\boldsymbol{A}), R(\boldsymbol{B})\} \leqslant R(\boldsymbol{A}, \boldsymbol{B}) \leqslant R(\boldsymbol{A})+R(\boldsymbol{B})$. 特别地,当 $\boldsymbol{B} = \boldsymbol{b} \neq \boldsymbol{0}$ 时,有 $R(\boldsymbol{A}) \leqslant R(\boldsymbol{A}, \boldsymbol{b}) \leqslant R(\boldsymbol{A}) + 1$.

* **证明** 因为 $\boldsymbol{A}$ 的最高阶非零子式是 $(\boldsymbol{A}, \boldsymbol{B})$ 的非零子式,所以 $R(\boldsymbol{A}) \leqslant R(\boldsymbol{A}, \boldsymbol{B})$. 同理 $R(\boldsymbol{B}) \leqslant R(\boldsymbol{A}, \boldsymbol{B})$. 综合之,有 $\max\{R(\boldsymbol{A}), R(\boldsymbol{B})\} \leqslant R(\boldsymbol{A}, \boldsymbol{B})$.

设 $R(\boldsymbol{A}) = p$, $R(\boldsymbol{B}) = q$. 存在可逆阵 $\boldsymbol{Q}_1$, $\boldsymbol{Q}_2$,使

$$\boldsymbol{AQ}_1 = (\boldsymbol{\alpha}_1, \cdots, \boldsymbol{\alpha}_p, \boldsymbol{0}, \cdots, \boldsymbol{0}) \overset{\text{记作}}{=\!=} \widetilde{\boldsymbol{A}} \quad (\widetilde{\boldsymbol{A}}\text{ 中有 } p \text{ 个非零列}),$$

$$\boldsymbol{BQ}_2 = (\boldsymbol{\beta}_1, \cdots, \boldsymbol{\beta}_q, \boldsymbol{0}, \cdots, \boldsymbol{0}) \overset{\text{记作}}{=\!=} \widetilde{\boldsymbol{B}} \quad (\widetilde{\boldsymbol{B}}\text{ 中有 } q \text{ 个非零列}),$$

记 $\boldsymbol{Q} = \begin{pmatrix}\boldsymbol{Q}_1 & \\ & \boldsymbol{Q}_2\end{pmatrix}$,$\boldsymbol{Q}$ 为分块对角方阵,$\boldsymbol{Q}_1$, $\boldsymbol{Q}_2$ 为可逆阵,所以 $\boldsymbol{Q}$ 是可逆阵. 且

$$(\boldsymbol{A}, \boldsymbol{B})\begin{pmatrix}\boldsymbol{Q}_1 & \\ & \boldsymbol{Q}_2\end{pmatrix} = (\boldsymbol{AQ}_1, \boldsymbol{BQ}_2) = (\widetilde{\boldsymbol{A}}, \widetilde{\boldsymbol{B}}),$$

由于 $(\widetilde{\boldsymbol{A}}, \widetilde{\boldsymbol{B}})$ 中只含 $p+q$ 个非零列,因此 $R(\widetilde{\boldsymbol{A}}, \widetilde{\boldsymbol{B}}) \leqslant p+q$. 又由推论 1 得

$$R(\boldsymbol{A}, \boldsymbol{B}) = R(\widetilde{\boldsymbol{A}}, \widetilde{\boldsymbol{B}}) \leqslant p+q = R(\boldsymbol{A}) + R(\boldsymbol{B}).$$

例 3.8 证明 $R(\boldsymbol{A}+\boldsymbol{B}) \leqslant R(\boldsymbol{A}) + R(\boldsymbol{B})$.

* **证明** 设 $\boldsymbol{A}, \boldsymbol{B}$ 都是 $m \times n$ 矩阵,$\boldsymbol{E}$ 为 n 阶方阵,有

$$(\boldsymbol{A}+\boldsymbol{B}, \boldsymbol{B})\begin{pmatrix}\boldsymbol{E} & \boldsymbol{O} \\ -\boldsymbol{E} & \boldsymbol{E}\end{pmatrix} = (\boldsymbol{A}, \boldsymbol{B}),$$

其中 $\begin{pmatrix}\boldsymbol{E} & \boldsymbol{O} \\ -\boldsymbol{E} & \boldsymbol{E}\end{pmatrix}$ 为可逆阵,由推论 1 得 $R(\boldsymbol{A}+\boldsymbol{B}, \boldsymbol{B}) = R(\boldsymbol{A}, \boldsymbol{B})$,再由例 3.7 得

$$R(\boldsymbol{A}+\boldsymbol{B}) \leqslant R(\boldsymbol{A}+\boldsymbol{B}, \boldsymbol{B}),$$

于是

$$R(\boldsymbol{A}+\boldsymbol{B}) \leqslant R(\boldsymbol{A}, \boldsymbol{B}) \leqslant R(\boldsymbol{A}) + R(\boldsymbol{B}).$$

例 3.9 设 $\boldsymbol{A}$ 是 $m\times s$ 矩阵，$\boldsymbol{B}$ 是 $s\times n$ 矩阵，则

$$R(\boldsymbol{AB})\leqslant\min\{R(\boldsymbol{A}),\ R(\boldsymbol{B})\}.$$

***证明** 设 $R(\boldsymbol{A})=p$, $R(\boldsymbol{B})=q$. 存在 m 阶可逆阵 $\boldsymbol{P}$ 和 n 阶可逆阵 $\boldsymbol{Q}$，使

$$\boldsymbol{A}=\boldsymbol{P}\begin{pmatrix}\boldsymbol{\alpha}_1^{\mathrm{T}}\\ \vdots\\ \boldsymbol{\alpha}_p^{\mathrm{T}}\\ \boldsymbol{0}\\ \vdots\\ \boldsymbol{0}\end{pmatrix},\quad \boldsymbol{B}=(\boldsymbol{\beta}_1,\ \cdots,\ \boldsymbol{\beta}_q,\ \boldsymbol{0},\ \cdots,\ \boldsymbol{0})\boldsymbol{Q},$$

$$\boldsymbol{AB}=\boldsymbol{P}\begin{pmatrix}\boldsymbol{\alpha}_1^{\mathrm{T}}\\ \vdots\\ \boldsymbol{\alpha}_p^{\mathrm{T}}\\ \boldsymbol{0}\\ \vdots\\ \boldsymbol{0}\end{pmatrix}(\boldsymbol{\beta}_1,\ \cdots,\ \boldsymbol{\beta}_q,\ \boldsymbol{0},\ \cdots,\ \boldsymbol{0})\boldsymbol{Q}$$

$$=\boldsymbol{P}\begin{pmatrix}\boldsymbol{\alpha}_1^{\mathrm{T}}\boldsymbol{\beta}_1 & \cdots & \boldsymbol{\alpha}_1^{\mathrm{T}}\boldsymbol{\beta}_q & \\ \vdots & & \vdots & 0\\ \boldsymbol{\alpha}_p^{\mathrm{T}}\boldsymbol{\beta}_1 & \cdots & \boldsymbol{\alpha}_p^{\mathrm{T}}\boldsymbol{\beta}_q & \\ & 0 & & \end{pmatrix}_{m\times n}\boldsymbol{Q}$$

$$\xlongequal{\text{记作}}\boldsymbol{PCQ}.$$

矩阵 $\boldsymbol{C}$ 左上角是 p 行 q 列非零子块，其他元素全为零，故 $R(\boldsymbol{C})\leqslant\min\{p,\ q\}$. 由推论 1 得

$$R(\boldsymbol{AB})=R(\boldsymbol{C})\leqslant\min\{p,\ q\}=\min\{R(\boldsymbol{A}),\ R(\boldsymbol{B})\}.$$

推论 2 如果矩阵 $\boldsymbol{A}=\boldsymbol{BK}$，则 $\boldsymbol{R}(\boldsymbol{A})\leqslant\boldsymbol{R}(\boldsymbol{B})$.

证明 $R(\boldsymbol{A})=R(\boldsymbol{BK})\leqslant\min\{R(\boldsymbol{B}),\ R(\boldsymbol{K})\}\leqslant R(\boldsymbol{B})$.

3.3 线性方程组

3.3.1 非齐次线性方程组 $\boldsymbol{Ax}=\boldsymbol{b}$ 有解的充分必要条件

利用线性方程组(3-1)的系数矩阵 $\boldsymbol{A}$ 与增广矩阵 $\overline{\boldsymbol{A}}=(\boldsymbol{A},\ \boldsymbol{b})$ 的秩，可以方便地讨论线性方程组是否有解以及在有解时，解是否唯一等问题.

设非齐次线性方程组(3-1)的系数矩阵秩 $R(\mathbf{A})=r$，其增广矩阵 $\overline{\mathbf{A}}=(\mathbf{A},\ \boldsymbol{b})$，有 $R(\mathbf{A})\leqslant R(\mathbf{A},\ \boldsymbol{b})\leqslant R(\mathbf{A})+1$，从而 $R(\mathbf{A})=R(\overline{\mathbf{A}})$，或者 $R(\overline{\mathbf{A}})=R(\mathbf{A})+1\neq R(\mathbf{A})$.

对线性方程组(3-1)的增广矩阵 $\overline{\mathbf{A}}$ 施以行初等变换，化 $\overline{\mathbf{A}}$ 为行阶梯形矩阵. 不妨设 $\mathbf{A}$ 的 r 阶不为零的子式在左上角.

$$\overline{\mathbf{A}}\xrightarrow{\text{行初等变换}}\begin{pmatrix} c_{11} & c_{12} & \cdots & c_{1r} & \cdots & c_{1n} & d_1 \\ 0 & c_{22} & \cdots & c_{2r} & \cdots & c_{2n} & d_2 \\ \vdots & \vdots & & \vdots & & \vdots & \vdots \\ 0 & 0 & \cdots & c_{rr} & \cdots & c_{rn} & d_r \\ 0 & 0 & \cdots & 0 & \cdots & 0 & d_{r+1} \\ 0 & 0 & \cdots & 0 & \cdots & 0 & 0 \\ \vdots & \vdots & & \vdots & & \vdots & \vdots \\ 0 & 0 & \cdots & 0 & \cdots & 0 & 0 \end{pmatrix}.$$

分两种情形分别讨论线性方程组解的情况：

(1) 当 $d_{r+1}\neq 0$ 时，$R(\mathbf{A})\neq R(\overline{\mathbf{A}})$，行阶梯形矩阵所对应的线性方程组中最后一方程为 $0=d_{r+1}\neq 0$，这是一个矛盾方程，从而线性方程组(3-1) 无解.

(2) 当 $d_{r+1}=0$ 时，$R(\mathbf{A})=R(\overline{\mathbf{A}})$，对 $\overline{\mathbf{A}}$ 继续施以行初等变换，化为行最简形矩阵，此时又可分两种情况进行讨论：

① 当 $r=n$(方程组中未知数个数)时，

$$\overline{\mathbf{A}}\xrightarrow{\text{行初等变换}}\begin{pmatrix} 1 & 0 & \cdots & 0 & d_1' \\ 0 & 1 & \cdots & 0 & d_2' \\ \vdots & \vdots & & \vdots & \vdots \\ 0 & 0 & \cdots & 1 & d_n' \\ 0 & 0 & \cdots & 0 & 0 \\ \vdots & \vdots & & \vdots & \vdots \\ 0 & 0 & \cdots & 0 & 0 \end{pmatrix}=\boldsymbol{R}.$$

线性方程组(3-1)有唯一解，写成解向量形式

$$\begin{pmatrix} x_1 \\ x_2 \\ \vdots \\ x_n \end{pmatrix}=\begin{pmatrix} d_1' \\ d_2' \\ \vdots \\ d_n' \end{pmatrix}.$$

② 当 $r<n$(方程组中未知数个数)时，

$$\overline{A}\xrightarrow{\text{行初等变换}}\begin{pmatrix}1&0&\cdots&0&b_{11}&\cdots&b_{1\,n-r}&d_1'\\0&1&\cdots&0&b_{21}&\cdots&b_{2\,n-r}&d_2'\\\vdots&\vdots&&\vdots&\vdots&&\vdots&\vdots\\0&0&\cdots&1&b_{r1}&\cdots&b_{r\,n-r}&d_r'\\0&0&\cdots&0&0&\cdots&0&0\\\vdots&\vdots&&\vdots&\vdots&&\vdots&\vdots\\0&0&\cdots&0&0&\cdots&0&0\end{pmatrix}=\boldsymbol{R}.$$

行最简形矩阵 $\boldsymbol{R}$ 对应的线性方程组为

$$\begin{cases}x_1\qquad\quad+b_{11}x_{r+1}+\cdots+b_{1\,n-r}x_n=d_1',\\\quad x_2\quad+b_{21}x_{r+1}+\cdots+b_{2\,n-r}x_n=d_2',\\\qquad\qquad\qquad\qquad\vdots\\\qquad x_r+b_{r1}x_{r+1}+\cdots+b_{r\,n-r}x_n=d_r'.\end{cases}$$

其中，x_{r+1}，x_{r+2}，…，x_n 是$n-r$个自由未知数，从而线性方程组(3-1)有无穷多个解，得

$$\begin{cases}x_1=-b_{11}x_{r+1}-\cdots-b_{1\,n-r}x_n+d_1',\\x_2=-b_{21}x_{r+1}-\cdots-b_{2\,n-r}x_n+d_2',\\\quad\vdots\\x_r=-b_{r1}x_{r+1}-\cdots-b_{r\,n-r}x_n+d_r'.\end{cases}$$

令自由未知数 $x_{r+1}=k_1$，…，$x_n=k_{n-r}$，即得方程组的含 $n-r$ 个参数的解

$$\begin{pmatrix}x_1\\\vdots\\x_r\\x_{r+1}\\\vdots\\x_n\end{pmatrix}=\begin{pmatrix}-b_{11}k_1-\cdots-b_{1\,n-r}k_{n-r}+d_1'\\\vdots\\-b_{r1}k_1-\cdots-b_{r\,n-r}k_{n-r}+d_r'\\k_r\\\vdots\\k_{n-r}\end{pmatrix},$$

写成解的向量式，得

$$\begin{pmatrix}x_1\\\vdots\\x_r\\x_{r+1}\\\vdots\\x_n\end{pmatrix}=k_1\begin{pmatrix}-b_{11}\\\vdots\\-b_{r1}\\1\\\vdots\\0\end{pmatrix}+\cdots+k_{n-r}\begin{pmatrix}-b_{1\,n-r}\\\vdots\\-b_{r\,n-r}\\0\\\vdots\\1\end{pmatrix}+\begin{pmatrix}d_1'\\\vdots\\d_r'\\0\\\vdots\\0\end{pmatrix},\tag{3-3}$$

包含了线性方程组(3-1)的所有解,称为线性方程组(3-1)的**通解**.

由上面的推理,可得:

定理 3.5 线性方程组 $\boldsymbol{Ax}=\boldsymbol{b}$ 无解的充分必要条件是 $R(\boldsymbol{A})\neq R(\overline{\boldsymbol{A}})$;

线性方程组 $\boldsymbol{Ax}=\boldsymbol{b}$ 有解的充分必要条件是 $R(\boldsymbol{A})=R(\overline{\boldsymbol{A}})$.

当 $R(\boldsymbol{A})=R(\overline{\boldsymbol{A}})=n$(方程组中未知数个数)时,线性方程组有唯一解;

当 $R(\boldsymbol{A})=R(\overline{\boldsymbol{A}})<n$(方程组中未知数个数)时,线性方程组有无穷多个解.

定理的必要条件显然.

由定理 3.5,解线性方程组 $\boldsymbol{Ax}=\boldsymbol{b}$ 时,只需对增广矩阵 $\overline{\boldsymbol{A}}=(\boldsymbol{A}\vdots\boldsymbol{b})$ 施以行初等变换化为行阶梯形矩阵,判别线性方程组是否有解;在有解时,继续对增广矩阵 $\overline{\boldsymbol{A}}$ 施以行初等变换化为行最简形矩阵,而后求出解来.

例 3.10 解线性方程组

$$\begin{cases}2x_1-\ \ x_2+3x_3=1,\\4x_1-2x_2+5x_3=4,\\2x_1-\ \ x_2+4x_3=0.\end{cases}$$

解 对线性方程组的增广矩阵 $\overline{\boldsymbol{A}}$ 作行初等变换

$$\overline{\boldsymbol{A}}=\begin{pmatrix}2&-1&3&1\\4&-2&5&4\\2&-1&4&0\end{pmatrix}\xrightarrow[r_3-r_1]{r_2-2r_1}\begin{pmatrix}2&-1&3&1\\0&0&-1&2\\0&0&1&-1\end{pmatrix}\xrightarrow{r_3+r_2}\begin{pmatrix}2&-1&3&1\\0&0&-1&2\\0&0&0&1\end{pmatrix}=\boldsymbol{B}.$$

线性方程组的增广矩阵 $\overline{\boldsymbol{A}}=(\boldsymbol{A},\boldsymbol{b})$ 经行初等变换化为行阶梯形矩阵 $\boldsymbol{B}$,知 $R(\boldsymbol{A})=2\neq R(\overline{\boldsymbol{A}})=3$. 注意到在矩阵 $\boldsymbol{B}$ 对应的线性方程组中,第三个方程是"$0=1$",这是一个矛盾方程,因此,矩阵 $\boldsymbol{B}$ 对应的线性方程组无解,从而原方程组也无解.

例 3.11 解线性方程组

$$\begin{cases}x_1+\ \ x_2-3x_3+x_4=1,\\x_1+5x_2-9x_3-x_4=0,\\3x_1-\ \ x_2-3x_3\qquad\ =4.\end{cases}$$

解 对线性方程组的增广矩阵 $\overline{\boldsymbol{A}}$ 作行初等变换,化为行阶梯形矩阵

$$\overline{\boldsymbol{A}}=\begin{pmatrix}1&1&-3&1&1\\1&5&-9&-1&0\\3&-1&-3&0&4\end{pmatrix}\xrightarrow[r_3-3r_1]{r_2-r_1}\begin{pmatrix}1&1&-3&1&1\\0&4&-6&-2&-1\\0&-4&6&-3&1\end{pmatrix}$$

$$\xrightarrow{r_3+r_2}\begin{pmatrix}1&1&-3&1&1\\0&4&-6&-2&-1\\0&0&0&-5&0\end{pmatrix}=\boldsymbol{B},$$

$R(\mathbf{A})=R(\overline{\mathbf{A}})=3<4$(方程组中未知数个数),所以方程组有无穷多解.

对 $\boldsymbol{B}$ 继续施以行初等变换,化为行最简形矩阵.

$$\boldsymbol{B}\xrightarrow{4r_1-r_2}\begin{pmatrix}4&0&-6&6&5\\0&4&-6&-2&-1\\0&0&0&-5&0\end{pmatrix}\xrightarrow[r_3\times\left(-\frac{1}{5}\right)]{\substack{r_1\times\frac{1}{4}\\ r_2\times\frac{1}{4}}}\begin{pmatrix}1&0&-\frac{3}{2}&\frac{3}{2}&\frac{5}{4}\\0&1&-\frac{3}{2}&-\frac{1}{2}&-\frac{1}{4}\\0&0&0&1&0\end{pmatrix}$$

$$\xrightarrow[r_2+\frac{1}{2}r_3]{r_1-\frac{3}{2}r_3}\begin{pmatrix}1&0&-\frac{3}{2}&0&\frac{5}{4}\\0&1&-\frac{3}{2}&0&-\frac{1}{4}\\0&0&0&1&0\end{pmatrix}=\boldsymbol{R}.$$

行最简形矩阵 $\boldsymbol{R}$ 对应的线性方程组是

$$\begin{cases}x_1-\frac{3}{2}x_3=\frac{5}{4},\\ x_2-\frac{3}{2}x_3=-\frac{1}{4},\\ x_4=0.\end{cases}$$

把 x_3 看成自由未知数,取 $x_3=2k$, k 是任意实数,得

$$\begin{cases}x_1=3k+\frac{5}{4},\\ x_2=3k-\frac{1}{4},\\ x_3=2k,\\ x_4=0.\end{cases}$$

可写成下面解向量形式:

$$\begin{pmatrix}x_1\\x_2\\x_3\\x_4\end{pmatrix}=\begin{pmatrix}3k+\frac{5}{4}\\3k-\frac{1}{4}\\2k\\0\end{pmatrix}=\begin{pmatrix}3k\\3k\\2k\\0\end{pmatrix}+\begin{pmatrix}\frac{5}{4}\\-\frac{1}{4}\\0\\0\end{pmatrix},$$

即得

$$\begin{pmatrix} x_1 \\ x_2 \\ x_3 \\ x_4 \end{pmatrix} = k\begin{pmatrix} 3 \\ 3 \\ 2 \\ 0 \end{pmatrix} + \begin{pmatrix} \dfrac{5}{4} \\ -\dfrac{1}{4} \\ 0 \\ 0 \end{pmatrix} \quad (k \in \mathbf{R}).$$

例 3.12 设有线性方程组

$$\begin{cases} (1+\lambda)x_1 + x_2 + x_3 = 0, \\ x_1 + (1+\lambda)x_2 + x_3 = 3, \\ x_1 + x_2 + (1+\lambda)x_3 = \lambda. \end{cases}$$

问 λ 取何值时，此方程组有唯一解？无解？无穷多个解？在有无穷多解时，求其通解.

解法 1 这是一个由 3 个方程 3 个未知数组成的方程组，且系数矩阵中含所求参数 λ，所以可以先计算系数矩阵的行列式，可得

$$|\mathbf{A}| = \begin{vmatrix} 1+\lambda & 1 & 1 \\ 1 & 1+\lambda & 1 \\ 1 & 1 & 1+\lambda \end{vmatrix} = \lambda^2(\lambda+3).$$

当 $\lambda \neq 0$ 且 $\lambda \neq -3$ 时，$R(\mathbf{A}) = R(\overline{\mathbf{A}}) = 3(|\mathbf{A}| \neq 0)$，方程组有唯一解(克拉默法则)；

当 $\lambda = 0$ 时，

$$\overline{\mathbf{A}} = \begin{pmatrix} 1 & 1 & 1 & 0 \\ 1 & 1 & 1 & 3 \\ 1 & 1 & 1 & 0 \end{pmatrix} \xrightarrow[r_3 - r_1]{r_2 - r_1} \begin{pmatrix} 1 & 1 & 1 & 0 \\ 0 & 0 & 0 & 3 \\ 0 & 0 & 0 & 0 \end{pmatrix},$$

$R(\mathbf{A}) = 1 < R(\overline{\mathbf{A}}) = 2$，方程组无解；

当 $\lambda = -3$ 时，

$$\overline{\mathbf{A}} = \begin{pmatrix} -2 & 1 & 1 & 0 \\ 1 & -2 & 1 & 3 \\ 1 & 1 & -2 & -3 \end{pmatrix} \xrightarrow{r_1 \leftrightarrow r_3} \begin{pmatrix} 1 & 1 & -2 & -3 \\ 1 & -2 & 1 & 3 \\ -2 & 1 & 1 & 0 \end{pmatrix}$$

$$\xrightarrow[r_3 + 2r_1]{r_2 - r_1} \begin{pmatrix} 1 & 1 & -2 & -3 \\ 0 & -3 & 3 & 6 \\ 0 & 3 & -3 & -6 \end{pmatrix} \xrightarrow{r_3 + r_2} \begin{pmatrix} 1 & 1 & -2 & -3 \\ 0 & -3 & 3 & 6 \\ 0 & 0 & 0 & 0 \end{pmatrix} = \boldsymbol{B}.$$

$R(\mathbf{A}) = R(\overline{\mathbf{A}}) = 2 < 3$(方程组中未知数个数)，所以方程组有无穷多个解.

对 $\boldsymbol{B}$ 继续施以行初等变换，化为行最简形矩阵：

$$\boldsymbol{B} \xrightarrow{r_2\times(-\frac{1}{3})} \begin{pmatrix} 1 & 1 & -2 & -3 \\ 0 & 1 & -1 & -2 \\ 0 & 0 & 0 & 0 \end{pmatrix} \xrightarrow{r_1-r_2} \begin{pmatrix} 1 & 0 & -1 & -1 \\ 0 & 1 & -1 & -2 \\ 0 & 0 & 0 & 0 \end{pmatrix} = \boldsymbol{R}.$$

行最简形矩阵 $\boldsymbol{R}$ 对应的线性方程组为

$$\begin{cases} x_1 \quad\;\; - x_3 = -1, \\ \quad\;\; x_2 - x_3 = -2, \end{cases}$$

即

$$\begin{cases} x_1 = x_3 - 1, \\ x_2 = x_3 - 2. \end{cases}$$

令 $x_3 = k$，得方程组的通解

$$\begin{pmatrix} x_1 \\ x_2 \\ x_3 \end{pmatrix} = \begin{pmatrix} 1 \\ 1 \\ 1 \end{pmatrix} k + \begin{pmatrix} -1 \\ -2 \\ 0 \end{pmatrix} \quad (k \in \mathbf{R}).$$

解法 2 对增广矩阵 $\overline{\mathbf{A}}$ 施以行初等变换，化为行阶梯形矩阵，得

$$\overline{\mathbf{A}} = \begin{pmatrix} 1+\lambda & 1 & 1 & 0 \\ 1 & 1+\lambda & 1 & 3 \\ 1 & 1 & 1+\lambda & \lambda \end{pmatrix} \xrightarrow{r_1 \leftrightarrow r_3} \begin{pmatrix} 1 & 1 & 1+\lambda & \lambda \\ 1 & 1+\lambda & 1 & 3 \\ 1+\lambda & 1 & 1 & 0 \end{pmatrix}$$

$$\xrightarrow[r_3-(1+\lambda)r_1]{r_2-r_1} \begin{pmatrix} 1 & 1 & 1+\lambda & \lambda \\ 0 & \lambda & -\lambda & 3-\lambda \\ 0 & -\lambda & -\lambda(2+\lambda) & -\lambda(1+\lambda) \end{pmatrix}$$

$$\xrightarrow{r_3+r_2} \begin{pmatrix} 1 & 1 & 1+\lambda & \lambda \\ 0 & \lambda & -\lambda & 3-\lambda \\ 0 & 0 & -\lambda(3+\lambda) & (1-\lambda)(3+\lambda) \end{pmatrix}.$$

当 $\lambda \neq 0$ 且 $\lambda \neq -3$ 时，$R(\mathbf{A}) = R(\overline{\mathbf{A}}) = 3$，方程组有唯一解；
当 $\lambda = 0$ 时，$R(\mathbf{A}) = 1$，$R(\overline{\mathbf{A}}) = 2$，方程组无解；
当 $\lambda = -3$ 时，$R(\mathbf{A}) = R(\overline{\mathbf{A}}) = 2$，方程组有无穷多个解.

3.3.2 齐次线性方程组 $\boldsymbol{Ax} = \mathbf{0}$ 有非零解的充分必要条件

n 元齐次线性方程组

$$\begin{cases} a_{11}x_1 + a_{12}x_2 + \cdots + a_{1n}x_n = 0, \\ a_{21}x_1 + a_{22}x_2 + \cdots + a_{2n}x_n = 0, \\ \qquad\qquad\qquad \vdots \\ a_{m1}x_1 + a_{m2}x_2 + \cdots + a_{mn}x_n = 0, \end{cases} \tag{3-4}$$

记作

$$\boldsymbol{Ax} = \boldsymbol{0}. \tag{3-5}$$

齐次线性方程组 $\boldsymbol{Ax}=\boldsymbol{0}$ 总是有解的，$\boldsymbol{x}=\boldsymbol{0}$ 就是它的解，称为齐次线性方程组的零解. 有下面定理：

定理 3.6 n 元齐次线性方程组 $\boldsymbol{Ax}=\boldsymbol{0}$ 有非零解的充分必要条件是系数矩阵 $\boldsymbol{A}$ 的秩 $R(\boldsymbol{A})<n$（方程组中未知数个数）；而它只有零解的充分必要条件是系数矩阵 $\boldsymbol{A}$ 的秩 $R(\boldsymbol{A})=n$（方程组中未知数个数）.

解齐次线性方程组 $\boldsymbol{Ax}=\boldsymbol{0}$ 时，只需对系数矩阵 $\boldsymbol{A}$ 施以行初等变换化为行最简形矩阵，判别解的情况，而后求出解来.

例 3.13 求解齐次线性方程组

$$\begin{cases} x_1 - x_2 + 5x_3 - x_4 = 0, \\ x_1 + x_2 - 2x_3 + 3x_4 = 0, \\ 3x_1 - x_2 + 8x_3 + x_4 = 0, \\ x_1 + 3x_2 - 9x_3 + 7x_4 = 0. \end{cases}$$

解 对系数矩阵 $\boldsymbol{A}$ 施以行初等变换，化矩阵 $\boldsymbol{A}$ 为行最简形矩阵.

$$\boldsymbol{A} = \begin{pmatrix} 1 & -1 & 5 & -1 \\ 1 & 1 & -2 & 3 \\ 3 & -1 & 8 & 1 \\ 1 & 3 & -9 & 7 \end{pmatrix} \xrightarrow[r_4-r_1]{\substack{r_2-r_1 \\ r_3-3r_1}} \begin{pmatrix} 1 & -1 & 5 & -1 \\ 0 & 2 & -7 & 4 \\ 0 & 2 & -7 & 4 \\ 0 & 4 & -14 & 8 \end{pmatrix}$$

$$\xrightarrow[r_3-r_2]{r_4-2r_2} \begin{pmatrix} 1 & -1 & 5 & -1 \\ 0 & 2 & -7 & 4 \\ 0 & 0 & 0 & 0 \\ 0 & 0 & 0 & 0 \end{pmatrix} \xrightarrow[r_1+r_2]{r_2\times\frac{1}{2}} \begin{pmatrix} 1 & 0 & \frac{3}{2} & 1 \\ 0 & 1 & -\frac{7}{2} & 2 \\ 0 & 0 & 0 & 0 \\ 0 & 0 & 0 & 0 \end{pmatrix}.$$

因 $R(\boldsymbol{A})=2<4$（方程组中未知数个数），所以齐次线性方程组有非零解（即有无穷多个解），它的同解线性方程组为

$$\begin{cases} x_1 + \frac{3}{2}x_3 + x_4 = 0, \\ x_2 - \frac{7}{2}x_3 + 2x_4 = 0. \end{cases}$$

取 x_3，x_4 为自由未知数，即令 $x_3=2k_1$，$x_4=k_2$，得

$$\begin{cases} x_1 = -3k_1 - k_2, \\ x_2 = 7k_1 - 2k_2, \\ x_3 = k_1, \\ kx_4 = k_2. \end{cases}$$

从而得通解

$$\begin{pmatrix} x_1 \\ x_2 \\ x_3 \\ x_4 \end{pmatrix} = k_1 \begin{pmatrix} -3 \\ 7 \\ 1 \\ 0 \end{pmatrix} + k_2 \begin{pmatrix} -1 \\ -2 \\ 0 \\ 1 \end{pmatrix} \quad (k_1,\ k_2 \in \mathbf{R}).$$

记作

$$\boldsymbol{x} = k_1\boldsymbol{\xi}_1 + k_2\boldsymbol{\xi}_2.$$

由定理 3.6 可以得到下面两个推论：

推论 1 n 个方程 n 个未知数的齐次线性方程组有非零解的充分必要条件是 $|\mathbf{A}|=0$；而它只有零解的充分必要条件是 $|\mathbf{A}| \neq 0$.

证明 因为 n 个方程 n 个未知数的齐次线性方程组的系数矩阵是 n 阶方阵，由矩阵秩的定义以及定理 3.6 即证.

推论 2 如果齐次线性方程组 (3-4) 的方程个数小于未知数个数，即 $m<n$，则它必有非零解.

证明 由矩阵秩的定义可知 $m \times n$ 矩阵 $\mathbf{A}$ 的秩 $R(\mathbf{A}) \leqslant \min\{m,\ n\} = m < n$，由定理 3.6 知齐次线性方程组有非零解.

习 题 3

1. 用行初等变换将矩阵化成行最简形矩阵.

(1) $\begin{pmatrix} 2 & -1 & 2 & 2 & 1 \\ 3 & 1 & 2 & 3 & 0 \\ 1 & -1 & 3 & -1 & 2 \end{pmatrix}$；　(2) $\begin{pmatrix} 1 & 2 & -2 \\ 2 & 1 & 2 \\ 1 & 1 & 0 \end{pmatrix}$；

(3) $\begin{pmatrix} 2 & 3 & -1 \\ 3 & 1 & 2 \\ 4 & 2 & 1 \\ 1 & 1 & 0 \\ -1 & 0 & 2 \end{pmatrix}$；　(4) $\begin{pmatrix} 1 & 2 & 1 & 0 & 2 \\ 2 & 3 & 3 & 4 & 2 \\ 1 & 1 & 2 & 4 & 0 \end{pmatrix}$.

2. 用行初等变换求方阵的逆阵.

(1) $\begin{pmatrix} 1 & 0 & 0 \\ 2 & 2 & 5 \\ 0 & 1 & 3 \end{pmatrix}$；　(2) $\begin{pmatrix} 2 & 2 & 3 \\ 1 & -1 & 0 \\ -1 & 2 & 1 \end{pmatrix}$；　(3) $\begin{pmatrix} 1 & 1 & 1 & 1 \\ 1 & 1 & -1 & -1 \\ 1 & -1 & 1 & -1 \\ 1 & -1 & -1 & 1 \end{pmatrix}$.

3. 用初等变换求解矩阵方程.

(1) $\begin{pmatrix}1 & 1 & -1\\ 0 & -2 & 2\\ 1 & -1 & 0\end{pmatrix}\boldsymbol{X}=\begin{pmatrix}1\\ 1\\ 2\end{pmatrix}$; (2) $\begin{pmatrix}1 & 2 & -3\\ 3 & 2 & -4\\ 2 & -1 & 0\end{pmatrix}\boldsymbol{X}=\begin{pmatrix}-3 & 0\\ 2 & 7\\ 7 & 8\end{pmatrix}$;

(3) $\boldsymbol{X}\begin{pmatrix}2 & 1 & -1\\ 2 & 1 & 0\\ 1 & -1 & 1\end{pmatrix}=(1\quad -1\quad 3)$.

4. 用行初等变换求矩阵的秩.

(1) $\begin{pmatrix}2 & 0 & 3 & 1 & 4\\ 3 & -5 & 4 & 2 & 7\\ 1 & 5 & 2 & 0 & 1\end{pmatrix}$; (2) $\begin{pmatrix}1 & 1 & -1\\ 3 & 1 & 0\\ 4 & 4 & 1\\ 1 & -2 & 1\end{pmatrix}$; (3) $\begin{pmatrix}2 & 1 & 8 & 3 & 7\\ 2 & -3 & 0 & 7 & -5\\ 3 & -2 & 5 & 8 & 0\\ 1 & 0 & 3 & 2 & 0\end{pmatrix}$.

5. 设矩阵

$$\boldsymbol{A}=\begin{pmatrix}1 & -2 & 3k\\ -1 & 2k & -3\\ k & -2 & 3\end{pmatrix},$$

问 k 为何值,可使 (1) $R(\boldsymbol{A})=1$; (2) $R(\boldsymbol{A})=2$; (3) $R(\boldsymbol{A})=3$?

6. 求解线性方程组.

(1) $\begin{cases}4x_1+2x_2-x_3=2,\\ 3x_1-x_2+2x_3=10,\\ 11x_1+3x_2+\quad=8;\end{cases}$ (2) $\begin{cases}2x_1+x_2-x_3+x_4=11,\\ 4x_1+2x_2-2x_3+x_4=2,\\ 2x_1+x_2-x_3-x_4=1;\end{cases}$

(3) $\begin{cases}2x_1+3x_2+x_3=4,\\ x_1-2x_2+4x_3=-5,\\ 3x_1+8x_2-2x_3=13,\\ 4x_1-x_2+9x_3=-6;\end{cases}$ (4) $\begin{cases}x_1-2x_2+x_3=-5,\\ x_1+5x_2-7x_3=2,\\ 3x_1+x_2-5x_3=-8;\end{cases}$

(5) $\begin{cases}x_1+2x_2-x_3=0,\\ 2x_1+4x_2+7x_3=0;\end{cases}$ (6) $\begin{cases}x_1+2x_2-3x_3=0,\\ 2x_1+5x_2+2x_3=0,\\ 3x_1-x_2-4x_3=0,\\ 7x_1+8x_2-8x_3=0.\end{cases}$

7. 问 k 取何值时,下列线性方程组有解? 在有解时,求出它的通解.

(1) $\begin{cases}2x_1-3x_2+6x_3-5x_4=3,\\ x_2-4x_3+x_4=1,\\ 4x_1-5x_2+8x_3-9x_4=k;\end{cases}$ (2) $\begin{cases}-2x_1+x_2+x_3=-2,\\ x_1-2x_2+x_3=k,\\ x_1+x_2-2x_3=k^2.\end{cases}$

8. λ 取何值时,非齐次线性方程组

$$\begin{cases}\lambda x_1+x_2+x_3=1,\\ x_1+\lambda x_2+x_3=\lambda,\\ x_1+x_2+\lambda x_3=\lambda^2\end{cases}$$

有唯一解;无解;无穷多个解?

9. 已知线性方程组 $\boldsymbol{A}\boldsymbol{x}=\lambda\boldsymbol{b}_1+\boldsymbol{b}_2$,

其中,
$$\boldsymbol{A}=\begin{pmatrix}1&1&-1\\-1&-2&1\\1&-1&-1\end{pmatrix},\quad \boldsymbol{b}_1=\begin{pmatrix}2\\1\\3\end{pmatrix},\quad \boldsymbol{b}_2=\begin{pmatrix}1\\3\\-1\end{pmatrix}.$$

求 λ,使方程组有解,并求出所有解.

10. 证明线性方程组

$$\begin{cases}x_1-x_2=a_1,\\x_2-x_3=a_2,\\x_3-x_4=a_3,\\x_4-x_1=a_4\end{cases}$$

有解的充分必要条件是 $a_1+a_2+a_3+a_4=0$.

11. 设 $\boldsymbol{A}$ 是 n 阶方阵,证明 $\boldsymbol{A}$ 的秩 $R(\boldsymbol{A})=1$ 的充分必要条件是 $\boldsymbol{A}=\boldsymbol{\alpha}\boldsymbol{\beta}^{\mathrm{T}}$,其中 $\boldsymbol{\alpha}$ 与 $\boldsymbol{\beta}$ 都是 n 维列向量.

12. 选择题.

(1) 设 $\boldsymbol{A}$ 为 n 阶方阵,$R(\boldsymbol{A})=r<n$,那么________.

(A) $\boldsymbol{A}$ 可能不可逆　　(B) $|\boldsymbol{A}|=0$

(C) $\boldsymbol{A}$ 中所有 r 阶子式全不为零　　(D) $\boldsymbol{A}$ 中没有不等于零的 r 阶子式

(2) 设 $\boldsymbol{A}$ 是 n 阶方阵,$n\geqslant 3$,且 $R(\boldsymbol{A})=n-2$,$\boldsymbol{A}^*$ 是 $\boldsymbol{A}$ 的伴随阵,那么________.

(A) $\boldsymbol{A}^*\neq\boldsymbol{O}$　　(B) $R(\boldsymbol{A}^*)=0$

(C) $|\boldsymbol{A}^*|\neq 0$　　(D) $R(\boldsymbol{A}^*)=2$

(3) 从 $m\times n$ 矩阵 $\boldsymbol{A}$ 中划去一行得到矩阵 $\boldsymbol{B}$,那么________.

(A) $R(\boldsymbol{A})=R(\boldsymbol{B})$　　(B) $R(\boldsymbol{B})\leqslant R(\boldsymbol{A})$

(C) $R(\boldsymbol{B})=R(\boldsymbol{A})-1$　　(D) $R(\boldsymbol{B})<R(\boldsymbol{A})$

(4) 设 $\boldsymbol{A}=(a_{ij})_{3\times 3}$, $\boldsymbol{B}=\begin{pmatrix}a_{21}&a_{22}&a_{23}\\a_{11}&a_{12}&a_{13}\\a_{31}+a_{11}&a_{32}+a_{12}&a_{33}+a_{13}\end{pmatrix}$, $\boldsymbol{P}_1=\begin{pmatrix}0&1&0\\1&0&0\\0&0&1\end{pmatrix}$, $\boldsymbol{P}_2=\begin{pmatrix}1&0&0\\0&1&0\\1&0&1\end{pmatrix}$,那么________.

(A) $\boldsymbol{A}\boldsymbol{P}_1\boldsymbol{P}_2=\boldsymbol{B}$　　(B) $\boldsymbol{A}\boldsymbol{P}_2\boldsymbol{P}_1=\boldsymbol{B}$

(C) $\boldsymbol{P}_1\boldsymbol{P}_2\boldsymbol{A}=\boldsymbol{B}$　　(D) $\boldsymbol{P}_2\boldsymbol{P}_1\boldsymbol{A}=\boldsymbol{B}$

13. 在秩为 r 的矩阵中有没有等于零的 $r-1$ 阶子式? 有没有等于零的 r 阶子式? 有没有不等于零的 $r+1$ 阶子式?

第 4 章　向量组的线性相关性

第 3 章以矩阵为工具，建立了关于线性方程组的重要定理，即 n 元非齐次线性方程组 $\boldsymbol{Ax}=\boldsymbol{b}$ 有解的充分必要条件以及 n 元齐次线性方程组 $\boldsymbol{Ax}=\boldsymbol{0}$ 有非零解的充分必要条件. 介绍了利用矩阵的行初等变换求解线性方程组的方法.

我们用行初等变换求出齐次线性方程组 $\boldsymbol{Ax}=\boldsymbol{0}$ 的解(称为通解)，但通解是否还有其他形式，通解中所含的常数的个数是否确定. 本章在介绍向量组的线性相关性后，对齐次线性方程组的解集 S 作进一步解释.

4.1　向量组的线性组合

4.1.1　n 维向量

定义 4.1　n 个有次序的数 $a_1, a_2, \cdots, a_n$ 所组成的数组称为 n **维向量**. a_i 称为该向量的第 i 个**分量**. 分量全为实数的向量称为**实向量**，分量为复数的向量称为**复向量**. 本书中除特别指明外，只讨论实向量.

n 维向量可以写成一列，记作

$$\boldsymbol{\alpha}=\begin{pmatrix} a_1 \\ a_2 \\ \vdots \\ a_n \end{pmatrix},$$

称为**列向量**，也就是 $n\times 1$ 列矩阵. n 维向量也可以写成一行，记作

$$\boldsymbol{\alpha}^{\mathrm{T}}=(a_1, a_2, \cdots, a_n),$$

称为**行向量**，也就是 $1\times n$ 行矩阵.

本书中，列向量是用小写黑体字母 $\boldsymbol{\alpha}, \boldsymbol{\beta}, \boldsymbol{x}, \boldsymbol{y}$ 等表示，行向量是用 $\boldsymbol{\alpha}^{\mathrm{T}}, \boldsymbol{\beta}^{\mathrm{T}}, \boldsymbol{x}^{\mathrm{T}}, \boldsymbol{y}^{\mathrm{T}}$ 等表示. 我们总把列向量 $\boldsymbol{\alpha}$ 和行向量 $\boldsymbol{\alpha}^{\mathrm{T}}$ 看作是向量的两个不同表示形式. 非特别说明，本书指的向量都是列向量.

规定：n 维向量的运算按矩阵运算规则进行，即设 λ 是数，n 维向量

$$\boldsymbol{\alpha}=\begin{pmatrix}a_1\\a_2\\\vdots\\a_n\end{pmatrix},\quad \boldsymbol{\beta}=\begin{pmatrix}b_1\\b_2\\\vdots\\b_n\end{pmatrix},$$

则

$$\boldsymbol{\alpha}+\boldsymbol{\beta}=\begin{pmatrix}a_1+b_1\\a_2+b_2\\\vdots\\a_n+b_n\end{pmatrix},\quad \lambda\boldsymbol{\alpha}=\begin{pmatrix}\lambda a_1\\\lambda a_2\\\vdots\\\lambda a_n\end{pmatrix}$$

分别是向量 $\boldsymbol{\alpha}$ 与 $\boldsymbol{\beta}$ 的和以及数 λ 与向量 $\boldsymbol{\alpha}$ 的乘积. 向量加法与乘数运算称为向量的线性运算.

在解析几何中,如果取定一个空间直角坐标系 $[O;\ x,\ y,\ z]$,并以 $\boldsymbol{i},\ \boldsymbol{j},\ \boldsymbol{k}$ 分别表示与三个坐标轴方向一致的单位向量,那么空间任一向量 $\boldsymbol{\alpha}$ 可分解为

$$\boldsymbol{\alpha}=x\boldsymbol{i}+y\boldsymbol{j}+z\boldsymbol{k},$$

其中 $x,\ y,\ z$ 称为向量 $\boldsymbol{\alpha}$ 在坐标系 $[O;\ x,\ y,\ z]$ 中的坐标(或分量). 向量 $\boldsymbol{\alpha}$ 也可用它的坐标简单地表示为

$$\boldsymbol{\alpha}=\begin{pmatrix}x\\y\\z\end{pmatrix},$$

这就是三维向量,它也可以看成是按三个分量顺序排成的有序数组. n 维向量是三维向量的推广.

同维数向量的集合称为**向量组**. 例如,n 维向量的全体所组成的集合

$$\mathbf{R}^n=\left\{x=\begin{pmatrix}x_1\\x_2\\\vdots\\x_n\end{pmatrix}\middle|\ x_1,\ x_2,\ \cdots,\ x_n\in\mathbf{R}\right\}.$$

在 $\mathbf{R}^n$ 中,向量个数有无限个.

给定一个 $m\times n$ 矩阵 $\boldsymbol{A}=(a_{ij})_{m\times n}$, $\boldsymbol{A}$ 的每一列都是一个列向量,因此 $\boldsymbol{A}$ 有 n 个 m 维列向量

$$\boldsymbol{\alpha}_j=\begin{pmatrix}a_{1j}\\a_{2j}\\\vdots\\a_{mj}\end{pmatrix}\quad (j=1,\ 2,\ \cdots,\ n).$$

它们组成的向量组 $\boldsymbol{\alpha}_1, \boldsymbol{\alpha}_2, \cdots, \boldsymbol{\alpha}_n$ 称为矩阵 $\boldsymbol{A}$ 的**列向量组**,并且把

$$\boldsymbol{A} = (\boldsymbol{\alpha}_1, \boldsymbol{\alpha}_2, \cdots, \boldsymbol{\alpha}_n)$$

称为**列向量矩阵**. $\boldsymbol{A}$ 的每一行都是一个行向量,因此 $\boldsymbol{A}$ 有 m 个 n 维行向量

$$\boldsymbol{\beta}_i^{\mathrm{T}} = (a_{i1}, a_{i2}, \cdots, a_{in}) \quad (i = 1, 2, \cdots, m).$$

它们组成的向量组 $\boldsymbol{\beta}_1^{\mathrm{T}}, \boldsymbol{\beta}_2^{\mathrm{T}}, \cdots, \boldsymbol{\beta}_m^{\mathrm{T}}$ 称为矩阵 $\boldsymbol{A}$ 的**行向量组**,并且把

$$\boldsymbol{A} = \begin{pmatrix} \boldsymbol{\beta}_1^{\mathrm{T}} \\ \boldsymbol{\beta}_2^{\mathrm{T}} \\ \vdots \\ \boldsymbol{\beta}_m^{\mathrm{T}} \end{pmatrix}$$

称为**行向量矩阵**.

反之,由有限个向量所组成的向量组可以构成一个矩阵. m 个 n 维列向量组成的向量组 A: $\boldsymbol{\alpha}_1, \boldsymbol{\alpha}_2, \cdots, \boldsymbol{\alpha}_m$ 可以构成一个 $n \times m$ 矩阵

$$\boldsymbol{A} = (\boldsymbol{\alpha}_1, \boldsymbol{\alpha}_2, \cdots, \boldsymbol{\alpha}_m).$$

m 个 n 维行向量组成的向量组 B: $\boldsymbol{\beta}_1^{\mathrm{T}}, \boldsymbol{\beta}_2^{\mathrm{T}}, \cdots, \boldsymbol{\beta}_m^{\mathrm{T}}$ 可以构成一个 $m \times n$ 矩阵

$$\boldsymbol{B} = \begin{pmatrix} \boldsymbol{\beta}_1^{\mathrm{T}} \\ \boldsymbol{\beta}_2^{\mathrm{T}} \\ \vdots \\ \boldsymbol{\beta}_m^{\mathrm{T}} \end{pmatrix}.$$

所以,矩阵与向量组是一一对应的. 我们可以用矩阵运算涉及问题的结论来讨论向量组的线性相关性涉及的问题;另一方面,我们也可以用向量组线性相关性的有关结论来讨论矩阵运算所涉及的问题.

4.1.2 向量组的线性组合

设向量组

$$\boldsymbol{\alpha}_1 = \begin{pmatrix} 1 \\ 2 \\ -1 \end{pmatrix}, \quad \boldsymbol{\alpha}_2 = \begin{pmatrix} 2 \\ -3 \\ 1 \end{pmatrix}, \quad \boldsymbol{\alpha}_3 = \begin{pmatrix} 4 \\ 1 \\ -1 \end{pmatrix},$$

由向量的线性运算知道 $\boldsymbol{\alpha}_3 = 2\boldsymbol{\alpha}_1 + \boldsymbol{\alpha}_2$,这时称 $\boldsymbol{\alpha}_3$ 是 $\boldsymbol{\alpha}_1, \boldsymbol{\alpha}_2$ 的线性组合.

定义 4.2 设有向量组 A: $\boldsymbol{\alpha}_1, \boldsymbol{\alpha}_2, \cdots, \boldsymbol{\alpha}_m$,对于任意一组数 $k_1, k_2, \cdots, k_m$,向量

$$k_1\boldsymbol{\alpha}_1 + k_2\boldsymbol{\alpha}_2 + \cdots + k_m\boldsymbol{\alpha}_m$$

称为向量组 A 的一个**线性组合**，$k_1, k_2, \cdots, k_m$ 这组数称为这个**线性组合的系数**.

设有向量组 A：$\boldsymbol{\alpha}_1, \boldsymbol{\alpha}_2, \cdots, \boldsymbol{\alpha}_m$ 以及向量 $\boldsymbol{\beta}$，如果有一组数 $\lambda_1, \lambda_2, \cdots, \lambda_m$ 使

$$\boldsymbol{\beta}=\lambda_1\boldsymbol{\alpha}_1+\lambda_2\boldsymbol{\alpha}_2+\cdots+\lambda_m\boldsymbol{\alpha}_m,$$

则 $\boldsymbol{\beta}$ 是向量组 A 的线性组合，这时也称向量 $\boldsymbol{\beta}$ 能由向量组 A **线性表示**. 利用分块矩阵乘法可写成

$$\boldsymbol{\beta}=(\boldsymbol{\alpha}_1, \boldsymbol{\alpha}_2, \cdots, \boldsymbol{\alpha}_m)\begin{pmatrix}\lambda_1\\ \lambda_2\\ \vdots\\ \lambda_m\end{pmatrix}.$$

在 n 维向量的全体 $\mathbf{R}^n=\left\{\boldsymbol{x}=\begin{pmatrix}x_1\\ x_2\\ \vdots\\ x_n\end{pmatrix}\middle| x_1, x_2, \cdots, x_n\in\mathbf{R}\right\}$ 中，向量组

$\boldsymbol{\varepsilon}_1=\begin{pmatrix}1\\ 0\\ \vdots\\ 0\end{pmatrix}, \boldsymbol{\varepsilon}_2=\begin{pmatrix}0\\ 1\\ \vdots\\ 0\end{pmatrix}, \cdots, \boldsymbol{\varepsilon}_n=\begin{pmatrix}0\\ 0\\ \vdots\\ 1\end{pmatrix}$ 称为 **n 维基本单位向量组.**

任一 n 维向量 $\boldsymbol{\alpha}=\begin{pmatrix}a_1\\ a_2\\ \vdots\\ a_n\end{pmatrix}\in\mathbf{R}^n$ 都可以由 $\boldsymbol{\varepsilon}_1, \boldsymbol{\varepsilon}_2, \cdots, \boldsymbol{\varepsilon}_n$ 表示成

$$\boldsymbol{\alpha}=a_1\boldsymbol{\varepsilon}_1+a_2\boldsymbol{\varepsilon}_2+\cdots+a_n\boldsymbol{\varepsilon}_n.$$

例 4.1 已知向量组

$$\boldsymbol{\alpha}_1=\begin{pmatrix}2\\ 4\\ 2\end{pmatrix}, \quad \boldsymbol{\alpha}_2=\begin{pmatrix}-1\\ -2\\ -1\end{pmatrix}, \quad \boldsymbol{\alpha}_3=\begin{pmatrix}3\\ 5\\ 4\end{pmatrix}, \quad \boldsymbol{\alpha}_4=\begin{pmatrix}1\\ 4\\ 0\end{pmatrix},$$

问 $\boldsymbol{\alpha}_4$ 是否可由 $\boldsymbol{\alpha}_1, \boldsymbol{\alpha}_2, \boldsymbol{\alpha}_3$ 线性表示?

解 由定义 4.2，设有数 x_1, x_2, x_3 使

$$x_1\boldsymbol{\alpha}_1+x_2\boldsymbol{\alpha}_2+x_3\boldsymbol{\alpha}_3=\boldsymbol{\alpha}_4,$$

即

$$(\boldsymbol{\alpha}_1, \boldsymbol{\alpha}_2, \boldsymbol{\alpha}_3)\begin{pmatrix}x_1\\ x_2\\ x_3\end{pmatrix}=\boldsymbol{\alpha}_4,$$

得线性方程组

$$\begin{pmatrix}2 & -1 & 3\\4 & -2 & 5\\2 & -1 & 4\end{pmatrix}\begin{pmatrix}x_1\\x_2\\x_3\end{pmatrix}=\begin{pmatrix}1\\4\\0\end{pmatrix}.$$

解此线性方程组,对增广矩阵作行初等变换,化成行阶梯形矩阵.

$$\begin{pmatrix}2 & -1 & 3 & 1\\4 & -2 & 5 & 4\\2 & -1 & 4 & 0\end{pmatrix}\xrightarrow{\text{若干次行初等变换}}\begin{pmatrix}2 & -1 & 3 & 1\\0 & 0 & -1 & 2\\0 & 0 & 0 & 1\end{pmatrix},$$

易知这个线性方程组无解,所以 $\boldsymbol{\alpha}_4$ 不能由 $\boldsymbol{\alpha}_1$, $\boldsymbol{\alpha}_2$, $\boldsymbol{\alpha}_3$ 线性表示.

4.1.3 向量由向量组线性表示的充分必要条件

由定义 4.2,向量 $\boldsymbol{\beta}$ 可由向量组 $\boldsymbol{\alpha}_1$, $\boldsymbol{\alpha}_2$, …, $\boldsymbol{\alpha}_m$ 线性表示就是线性方程组

$$x_1\boldsymbol{\alpha}_1+x_2\boldsymbol{\alpha}_2+\cdots+x_m\boldsymbol{\alpha}_m=\boldsymbol{\beta},$$

即

$$(\boldsymbol{\alpha}_1,\ \boldsymbol{\alpha}_2,\ \cdots,\ \boldsymbol{\alpha}_m)\begin{pmatrix}x_1\\x_2\\\vdots\\x_m\end{pmatrix}=\boldsymbol{\beta}\quad(\mathbf{A}\boldsymbol{x}=\boldsymbol{\beta})$$

有解. 此时线性方程组的解就是表示式的系数. 由定理 3.5 知,非齐次线性方程组 $\mathbf{A}\boldsymbol{x}=\boldsymbol{\beta}$ 有解的充分必要条件是 $R(\mathbf{A})=R(\overline{\mathbf{A}})$,得以下结论:

定理 4.1 向量 $\boldsymbol{\beta}$ 可由向量组 A:$\boldsymbol{\alpha}_1$, $\boldsymbol{\alpha}_2$, …, $\boldsymbol{\alpha}_m$ 线性表示的充分必要条件是:矩阵 $\mathbf{A}=(\boldsymbol{\alpha}_1,\ \boldsymbol{\alpha}_2,\ \cdots,\ \boldsymbol{\alpha}_m)$ 与矩阵 $\overline{\mathbf{A}}=(\boldsymbol{\alpha}_1,\ \boldsymbol{\alpha}_2,\ \cdots,\ \boldsymbol{\alpha}_m,\ \boldsymbol{\beta})$ 的秩相等,即 $R(\mathbf{A})=R(\overline{\mathbf{A}})$.

当 $R(\mathbf{A})=R(\overline{\mathbf{A}})=m$(向量组所含向量个数)时,向量 $\boldsymbol{\beta}$ 可由向量组 A:$\boldsymbol{\alpha}_1$, $\boldsymbol{\alpha}_2$, …, $\boldsymbol{\alpha}_m$ 线性表示,且表示式唯一;

当 $R(\mathbf{A})=R(\overline{\mathbf{A}})<m$(向量组所含向量个数)时,向量 $\boldsymbol{\beta}$ 可由向量组 A:$\boldsymbol{\alpha}_1$, $\boldsymbol{\alpha}_2$, …, $\boldsymbol{\alpha}_m$ 线性表示,但表示式不唯一;

当 $R(\mathbf{A})\neq R(\overline{\mathbf{A}})$ 时,向量 $\boldsymbol{\beta}$ 就不能由向量组 $\boldsymbol{\alpha}_1$, $\boldsymbol{\alpha}_2$, …, $\boldsymbol{\alpha}_m$ 线性表示.

例 4.2 设

$$\boldsymbol{\alpha}_1=\begin{pmatrix}1\\1\\2\\2\end{pmatrix},\quad \boldsymbol{\alpha}_2=\begin{pmatrix}1\\2\\1\\3\end{pmatrix},\quad \boldsymbol{\alpha}_3=\begin{pmatrix}1\\-1\\4\\0\end{pmatrix},\quad \boldsymbol{\beta}=\begin{pmatrix}1\\0\\3\\1\end{pmatrix},$$

说明向量 $\boldsymbol{\beta}$ 可由向量组 $\boldsymbol{\alpha}_1, \boldsymbol{\alpha}_2, \boldsymbol{\alpha}_3$ 线性表示,并求出表示式.

解 由定理 4.1,要证矩阵 $\boldsymbol{A}=(\boldsymbol{\alpha}_1, \boldsymbol{\alpha}_2, \boldsymbol{\alpha}_3)$ 与 $\overline{\boldsymbol{A}}=(\boldsymbol{\alpha}_1, \boldsymbol{\alpha}_2, \boldsymbol{\alpha}_3, \boldsymbol{\beta})$ 的秩相等,为此把 $\overline{\boldsymbol{A}}$ 化为行最简形,在把 $\overline{\boldsymbol{A}}$ 化为行最简形的同时,把 $\boldsymbol{A}$ 也化成了行最简形:

$$\overline{\boldsymbol{A}}=\begin{pmatrix}1&1&1&1\\1&2&-1&0\\2&1&4&3\\2&3&0&1\end{pmatrix}\xrightarrow[\substack{r_3-2r_1\\r_4-2r_1}]{r_2-r_1}\begin{pmatrix}1&1&1&1\\0&1&-2&-1\\0&-1&2&1\\0&1&-2&-1\end{pmatrix}\xrightarrow{r}\begin{pmatrix}1&0&3&2\\0&1&-2&-1\\0&0&0&0\\0&0&0&0\end{pmatrix}=\boldsymbol{B}.$$

可见 $R(\boldsymbol{A})=R(\overline{\boldsymbol{A}})$,因此向量 $\boldsymbol{\beta}$ 可由向量组 $\boldsymbol{\alpha}_1, \boldsymbol{\alpha}_2, \boldsymbol{\alpha}_3$ 线性表示.

由行最简形,可得方程 $(\boldsymbol{\alpha}_1, \boldsymbol{\alpha}_2, \boldsymbol{\alpha}_3)\begin{pmatrix}x_1\\x_2\\x_3\end{pmatrix}=\boldsymbol{\beta}$ 的通解为

$$\begin{pmatrix}x_1\\x_2\\x_3\end{pmatrix}=k\begin{pmatrix}-3\\2\\1\end{pmatrix}+\begin{pmatrix}2\\-1\\0\end{pmatrix}=\begin{pmatrix}-3k+2\\2k-1\\k\end{pmatrix}.$$

从而得表示式

$$\boldsymbol{\beta}=(\boldsymbol{\alpha}_1, \boldsymbol{\alpha}_2, \boldsymbol{\alpha}_3)\begin{pmatrix}x_1\\x_2\\x_3\end{pmatrix}=(-3k+2)\boldsymbol{\alpha}_1+(2k-1)\boldsymbol{\alpha}_2+k\boldsymbol{\alpha}_3,$$

其中,$k\in\mathbf{R}$.

4.2 向量组的线性相关性

向量组中有没有某个向量能由其余向量线性表示,这是向量组的一个重要性质,与向量组的线性相关性有密切的联系.

4.2.1 向量组的线性相关性

定义 4.3 设有向量组 $\boldsymbol{\alpha}_1, \boldsymbol{\alpha}_2, \cdots, \boldsymbol{\alpha}_m$,如果存在一组不全为零的数 $k_1, k_2, \cdots, k_m$ 使

$$k_1\boldsymbol{\alpha}_1+k_2\boldsymbol{\alpha}_2+\cdots+k_m\boldsymbol{\alpha}_m=\mathbf{0},$$

则称**向量组 $\boldsymbol{\alpha}_1, \boldsymbol{\alpha}_2, \cdots, \boldsymbol{\alpha}_m$ 线性相关**.如果这样 m 个不全为零的数不存在,即上述向量等式只有当 $k_1=k_2=\cdots=k_m=0$ 时才成立,则称**向量组 $\boldsymbol{\alpha}_1, \boldsymbol{\alpha}_2, \cdots, \boldsymbol{\alpha}_m$ 线性无关**.

例如,向量组 $\boldsymbol{\alpha}_1=\begin{pmatrix}1\\2\\-1\end{pmatrix}$, $\boldsymbol{\alpha}_2=\begin{pmatrix}2\\-3\\1\end{pmatrix}$, $\boldsymbol{\alpha}_3=\begin{pmatrix}4\\1\\-1\end{pmatrix}$是线性相关的,因为有 $2\boldsymbol{\alpha}_1+1\boldsymbol{\alpha}_2+(-1)\boldsymbol{\alpha}_3=\mathbf{0}$,其中 2, 1, −1 不全为零.

向量组

$$\boldsymbol{\varepsilon}_1=\begin{pmatrix}1\\0\\0\end{pmatrix},\quad \boldsymbol{\varepsilon}_2=\begin{pmatrix}0\\1\\0\end{pmatrix},\quad \boldsymbol{\varepsilon}_3=\begin{pmatrix}0\\0\\1\end{pmatrix}$$

是线性无关的,因为不存在不全为零的数 k_1, k_2, k_3,使 $k_1\boldsymbol{\varepsilon}_1+k_2\boldsymbol{\varepsilon}_2+k_3\boldsymbol{\varepsilon}_3=\mathbf{0}$(即若 k_1, k_2, k_3 不全为零,则只有 $k_1\boldsymbol{\varepsilon}_1+k_2\boldsymbol{\varepsilon}_2+k_3\boldsymbol{\varepsilon}_3\neq\mathbf{0}$;若 $k_1\boldsymbol{\varepsilon}_1+k_2\boldsymbol{\varepsilon}_2+k_3\boldsymbol{\varepsilon}_3=\mathbf{0}$,只有 $k_1=k_2=k_3=0$).

例 4.3 讨论向量组

$$\boldsymbol{\alpha}_1=\begin{pmatrix}1\\2\\-1\end{pmatrix},\quad \boldsymbol{\alpha}_2=\begin{pmatrix}2\\-3\\1\end{pmatrix}$$

的线性相关性.

解 由定义 4.3,设有数 x_1, x_2 使

$$x_1\boldsymbol{\alpha}_1+x_2\boldsymbol{\alpha}_2=\mathbf{0},$$

即有

$$x_1\begin{pmatrix}1\\2\\-1\end{pmatrix}+x_2\begin{pmatrix}2\\-3\\1\end{pmatrix}=\begin{pmatrix}0\\0\\0\end{pmatrix},$$

从而得

$$\begin{pmatrix}1&2\\2&-3\\-1&1\end{pmatrix}\begin{pmatrix}x_1\\x_2\end{pmatrix}=\begin{pmatrix}0\\0\\0\end{pmatrix}.$$

解这个齐次线性方程组,对系数矩阵 $\boldsymbol{A}$ 施以行初等变换,化为行阶梯形矩阵,可得

$$\boldsymbol{A}=\begin{pmatrix}1&2\\2&-3\\-1&1\end{pmatrix}\xrightarrow[r_3+r_1]{r_2-2r_1}\begin{pmatrix}1&2\\0&-7\\0&3\end{pmatrix}\xrightarrow[r_3-3r_2]{r_2\times\left(-\frac{1}{7}\right)}\begin{pmatrix}1&2\\0&1\\0&0\end{pmatrix}.$$

因为这个齐次线性方程组的系数矩阵的秩等于未知数个数,即 $R(\boldsymbol{A})=2$,方程

组只有零解 $x_1 = x_2 = 0$,从而向量组 $\boldsymbol{\alpha}_1$, $\boldsymbol{\alpha}_2$ 线性无关.

例 4.4 n 维基本单位向量组

$$\boldsymbol{\varepsilon}_1 = \begin{pmatrix} 1 \\ 0 \\ \vdots \\ 0 \end{pmatrix}, \boldsymbol{\varepsilon}_2 = \begin{pmatrix} 0 \\ 1 \\ \vdots \\ 0 \end{pmatrix}, \cdots, \boldsymbol{\varepsilon}_n = \begin{pmatrix} 0 \\ 0 \\ \vdots \\ 1 \end{pmatrix}$$

是线性无关的.

解 由定义 4.3,设有一组数 $\lambda_1, \lambda_2, \cdots, \lambda_n$ 使

$$\lambda_1\boldsymbol{\varepsilon}_1 + \lambda_2\boldsymbol{\varepsilon}_2 + \cdots + \lambda_n\boldsymbol{\varepsilon}_n = \mathbf{0}.$$

即有

$$\lambda_1 \begin{pmatrix} 1 \\ 0 \\ \vdots \\ 0 \end{pmatrix} + \lambda_2 \begin{pmatrix} 0 \\ 1 \\ \vdots \\ 0 \end{pmatrix} + \cdots + \lambda_n \begin{pmatrix} 0 \\ 0 \\ \vdots \\ 1 \end{pmatrix} = \begin{pmatrix} 0 \\ 0 \\ \vdots \\ 0 \end{pmatrix},$$

得

$$\begin{pmatrix} \lambda_1 \\ \lambda_2 \\ \vdots \\ \lambda_n \end{pmatrix} = \begin{pmatrix} 0 \\ 0 \\ \vdots \\ 0 \end{pmatrix},$$

从而得 $\lambda_1 = \lambda_2 = \cdots = \lambda_n = 0$. 所以 n 维基本单位向量组 $\boldsymbol{\varepsilon}_1, \boldsymbol{\varepsilon}_2, \cdots, \boldsymbol{\varepsilon}_n$ 线性无关.

一个向量 $\boldsymbol{\alpha}$,当 $\boldsymbol{\alpha} \neq \mathbf{0}$ 时,线性无关;当 $\boldsymbol{\alpha} = \mathbf{0}$ 时,线性相关.

两个向量

$$\boldsymbol{\alpha} = \begin{pmatrix} a_1 \\ a_2 \\ \vdots \\ a_n \end{pmatrix}, \quad \boldsymbol{\beta} = \begin{pmatrix} b_1 \\ b_2 \\ \vdots \\ b_n \end{pmatrix}.$$

由定义 4.3 知,$\boldsymbol{\alpha}$, $\boldsymbol{\beta}$ 线性相关的充分必要条件是 $\boldsymbol{\alpha} = \lambda\boldsymbol{\beta}$ 或 $\boldsymbol{\beta} = \mu\boldsymbol{\alpha}$ 两个等式中至少有一个成立,即得

$$a_i = \lambda b_i \quad 或 \quad b_i = \mu a_i \quad (i = 1, 2, \cdots, n).$$

因而两个向量线性相关的充分必要条件是它们的对应分量成比例.

向量组 $\boldsymbol{\alpha}_1, \boldsymbol{\alpha}_2, \cdots, \boldsymbol{\alpha}_m (m \geqslant 2)$ 线性相关的充分必要条件是其中至少有一个向量可以由其余 $m-1$ 个向量线性表示.

设 $\boldsymbol{\alpha}_1, \boldsymbol{\alpha}_2, \cdots, \boldsymbol{\alpha}_m$ 线性相关,即有一组不全为零的数 $k_1, k_2, \cdots, k_m$ 使

$$k_1\boldsymbol{\alpha}_1+k_2\boldsymbol{\alpha}_2+\cdots+k_m\boldsymbol{\alpha}_m=\mathbf{0}.$$

因 $k_1, k_2, \cdots, k_m$ 中至少有一个不为零,不妨设 $k_1\neq 0$,则有

$$\boldsymbol{\alpha}_1=-\frac{k_2}{k_1}\boldsymbol{\alpha}_2-\cdots-\frac{k_m}{k_1}\boldsymbol{\alpha}_m.$$

这就是 $\boldsymbol{\alpha}_1$ 可由其余 $m-1$ 个向量线性表示.

设 $\boldsymbol{\alpha}_1, \boldsymbol{\alpha}_2, \cdots, \boldsymbol{\alpha}_m$ 中至少有一个向量(不妨设 $\boldsymbol{\alpha}_1$)能由其余 $m-1$ 个向量线性表示,即有

$$\boldsymbol{\alpha}_1=\lambda_2\boldsymbol{\alpha}_2+\cdots+\lambda_m\boldsymbol{\alpha}_m.$$

也就是

$$(-1)\boldsymbol{\alpha}_1+\lambda_2\boldsymbol{\alpha}_2+\cdots+\lambda_m\boldsymbol{\alpha}_m=\mathbf{0}.$$

因 $-1, \lambda_2, \cdots, \lambda_m$ 这 m 个数不全为零(至少 $-1\neq 0$),所以 $\boldsymbol{\alpha}_1, \boldsymbol{\alpha}_2, \cdots, \boldsymbol{\alpha}_m$ 线性相关.

在三维几何空间中,向量组的线性相关性有明确的几何意义. 两个向量 $\boldsymbol{a}, \boldsymbol{b}$ 线性相关,即向量 $\boldsymbol{a}$ 与 $\boldsymbol{b}$ 共线. 三个向量 $\boldsymbol{a}, \boldsymbol{b}, \boldsymbol{c}$ 线性相关,即这三个向量 $\boldsymbol{a}, \boldsymbol{b}, \boldsymbol{c}$ 共面.

4.2.2 向量组线性相关的充分必要条件

由定义 4.3,向量组 $\boldsymbol{\alpha}_1, \boldsymbol{\alpha}_2, \cdots, \boldsymbol{\alpha}_m$ 线性相关就是齐次线性方程组

$$x_1\boldsymbol{\alpha}_1+x_2\boldsymbol{\alpha}_2+\cdots+x_m\boldsymbol{\alpha}_m=\mathbf{0},$$

即

$$(\boldsymbol{\alpha}_1, \boldsymbol{\alpha}_2, \cdots, \boldsymbol{\alpha}_m)\begin{pmatrix}x_1\\x_2\\\vdots\\x_m\end{pmatrix}=\mathbf{0}\quad(\mathbf{A}\boldsymbol{x}=\mathbf{0})$$

有非零解;向量组 $\boldsymbol{\alpha}_1, \boldsymbol{\alpha}_2, \cdots, \boldsymbol{\alpha}_n$ 线性无关就是齐次线性方程组只有零解. 由定理 3.6 知,齐次线性方程组有非零解的充分必要条件是 $R(\mathbf{A})<m$,而只有零解的充分必要条件是 $R(\mathbf{A})=m$,得以下结论:

定理 4.2 向量组 A: $\boldsymbol{\alpha}_1, \boldsymbol{\alpha}_2, \cdots, \boldsymbol{\alpha}_m$ 线性相关的充分必要条件是: 矩阵 $\mathbf{A}=(\boldsymbol{\alpha}_1, \boldsymbol{\alpha}_2, \cdots, \boldsymbol{\alpha}_m)$ 的秩 $R(\mathbf{A})<m$;线性无关的充分必要条件是 $R(\mathbf{A})=m$(m 是构成矩阵 $\mathbf{A}$ 的向量个数).

例 4.5 说明下列向量组的线性相关性.

$$\boldsymbol{\alpha}_1=\begin{pmatrix}3\\4\\-2\\5\end{pmatrix},\quad \boldsymbol{\alpha}_2=\begin{pmatrix}2\\-5\\0\\-3\end{pmatrix},\quad \boldsymbol{\alpha}_3=\begin{pmatrix}5\\0\\-1\\2\end{pmatrix},\quad \boldsymbol{\alpha}_4=\begin{pmatrix}3\\3\\-3\\5\end{pmatrix}.$$

解　对由向量组 $\boldsymbol{\alpha}_1, \boldsymbol{\alpha}_2, \boldsymbol{\alpha}_3, \boldsymbol{\alpha}_4$ 构成矩阵 $\boldsymbol{A}=(\boldsymbol{\alpha}_1, \boldsymbol{\alpha}_2, \boldsymbol{\alpha}_3, \boldsymbol{\alpha}_4)$ 施以行初等变换，化为行阶梯形矩阵，求矩阵 $\boldsymbol{A}$ 的秩.

$$\boldsymbol{A}=\begin{pmatrix} 3 & 2 & 5 & 3 \\ 4 & -5 & 0 & 3 \\ -2 & 0 & -1 & -3 \\ 5 & -3 & 2 & 5 \end{pmatrix} \xrightarrow[\substack{r_2+2r_3 \\ r_4-r_1+2r_3}]{r_1+r_3} \begin{pmatrix} 1 & 2 & 4 & 0 \\ 0 & -5 & -2 & -3 \\ -2 & 0 & -1 & -3 \\ 0 & -5 & -4 & -1 \end{pmatrix}$$

$$\xrightarrow[r_4-r_2]{r_3+2r_1} \begin{pmatrix} 1 & 2 & 4 & 0 \\ 0 & -5 & -2 & -3 \\ 0 & 4 & 7 & -3 \\ 0 & 0 & -2 & 2 \end{pmatrix} \xrightarrow[r_4\times\left(-\frac{1}{2}\right)]{r_2+r_3} \begin{pmatrix} 1 & 2 & 4 & 0 \\ 0 & -1 & 5 & -6 \\ 0 & 4 & 7 & -3 \\ 0 & 0 & 1 & -1 \end{pmatrix}$$

$$\xrightarrow{r_3+4r_2} \begin{pmatrix} 1 & 2 & 4 & 0 \\ 0 & -1 & 5 & -6 \\ 0 & 0 & 27 & -27 \\ 0 & 0 & 1 & -1 \end{pmatrix} \xrightarrow[r_4-r_3]{r_3\times\frac{1}{27}} \begin{pmatrix} 1 & 2 & 4 & 0 \\ 0 & -1 & 5 & -6 \\ 0 & 0 & 1 & -1 \\ 0 & 0 & 0 & 0 \end{pmatrix},$$

因为 $R(\boldsymbol{A})=3$，小于向量组中所含向量个数，所以向量组 $\boldsymbol{\alpha}_1, \boldsymbol{\alpha}_2, \boldsymbol{\alpha}_3, \boldsymbol{\alpha}_4$ 线性相关. 从行阶梯形矩阵还可知，由向量组 $\boldsymbol{\alpha}_1, \boldsymbol{\alpha}_2, \boldsymbol{\alpha}_3$ 构成矩阵 $\boldsymbol{B}=(\boldsymbol{\alpha}_1, \boldsymbol{\alpha}_2, \boldsymbol{\alpha}_3)$ 的秩为 3，所以向量组 $\boldsymbol{\alpha}_1, \boldsymbol{\alpha}_2, \boldsymbol{\alpha}_3$ 线性无关；同理，向量组 $\boldsymbol{\alpha}_1, \boldsymbol{\alpha}_2, \boldsymbol{\alpha}_4$；$\boldsymbol{\alpha}_1, \boldsymbol{\alpha}_3, \boldsymbol{\alpha}_4$ 以及 $\boldsymbol{\alpha}_2, \boldsymbol{\alpha}_3, \boldsymbol{\alpha}_4$ 构成矩阵秩均为 3，所以它们都是线性无关向量组.

例 4.6　设向量组 $\boldsymbol{\alpha}_1, \boldsymbol{\alpha}_2, \boldsymbol{\alpha}_3$ 线性无关，$\boldsymbol{\beta}_1=\boldsymbol{\alpha}_1+\boldsymbol{\alpha}_2$，$\boldsymbol{\beta}_2=\boldsymbol{\alpha}_2+\boldsymbol{\alpha}_3$，$\boldsymbol{\beta}_3=\boldsymbol{\alpha}_3+\boldsymbol{\alpha}_1$，证明向量组 $\boldsymbol{\beta}_1, \boldsymbol{\beta}_2, \boldsymbol{\beta}_3$ 也线性无关.

证法 1　由定义 4.3，设有数 x_1, x_2, x_3 使

$$x_1\boldsymbol{\beta}_1+x_2\boldsymbol{\beta}_2+x_3\boldsymbol{\beta}_3=\boldsymbol{0},$$

即有

$$x_1(\boldsymbol{\alpha}_1+\boldsymbol{\alpha}_2)+x_2(\boldsymbol{\alpha}_2+\boldsymbol{\alpha}_3)+x_3(\boldsymbol{\alpha}_3+\boldsymbol{\alpha}_1)=\boldsymbol{0},$$

从而得

$$(x_1+x_3)\boldsymbol{\alpha}_1+(x_1+x_2)\boldsymbol{\alpha}_2+(x_2+x_3)\boldsymbol{\alpha}_3=\boldsymbol{0}.$$

因为 $\boldsymbol{\alpha}_1, \boldsymbol{\alpha}_2, \boldsymbol{\alpha}_3$ 线性无关，所以得

$$\begin{cases} x_1 \qquad\quad + x_3 = 0, \\ x_1 + x_2 \qquad\quad = 0, \\ \qquad\quad x_2 + x_3 = 0. \end{cases}$$

由于这个齐次线性方程组的系数矩阵行列式

$$\begin{vmatrix} 1 & 0 & 1 \\ 1 & 1 & 0 \\ 0 & 1 & 1 \end{vmatrix} = 2 \neq 0.$$

由克拉默法则知，方程组只有零解 $x_1 = x_2 = x_3 = 0$，所以向量组 $\boldsymbol{\beta}_1, \boldsymbol{\beta}_2, \boldsymbol{\beta}_3$ 线性无关.

证法 2 由题设可得

$$(\boldsymbol{\beta}_1, \boldsymbol{\beta}_2, \boldsymbol{\beta}_3) = (\boldsymbol{\alpha}_1, \boldsymbol{\alpha}_2, \boldsymbol{\alpha}_3)\begin{pmatrix} 1 & 0 & 1 \\ 1 & 1 & 0 \\ 0 & 1 & 1 \end{pmatrix},$$

记作 $\boldsymbol{B} = \boldsymbol{AK}$，$|\boldsymbol{K}| = 2 \neq 0$，$\boldsymbol{K}$是可逆阵. 由定理 3.4 的推论 1 知，$R(\boldsymbol{B}) = R(\boldsymbol{A})$，因为 $\boldsymbol{\alpha}_1, \boldsymbol{\alpha}_2, \boldsymbol{\alpha}_3$ 线性无关，得 $R(\boldsymbol{A}) = 3$，所以 $R(\boldsymbol{B}) = 3$. 由定理 4.2 知，$\boldsymbol{B}$ 的 3 个列向量线性无关，即 $\boldsymbol{\beta}_1, \boldsymbol{\beta}_2, \boldsymbol{\beta}_3$ 线性无关.

推论 1 n 个 n 维向量线性无关的充分必要条件是它所构成的方阵 $\boldsymbol{A}$ 的行列式 $|\boldsymbol{A}| \neq 0$；线性相关的充分必要条件是方阵 $\boldsymbol{A}$ 的行列式 $|\boldsymbol{A}| = 0$（比较定理 3.6 的推论 1）.

推论 2 当 $m > n$ 时，m 个 n 维向量必线性相关（比较定理 3.6 的推论 2）.

推论 2 说明：向量组的向量个数大于向量维数时，必线性相关. 特别地，任意 $n+1$个 n 维向量必线性相关.

推论 3 如果向量组 A：$\boldsymbol{\alpha}_1, \boldsymbol{\alpha}_2, \cdots, \boldsymbol{\alpha}_r$ 线性相关，则向量组 B：$\boldsymbol{\alpha}_1, \cdots, \boldsymbol{\alpha}_r, \boldsymbol{\alpha}_{r+1}, \cdots, \boldsymbol{\alpha}_m$ 也线性相关.

证明 设向量组 A 构成矩阵$\boldsymbol{A} = (\boldsymbol{\alpha}_1, \boldsymbol{\alpha}_2, \cdots, \boldsymbol{\alpha}_r)$，向量组 B 构成矩阵$\boldsymbol{B} = (\boldsymbol{\alpha}_1, \cdots, \boldsymbol{\alpha}_r, \boldsymbol{\alpha}_{r+1}, \cdots, \boldsymbol{\alpha}_m)$. 向量组 A 线性相关，则 $R(\boldsymbol{A}) < r$；记 $\boldsymbol{C} = (\boldsymbol{\alpha}_{r+1}, \cdots, \boldsymbol{\alpha}_m)$，则 $R(\boldsymbol{C}) \leqslant m - r$，由例 3.6，$R(\boldsymbol{A}, \boldsymbol{C}) \leqslant R(\boldsymbol{A}) + R(\boldsymbol{C})$，从而 $R(\boldsymbol{B}) < r + (m - r) = m$，所以向量组 B 也线性相关.

推论 3 说明：向量组的部分组线性相关，则向量组整体组也线性相关；反之，线性无关向量组的任意一个非空部分组仍是线性无关向量组.

推论 4 设 r 维向量组 A：

$$\boldsymbol{\alpha}_j = \begin{pmatrix} a_{1j} \\ a_{2j} \\ \vdots \\ a_{rj} \end{pmatrix} \quad (j = 1, 2, \cdots, m),$$

每个向量添上 $n-r$ 个分量，成为 n 维向量组 B：

$$\boldsymbol{\beta}_j=\begin{pmatrix}a_{1j}\\a_{2j}\\\vdots\\a_{rj}\\a_{r+1\,j}\\\vdots\\a_{nj}\end{pmatrix}\quad(j=1,\ 2,\ \cdots,\ m),$$

如果向量组 A 线性无关,则向量组 B 也线性无关.

证明 设向量组 A 构成 $r\times m$ 矩阵 $\boldsymbol{A}=(\boldsymbol{\alpha}_1,\ \boldsymbol{\alpha}_2,\ \cdots,\ \boldsymbol{\alpha}_m)$,向量组 B 构成 $n\times m$ 矩阵 $\boldsymbol{B}=(\boldsymbol{\beta}_1,\ \boldsymbol{\beta}_2,\ \cdots,\ \boldsymbol{\beta}_m)$. 有 $R(\boldsymbol{B})\geqslant R(\boldsymbol{A})$. 因向量组 A 线性无关,所以 $R(\boldsymbol{A})=m$,从而 $R(\boldsymbol{B})\geqslant m$;但 $R(\boldsymbol{B})\leqslant m$(因矩阵 $\boldsymbol{B}$ 只有 m 列),因此 $R(\boldsymbol{B})=m$,所以向量组 B 线性无关.

推论 4 说明:向量组线性无关,那么它的每一个向量延长相同维数后得到的延长向量组也线性无关;延长向量组线性无关,得不出原向量组线性无关的结论,但是,延长向量组线性相关,则原向量组也线性相关.

推论 5 设向量组 $\boldsymbol{\alpha}_1,\ \boldsymbol{\alpha}_2,\ \cdots,\ \boldsymbol{\alpha}_m$ 线性无关,而 $\boldsymbol{\alpha}_1,\ \boldsymbol{\alpha}_2,\ \cdots,\ \boldsymbol{\alpha}_m,\ \boldsymbol{\beta}$ 线性相关,则 $\boldsymbol{\beta}$ 可以由 $\boldsymbol{\alpha}_1,\ \boldsymbol{\alpha}_2,\ \cdots,\ \boldsymbol{\alpha}_m$ 线性表示,且表示式唯一.

证明 设 $\boldsymbol{\alpha}_1,\ \boldsymbol{\alpha}_2,\ \cdots,\ \boldsymbol{\alpha}_m$ 构成矩阵 $\boldsymbol{A}=(\boldsymbol{\alpha}_1,\ \boldsymbol{\alpha}_2,\ \cdots,\ \boldsymbol{\alpha}_m)$. 因 $\boldsymbol{\alpha}_1,\ \boldsymbol{\alpha}_2\cdots,\ \boldsymbol{\alpha}_m$ 线性无关,则 $R(\boldsymbol{A})=m$; $\boldsymbol{\alpha}_1,\ \boldsymbol{\alpha}_2,\ \cdots,\ \boldsymbol{\alpha}_m,\ \boldsymbol{\beta}$ 构成矩阵 $\bar{\boldsymbol{A}}=(\boldsymbol{\alpha}_1,\ \boldsymbol{\alpha}_2,\ \cdots,\ \boldsymbol{\alpha}_m,\ \boldsymbol{\beta})$,因 $\boldsymbol{\alpha}_1,\ \boldsymbol{\alpha}_2,\ \cdots,\ \boldsymbol{\alpha}_m,\ \boldsymbol{\beta}$ 线性相关,则 $R(\bar{\boldsymbol{A}})<m+1$,又 $\boldsymbol{A}$ 是 $\bar{\boldsymbol{A}}$ 的一部分,有 $m=R(\boldsymbol{A})\leqslant R(\bar{\boldsymbol{A}})<m+1$,从而 $R(\boldsymbol{A})=R(\bar{\boldsymbol{A}})=m$. 考虑线性方程组

$$(\boldsymbol{\alpha}_1,\ \boldsymbol{\alpha}_2,\ \cdots,\ \boldsymbol{\alpha}_m)\begin{pmatrix}x_1\\x_2\\\vdots\\x_m\end{pmatrix}=\boldsymbol{\beta}\quad(\text{即 }\boldsymbol{A}\boldsymbol{x}=\boldsymbol{\beta}),$$

由定理 3.5 知,该线性方程组有解,且解唯一,即 $\boldsymbol{\beta}$ 可以由 $\boldsymbol{\alpha}_1,\ \boldsymbol{\alpha}_2,\ \cdots,\ \boldsymbol{\alpha}_m$ 线性表示,且表示式唯一.

4.3 向量组的秩

4.3.1 向量组的等价

下面讨论两个向量组之间的等价关系.

设有两个向量组

$$A:\ \boldsymbol{\alpha}_1,\ \boldsymbol{\alpha}_2,\ \cdots,\ \boldsymbol{\alpha}_r;$$

$$B: \boldsymbol{\beta}_1, \boldsymbol{\beta}_2, \cdots, \boldsymbol{\beta}_s.$$

定义 4.4 如果向量组 A 中每一个向量都能由向量组 B 线性表示，则称**向量组 A 可以由向量组 B 线性表示**；如果向量组 A 可以由向量组 B 线性表示，同时向量组 B 也可以由向量组 A 线性表示，则称**向量组 A 与向量组 B 等价**.

向量组 A 可以由向量组 B 线性表示，也就是存在一组数 k_{ij} $(i=1, 2, \cdots, s; j=1, 2, \cdots, r)$，使

$$\begin{aligned}\boldsymbol{\alpha}_j &= k_{1j}\boldsymbol{\beta}_1 + k_{2j}\boldsymbol{\beta}_2 + \cdots + k_{sj}\boldsymbol{\beta}_s \\ &= (\boldsymbol{\beta}_1, \boldsymbol{\beta}_2, \cdots, \boldsymbol{\beta}_s)\begin{pmatrix} k_{1j} \\ k_{2j} \\ \vdots \\ k_{sj} \end{pmatrix} \quad (j=1, 2, \cdots, r),\end{aligned}$$

记

$$\boldsymbol{A} = (\boldsymbol{\alpha}_1, \boldsymbol{\alpha}_2, \cdots, \boldsymbol{\alpha}_r), \quad \boldsymbol{B} = (\boldsymbol{\beta}_1, \boldsymbol{\beta}_2, \cdots, \boldsymbol{\beta}_s),$$

且记

$$\boldsymbol{K} = \begin{pmatrix} k_{11} & k_{12} & \cdots & k_{1r} \\ k_{21} & k_{22} & \cdots & k_{2r} \\ \vdots & \vdots & & \vdots \\ k_{s1} & k_{s2} & \cdots & k_{sr} \end{pmatrix}_{s\times r},$$

可得

$$(\boldsymbol{\alpha}_1, \boldsymbol{\alpha}_2, \cdots, \boldsymbol{\alpha}_r) = (\boldsymbol{\beta}_1, \boldsymbol{\beta}_2, \cdots, \boldsymbol{\beta}_s)\begin{pmatrix} k_{11} & k_{12} & \cdots & k_{1r} \\ k_{21} & k_{22} & \cdots & k_{2r} \\ \vdots & \vdots & & \vdots \\ k_{s1} & k_{s2} & \cdots & k_{sr} \end{pmatrix}.$$

由此可知，向量组 A 可由向量组 B 线性表示，那就是存在 $s\times r$ 矩阵 $\boldsymbol{K}$，使 $\boldsymbol{A} = \boldsymbol{BK}$，称 $\boldsymbol{K}$ 为表示式的系数矩阵.

另一方面，如果矩阵 $\boldsymbol{C}=\boldsymbol{AB}$，即

$$(\boldsymbol{c}_1, \boldsymbol{c}_2, \cdots, \boldsymbol{c}_n) = (\boldsymbol{a}_1, \boldsymbol{a}_2, \cdots, \boldsymbol{a}_s)\begin{pmatrix} b_{11} & b_{12} & \cdots & b_{1n} \\ b_{21} & b_{22} & \cdots & b_{2n} \\ \vdots & \vdots & & \vdots \\ b_{s1} & b_{s2} & \cdots & b_{sn} \end{pmatrix}.$$

就是矩阵 $\boldsymbol{C}$ 的列向量组可由矩阵 $\boldsymbol{A}$ 的列向量组线性表示，矩阵 $\boldsymbol{B}$ 为表示式的系数矩阵. 对行向量组也有类似讨论.

向量组的等价具有以下性质：

(1) **反身性**　A 组与 A 组等价；

(2) **对称性**　如果 A 组与 B 组等价，则 B 组与 A 组等价；

(3) **传递性**　如果 A 组与 B 组等价，B 组与 C 组等价，则 A 组与 C 组等价.

由定义 4.4，向量组 A 可由向量组 B 线性表示，就是存在矩阵 $\boldsymbol{K}$，使 $\boldsymbol{A}=\boldsymbol{BK}$，可得如下结论：

定理 4.3　如果向量组 A：$\boldsymbol{\alpha}_1, \boldsymbol{\alpha}_2, \cdots, \boldsymbol{\alpha}_r$ 可由向量组 B：$\boldsymbol{\beta}_1, \boldsymbol{\beta}_2, \cdots, \boldsymbol{\beta}_s$ 线性表示，则矩阵 $\boldsymbol{A}=(\boldsymbol{\alpha}_1, \boldsymbol{\alpha}_2, \cdots, \boldsymbol{\alpha}_r)$ 的秩不大于矩阵 $\boldsymbol{B}=(\boldsymbol{\beta}_1, \boldsymbol{\beta}_2, \cdots, \boldsymbol{\beta}_s)$ 的秩，即 $R(\boldsymbol{A}) \leqslant R(\boldsymbol{B})$.

由定理 3.4 推论 2 即可证得定理 4.3.

推论　等价的线性无关向量组所含向量个数相等.

证明　设向量组 A：$\boldsymbol{\alpha}_1, \boldsymbol{\alpha}_2, \cdots, \boldsymbol{\alpha}_r$ 与向量组 B：$\boldsymbol{\beta}_1, \boldsymbol{\beta}_2, \cdots, \boldsymbol{\beta}_s$ 等价，且都线性无关. 向量组 A 可由 B 线性表示，由定理 4.2 和定理 4.3 得

$$r = R(\boldsymbol{A}) \leqslant R(\boldsymbol{B}) = s.$$

向量组 B 又可由向量组 A 线性表示，同理得

$$s = R(\boldsymbol{B}) \leqslant R(\boldsymbol{A}) = r.$$

从而 $r=s$.

4.3.2　向量组的秩

定义 4.5　设有向量组 A，如果在 A 中有 r 个向量 $\boldsymbol{\alpha}_1, \boldsymbol{\alpha}_2, \cdots, \boldsymbol{\alpha}_r$ 满足

(1) 向量组 A_0：$\boldsymbol{\alpha}_1, \boldsymbol{\alpha}_2, \cdots, \boldsymbol{\alpha}_r$ 线性无关；

(2) 向量组 A 中任意 $r+1$ 个向量（如果存在的话）线性相关，

则称向量组 A 的一个**最大线性无关组**，简称**最大无关组**.

向量组的最大无关组并不一定是唯一的.

例 4.7　设有向量组 A：

$$\boldsymbol{\alpha}_1 = \begin{pmatrix} 2 \\ 4 \\ -2 \\ 5 \end{pmatrix}, \quad \boldsymbol{\alpha}_2 = \begin{pmatrix} 2 \\ -5 \\ 0 \\ -3 \end{pmatrix}, \quad \boldsymbol{\alpha}_3 = \begin{pmatrix} 5 \\ 0 \\ -1 \\ 2 \end{pmatrix}, \quad \boldsymbol{\alpha}_4 = \begin{pmatrix} 3 \\ 3 \\ -3 \\ 5 \end{pmatrix},$$

试求向量组的一个最大无关组.

解　由例 4.5 知，向量组 A 线性相关；向量组 A_0：$\boldsymbol{\alpha}_1, \boldsymbol{\alpha}_2, \boldsymbol{\alpha}_3$ 线性无关，所以 A_0 是 A 的一个最大无关组.

又因为向量组 A 中任意 3 个向量都线性无关，所以 A 中任意 3 个向量都是 A 的最大无关组.

例 4.8　设 n 维向量的全体

$$\mathbf{R}^n = \left\{ \boldsymbol{\alpha} = \begin{pmatrix} x_1 \\ x_2 \\ \vdots \\ x_n \end{pmatrix} \middle| x_1, x_2, \cdots, x_n \in \mathbf{R} \right\},$$

由例 4.4,n 维基本单位向量组 $\boldsymbol{\varepsilon}_1, \boldsymbol{\varepsilon}_2, \cdots, \boldsymbol{\varepsilon}_n$ 线性无关. 由定理 4.2 的推论 2 知,任意 $n+1$ 个 n 维向量线性相关. 所以 $\boldsymbol{\varepsilon}_1, \boldsymbol{\varepsilon}_2, \cdots, \boldsymbol{\varepsilon}_n$ 是 $\mathbf{R}^n$ 的一个最大无关组. 实际上,任意 n 个 n 维向量 $\boldsymbol{\alpha}_1, \boldsymbol{\alpha}_2, \cdots, \boldsymbol{\alpha}_n$,只要线性无关,就是 $\mathbf{R}^n$ 的一个最大无关组.

向量组 A 与其任意一个最大无关组 A_0 等价. 这是因为 A_0 是 A 的一部分,A_0 总可由 A 表示;而任一向量 $\boldsymbol{\alpha} \in A$,由定义 4.5 和定理 4.2 的推论 5 知,$\boldsymbol{\alpha}$ 总可由 A_0 表示,而 A 可由 A_0 表示,所示 A 与 A_0 等价.

由向量组等价的传递性可知,向量组 A 的任意两个最大无关组等价;根据定理 4.3 的推论,向量组 A 的任意两个最大无关组所含向量个数相等. 由此可见,向量组的最大无关组所含向量个数是唯一确定的.

定义 4.6 向量组 $\boldsymbol{A}$ 的最大无关组所含向量个数,称为这个**向量组的秩**,记作 R_A.

只含零向量的向量组,没有最大无关组,规定它的秩为零.

线性无关向量组的最大无关组就是它本身,所以它的秩就等于这个无关组所含向量个数.

例 4.7 中的向量组的秩为 3;例 4.8 中 n 维向量的全体 $\mathbf{R}^n$ 的秩为 n.

推论 设向量组 A_0:$\boldsymbol{\alpha}_1, \boldsymbol{\alpha}_2, \cdots, \boldsymbol{\alpha}_r$ 是向量组 A 的一个部分组,且满足

(1) 向量组 A_0 线性无关;

(2) 向量组 A 可由 A_0 线性表示,

则向量组 A_0 就是向量组 A 的一个最大无关组.

证明 只要证 A 中任意 $r+1$ 个向量线性相关.

设向量组 B:$\boldsymbol{\beta}_1, \boldsymbol{\beta}_2, \cdots, \boldsymbol{\beta}_{r+1}$ 是向量组 A 中任意 $r+1$ 个向量,由条件(2)可知,向量组 B 可由向量组 A_0 线性表示,由定理 4.3 得 $R(\boldsymbol{\beta}_1, \boldsymbol{\beta}_2, \cdots, \boldsymbol{\beta}_{r+1}) \leqslant R(\boldsymbol{\alpha}_1, \boldsymbol{\alpha}_2, \cdots, \boldsymbol{\alpha}_r) = r < r+1$,由定理 4.2 知,向量组 B 线性相关.

这个推论可以看作向量组的最大无关组的等价定义,在以后的讨论中用.

例 4.9 证明等价的向量组秩相等.

证明 设向量组 A 与向量组 B 等价. 向量组 A_0 是向量组 A 的一个最大无关组,它所含向量个数为 s;向量组 B_0 是向量组 B 的一个最大无关组,它所含向量个数为 t. 向量组 A_0 与向量组 A 等价,向量组 A 与向量组 B 等价,向量组 B 与向量组 B_0 等价,由向量组等价的传递性可知,向量组 A_0 与向量组 B_0 等价,由定理 4.3 的推论知 $s = t$,即 $R_A = R_B$.

定理 4.4 矩阵的秩等于它的列向量组的秩,也等于它的行向量组的秩.

证明　设 $\boldsymbol{A}=(\boldsymbol{\alpha}_1, \boldsymbol{\alpha}_2, \cdots, \boldsymbol{\alpha}_m)$, $R(\boldsymbol{A})=r$,并设矩阵 $\boldsymbol{A}$ 的最高阶非零子式为 D_r. 根据定理 4.2 知,D_r 所在的 r 个列向量构成矩阵秩等于 r,所以线性无关;又由 $\boldsymbol{A}$ 中所有 $r+1$ 阶子式均为零知,$\boldsymbol{A}$ 中任意 $r+1$ 个列向量构成矩阵秩小于 $r+1$,所以都线性相关. 因此 D_r 所在的 r 个列向量是 $\boldsymbol{A}$ 的列向量组的一个最大无关组,列向量组的秩等于 $r=R(\boldsymbol{A})$.

类似可证矩阵 $\boldsymbol{A}$ 的行向量组的秩也等于 $R(\boldsymbol{A})$.

由定理 4.4 的证明可以知道,设矩阵 $\boldsymbol{A}$ 中有一个 r 阶子式 D_r 不等于零,则 $\boldsymbol{A}$ 中 D_r 所在的 r 个列(行)向量线性无关;$\boldsymbol{A}$ 中所有 $r+1$ 子式全等于零,则 $\boldsymbol{A}$ 中任意 $r+1$ 个列(行)向量线性相关. 从而矩阵 $\boldsymbol{A}$ 中最高阶非零子式所在的列(行)向量组是 $\boldsymbol{A}$ 的列(行)向量组的一个最大无关组.

我们有时把矩阵 $\boldsymbol{A}$ 的秩与向量组 A 的秩都记作 $R(\boldsymbol{A})=R(\boldsymbol{\alpha}_1, \boldsymbol{\alpha}_2, \cdots, \boldsymbol{\alpha}_m)=R_A$.

推论　设向量组 A 满足以下条件:

(1) A 中有 r 个向量 $\boldsymbol{\alpha}_1, \boldsymbol{\alpha}_2, \cdots, \boldsymbol{\alpha}_r$ 线性无关;

(2) 任取 $\boldsymbol{\alpha}\in A$, $\boldsymbol{\alpha}$ 能由 $\boldsymbol{\alpha}_1, \boldsymbol{\alpha}_2, \cdots, \boldsymbol{\alpha}_r$ 线性表示,

则 $\boldsymbol{\alpha}_1, \boldsymbol{\alpha}_2, \cdots, \boldsymbol{\alpha}_r$ 是向量组 A 的一个最大无关组.

证明　只要证 A 中任意 $r+1$ 个向量线性相关.

设向量组 B:$\boldsymbol{\beta}_1, \boldsymbol{\beta}_2, \cdots, \boldsymbol{\beta}_{r+1}$ 是向量组 A 中任意 $r+1$ 个向量,由条件(2)知,向量组 B:$\boldsymbol{\beta}_1, \boldsymbol{\beta}_2, \cdots, \boldsymbol{\beta}_{r+1}$ 可由向量组 A_0:$\boldsymbol{\alpha}_1, \boldsymbol{\alpha}_2, \cdots, \boldsymbol{\alpha}_r$ 线性表示,由定理 4.3 得 $R(\boldsymbol{\beta}_1, \boldsymbol{\beta}_2, \cdots, \boldsymbol{\beta}_{r+1})\leqslant R(\boldsymbol{\alpha}_1, \boldsymbol{\alpha}_2, \cdots, \boldsymbol{\alpha}_r)=r<r+1$,由定理 4.2 知,向量组 $\boldsymbol{B}$ 线性相关.

这个推论可看成向量组的最大无关组定义 4.5 的等价定义,在以后的讨论中常用到.

由定理 4.4 知,要求向量组的一个最大无关组,就是要求向量组构成矩阵的一个最高阶非零子式,计算量较大. 下面介绍用矩阵的行初等变换解决问题的方法.

定理 4.5　如果矩阵 $\boldsymbol{A}$ 经有限次行(列)初等变换变到矩阵 $\boldsymbol{B}$,则 $\boldsymbol{A}$ 的任意 r 个列(行)向量与 $\boldsymbol{B}$ 的对应的 r 个列(行)向量有相同的线性相关性.

证明　记 $\boldsymbol{A}=(\boldsymbol{\alpha}_1, \boldsymbol{\alpha}_2, \cdots, \boldsymbol{\alpha}_n)$, $\boldsymbol{B}=(\boldsymbol{\beta}_1, \boldsymbol{\beta}_2, \cdots, \boldsymbol{\beta}_n)$. $\boldsymbol{A}$ 经行初等变换化为矩阵 $\boldsymbol{B}$,即存在可逆阵 $\boldsymbol{P}$,使 $\boldsymbol{PA}=\boldsymbol{B}$,从而 $\boldsymbol{A}=\boldsymbol{P}^{-1}\boldsymbol{B}$,于是线性方程组 $\boldsymbol{Ax}=\boldsymbol{0}$ 与 $\boldsymbol{Bx}=\boldsymbol{0}$ 是同解的线性方程组,即如果 $\boldsymbol{A}$ 的列向量组满足向量等式

$$k_1\boldsymbol{\alpha}_1+k_2\boldsymbol{\alpha}_2+\cdots+k_n\boldsymbol{\alpha}_n=(\boldsymbol{\alpha}_1, \boldsymbol{\alpha}_2, \cdots, \boldsymbol{\alpha}_n)\begin{pmatrix}k_1\\k_2\\\vdots\\k_n\end{pmatrix}=\boldsymbol{0},$$

于是 $\boldsymbol{B}$ 的列向量组也满足向量等式

$$k_1\boldsymbol{\beta}_1+k_2\boldsymbol{\beta}_2+\cdots+k_n\boldsymbol{\beta}_n=(\boldsymbol{\beta}_1,\boldsymbol{\beta}_2,\cdots,\boldsymbol{\beta}_n)\begin{pmatrix}k_1\\k_2\\\vdots\\k_n\end{pmatrix}=\boldsymbol{P}(\boldsymbol{\alpha}_1,\boldsymbol{\alpha}_2,\cdots,\boldsymbol{\alpha}_n)\begin{pmatrix}k_1\\k_2\\\vdots\\k_n\end{pmatrix}=\boldsymbol{0}.$$

反之也成立,因此矩阵 $\boldsymbol{B}$ 与 $\boldsymbol{A}$ 的列向量组线性相关性相同.

由定理 4.5 知,行等价矩阵对应的列向量组的线性相关性相同. 即对 $\boldsymbol{A}$ 施以有限次行初等变换化成矩阵 $\boldsymbol{B}$ 时,$\boldsymbol{A}$ 的列向量组的线性相关组变到 $\boldsymbol{B}$ 的对应的列向量组的线性相关组,$\boldsymbol{A}$ 的列向量组的最大无关组变到 $\boldsymbol{B}$ 的对应的列向量组的最大无关组,从而 $\boldsymbol{B}$ 的列向量组的线性关系式就是 $\boldsymbol{A}$ 的对应列向量组的线性关系式.

可以对 $\boldsymbol{A}$ 施以行初等变换,把 $\boldsymbol{A}$ 化为行阶梯形的矩阵以及行最简形矩阵来求 $\boldsymbol{A}$ 的列向量组的秩、列向量组的最大无关组以及各列向量之间的线性关系式.

例 4.10 求向量组

$$\boldsymbol{\alpha}_1=\begin{pmatrix}2\\2\\1\end{pmatrix},\quad \boldsymbol{\alpha}_2=\begin{pmatrix}-3\\12\\3\end{pmatrix},\quad \boldsymbol{\alpha}_3=\begin{pmatrix}8\\-2\\1\end{pmatrix},\quad \boldsymbol{\alpha}_4=\begin{pmatrix}2\\12\\4\end{pmatrix}$$

的最大无关组,并用此最大无关组线性表示其他向量.

解 设 $\boldsymbol{\alpha}_1,\boldsymbol{\alpha}_2,\boldsymbol{\alpha}_3,\boldsymbol{\alpha}_4$ 构成矩阵 $\boldsymbol{A}=(\boldsymbol{\alpha}_1,\boldsymbol{\alpha}_2,\boldsymbol{\alpha}_3,\boldsymbol{\alpha}_4)$,对 $\boldsymbol{A}$ 施以行初等变换,化为行最简形矩阵可得

$$\boldsymbol{A}=\underset{\boldsymbol{\alpha}_1\quad\boldsymbol{\alpha}_2\quad\boldsymbol{\alpha}_3\quad\boldsymbol{\alpha}_4}{\begin{pmatrix}2&-3&8&2\\2&12&-2&12\\1&3&1&4\end{pmatrix}}\xrightarrow[\substack{r_2-2r_1\\r_3-2r_1}]{r_1\leftrightarrow r_3}\begin{pmatrix}1&3&1&4\\0&6&-4&4\\0&-9&6&-6\end{pmatrix}$$

$$\xrightarrow{r_3+\frac{3}{2}r_2}\begin{pmatrix}1&3&1&4\\0&6&-4&4\\0&0&0&0\end{pmatrix}\xrightarrow[r_2-3r_2]{r_2\times\frac{1}{6}}\underset{\boldsymbol{\beta}_1\quad\boldsymbol{\beta}_2\quad\boldsymbol{\beta}_3\quad\boldsymbol{\beta}_4}{\begin{pmatrix}1&0&3&2\\0&1&-\frac{2}{3}&\frac{2}{3}\\0&0&0&0\end{pmatrix}}=\boldsymbol{R}.$$

在矩阵 $\boldsymbol{R}$ 中 $\boldsymbol{\beta}_1,\boldsymbol{\beta}_2$ 是列向量组的最大无关组,且

$$\boldsymbol{\beta}_3=3\boldsymbol{\beta}_1-\frac{2}{3}\boldsymbol{\beta}_2,$$

$$\boldsymbol{\beta}_4=2\boldsymbol{\beta}_1+\frac{2}{3}\boldsymbol{\beta}_2,$$

所以 $\boldsymbol{A}$ 的列向量组中对应 $\boldsymbol{\alpha}_1$，$\boldsymbol{\alpha}_2$ 是最大无关组，且有类似的线性关系式：

$$\boldsymbol{\alpha}_3 = 3\boldsymbol{\alpha}_1 - \frac{2}{3}\boldsymbol{\alpha}_2,$$

$$\boldsymbol{\alpha}_4 = 2\boldsymbol{\alpha}_1 + \frac{2}{3}\boldsymbol{\alpha}_2.$$

4.4 线性方程组解的结构

第 3 章我们用矩阵的初等变换法讨论了线性方程组有解的充分必要条件和求解的方法，这一节我们用向量组的线性相关性理论讨论线性方程组解的结构.

4.4.1 齐次线性方程组 $\boldsymbol{Ax}=\boldsymbol{0}$ 的基础解系

设 $\boldsymbol{A}$ 为 $m\times n$ 矩阵，n 元齐次线性方程组

$$\boldsymbol{Ax}=\boldsymbol{0}$$

的解具有以下两个性质.

性质 1 如果 $\boldsymbol{\xi}_1$，$\boldsymbol{\xi}_2$ 是齐次线性方程组的解，则 $\boldsymbol{\xi}_1+\boldsymbol{\xi}_2$ 也是齐次线性方程组的解.

证明 因为 $\boldsymbol{A}(\boldsymbol{\xi}_1+\boldsymbol{\xi}_2)=\boldsymbol{A\xi}_1+\boldsymbol{A\xi}_2=\boldsymbol{0}+\boldsymbol{0}=\boldsymbol{0}$，所以 $\boldsymbol{\xi}_1+\boldsymbol{\xi}_2$ 是齐次线性方程组的解.

性质 2 如果 $\boldsymbol{\xi}_1$ 是齐次线性方程组的解，λ 是数，则 $\lambda\boldsymbol{\xi}_1$ 也是齐次线性方程组的解.

证明 因为 $\boldsymbol{A}(\lambda\boldsymbol{\xi}_1)=\lambda(\boldsymbol{A\xi}_1)=\boldsymbol{0}$，所以 $\lambda\boldsymbol{\xi}_1$ 是齐次线性方程组的解.

性质 1 和性质 2 说明，如果 $\boldsymbol{\xi}_1$，$\boldsymbol{\xi}_2$，…，$\boldsymbol{\xi}_t$ 是齐次线性方程组的解，则它们的线性组合

$$\lambda_1\boldsymbol{\xi}_1+\lambda_2\boldsymbol{\xi}_2+\cdots+\lambda_t\boldsymbol{\xi}_t \quad (\lambda_1, \lambda_2, \cdots, \lambda_t \in \mathbf{R})$$

仍是齐次线性方程组的解.

把齐次线性方程组全体解的集合记作 $S=\left\{\boldsymbol{x}\,\middle|\,\boldsymbol{Ax}=\boldsymbol{0}\right\}$，如果能求得解集合 S 的一个最大无关组 $\boldsymbol{\xi}_1$，$\boldsymbol{\xi}_2$，…，$\boldsymbol{\xi}_t$，那么齐次线性方程组的任一解 $\boldsymbol{x}\in S$ 可由这个最大无关组线性表示成

$$\boldsymbol{x}=k_1\boldsymbol{\xi}_1+k_2\boldsymbol{\xi}_2+\cdots+k_t\boldsymbol{\xi}_t \quad (k_1, k_2, \cdots, k_t \in \mathbf{R}),$$

它包含了齐次线性方程组的全部解，称之为**通解**.

齐次线性方程组解集合 S 的一个最大无关组又称为这个齐次线性方程组的一个**基础解系**. 显然，基础解系不是唯一的，但基础解系中所含向量个数是唯一

确定的.

下面给出求基础解系的一种方法.

设 n 元齐次线性方程组的系数矩阵 $\boldsymbol{A}$ 为 $m\times n$ 矩阵, $R(\boldsymbol{A})=r$. 且不妨设 $\boldsymbol{A}$ 的前 r 个列向量线性无关, 对 $\boldsymbol{A}$ 施以行初等变换, 化为行最简形矩阵

$$\boldsymbol{B}=\begin{pmatrix} 1 & 0 & \cdots & 0 & b_{11} & b_{12} & \cdots & b_{1\,n-r} \\ 0 & 1 & \cdots & 0 & b_{21} & b_{22} & \cdots & b_{2\,n-r} \\ \vdots & \vdots & & \vdots & \vdots & \vdots & & \vdots \\ 0 & 0 & \cdots & 1 & b_{r1} & b_{r2} & \cdots & b_{r\,n-r} \\ 0 & 0 & \cdots & 0 & 0 & 0 & \cdots & 0 \\ \vdots & \vdots & & \vdots & \vdots & \vdots & & \vdots \\ 0 & 0 & \cdots & 0 & 0 & 0 & \cdots & 0 \end{pmatrix}.$$

$\boldsymbol{B}$ 所对应的线性方程组为

$$\begin{cases} x_1 \quad\quad + b_{11}x_{r+1} + b_{12}x_{r+2} + \cdots + b_{1\,n-r}x_n = 0, \\ \quad x_2 \quad + b_{21}x_{r+1} + b_{22}x_{r+2} + \cdots + b_{2\,n-r}x_n = 0, \\ \qquad\qquad\qquad \vdots \\ \qquad x_r + b_{r1}x_{r+1} + b_{r2}x_{r+2} + \cdots + b_{r\,n-r}x_n = 0. \end{cases} \quad (*)$$

取 $x_{r+1}, x_{r+2}, \cdots, x_n$ 为 $n-r$ 个自由未知数. 特别取

$$\begin{pmatrix} x_{r+1} \\ x_{r+2} \\ \vdots \\ x_n \end{pmatrix}=\begin{pmatrix} 1 \\ 0 \\ \vdots \\ 0 \end{pmatrix}, \begin{pmatrix} 0 \\ 1 \\ \vdots \\ 0 \end{pmatrix}, \cdots, \begin{pmatrix} 0 \\ 0 \\ \vdots \\ 1 \end{pmatrix},$$

可得齐次线性方程组的 $n-r$ 个解

$$\boldsymbol{\xi}_1=\begin{pmatrix} -b_{11} \\ -b_{21} \\ \vdots \\ -b_{r1} \\ 1 \\ 0 \\ \vdots \\ 0 \end{pmatrix}, \boldsymbol{\xi}_2=\begin{pmatrix} -b_{12} \\ -b_{22} \\ \vdots \\ -b_{r2} \\ 0 \\ 1 \\ \vdots \\ 0 \end{pmatrix}, \cdots, \boldsymbol{\xi}_{n-r}=\begin{pmatrix} -b_{1\,n-r} \\ -b_{2\,n-r} \\ \vdots \\ -b_{r\,n-r} \\ 0 \\ 0 \\ \vdots \\ 1 \end{pmatrix}.$$

下面证明 $\boldsymbol{\xi}_1, \boldsymbol{\xi}_2, \cdots, \boldsymbol{\xi}_{n-r}$ 是齐次线性方程组的一个基础解系.

(1) $\boldsymbol{\xi}_1, \boldsymbol{\xi}_2, \cdots, \boldsymbol{\xi}_{n-r}$ 线性无关. 这是因为 $\boldsymbol{\xi}_1, \boldsymbol{\xi}_2, \cdots, \boldsymbol{\xi}_{n-r}$ 后 $n-r$ 个分量组成 $n-r$ 个 $n-r$ 维基本单位向量

$$\boldsymbol{\varepsilon}_1 = \begin{pmatrix} 1 \\ 0 \\ \vdots \\ 0 \end{pmatrix}, \boldsymbol{\varepsilon}_2 = \begin{pmatrix} 0 \\ 1 \\ \vdots \\ 0 \end{pmatrix}, \cdots, \boldsymbol{\varepsilon}_{n-r} = \begin{pmatrix} 0 \\ 0 \\ \vdots \\ 1 \end{pmatrix}$$

线性无关，由定理 4.2 的推论 4 知 $\boldsymbol{\xi}_1, \boldsymbol{\xi}_2, \cdots, \boldsymbol{\xi}_{n-r}$线性无关.

(2) 齐次线性方程组的任一解 $\boldsymbol{\xi}$ 可由 $\boldsymbol{\xi}_1, \boldsymbol{\xi}_2, \cdots, \boldsymbol{\xi}_{n-r}$线性表示. 不妨设

$$\boldsymbol{x} = \boldsymbol{\xi} = \begin{pmatrix} \lambda_1 \\ \vdots \\ \lambda_r \\ \lambda_{r+1} \\ \vdots \\ \lambda_n \end{pmatrix}$$

是齐次线性方程组的任一解. 作向量

$$\boldsymbol{\eta} = \lambda_{r+1}\boldsymbol{\xi}_1 + \lambda_{r+2}\boldsymbol{\xi}_2 + \cdots + \lambda_n\boldsymbol{\xi}_{n-r},$$

由于 $\boldsymbol{\xi}_1, \boldsymbol{\xi}_2, \cdots, \boldsymbol{\xi}_{n-r}$是方程组的解，故 $\boldsymbol{\eta}$ 也是方程组的解. 比较 $\boldsymbol{\eta}$ 与 $\boldsymbol{\xi}$，它们的后 $n-r$ 个分量对应相等，可知它们的前 r 个分量也必对应相等（方程组（$*$）表明 $\boldsymbol{Ax} = \boldsymbol{0}$ 的任一解的前 r 个分量由后 $n-r$ 个分量唯一确定），因此 $\boldsymbol{\xi} = \boldsymbol{\eta}$，即

$$\boldsymbol{x} = \boldsymbol{\xi} = \lambda_{r+1}\boldsymbol{\xi}_1 + \lambda_{r+2}\boldsymbol{\xi}_2 + \cdots + \lambda_n\boldsymbol{\xi}_{n-r}.$$

综合(1)，(2)知 $\boldsymbol{\xi}_1, \boldsymbol{\xi}_2, \cdots, \boldsymbol{\xi}_{n-r}$是齐次线性方程组的一个基础解系，它所含线性无关的解向量的个数恰等于 $n-r$（方程组中未知数个数减去系数矩阵的秩）. 由此得下列结论.

定理 4.6 设 $m\times n$ 矩阵 $\boldsymbol{A}$ 的秩 $R(\boldsymbol{A})=r$，则 n 元齐次线性方程组 $\boldsymbol{Ax}=\boldsymbol{0}$ 的解集合 S 的秩 $R_s=n-r$（方程组中未知数的个数减去系数矩阵的秩）.

上面的叙述过程就是求齐次线性方程组的基础解系的过程.

例 4.11 求齐次线性方程组

$$\begin{cases} x_1 - x_2 + 5x_3 - x_4 = 0, \\ x_1 + x_2 - 2x_3 + 3x_4 = 0, \\ 3x_1 - x_2 + 8x_3 + x_4 = 0, \\ x_1 + 3x_2 - 9x_3 + 7x_4 = 0 \end{cases}$$

的基础解系.

解 对系数矩阵 $\boldsymbol{A}$ 施以行初等变换，化矩阵 $\boldsymbol{A}$ 为行最简形矩阵.

$$A=\begin{pmatrix}1&-1&5&-1\\1&1&-2&3\\3&-1&8&1\\1&3&-9&7\end{pmatrix}\xrightarrow[r_4-r_1]{\substack{r_2-r_1\\r_3-3r_1}}\begin{pmatrix}1&-1&5&-1\\0&2&-7&4\\0&2&-7&4\\0&4&-14&8\end{pmatrix}$$

$$\xrightarrow[r_3-r_2]{r_4-2r_2}\begin{pmatrix}1&-1&5&-1\\0&2&-7&4\\0&0&0&0\\0&0&0&0\end{pmatrix}\xrightarrow[r_1+r_2]{r_2\times\frac{1}{2}}\begin{pmatrix}1&0&\frac{3}{2}&1\\0&1&-\frac{7}{2}&2\\0&0&0&0\\0&0&0&0\end{pmatrix}.$$

知 $R(\boldsymbol{A})=2<4$. 基础解系由两个线性无关的解构成. 原方程组的同解线性方程组为

$$\begin{cases}x_1\quad+\frac{3}{2}x_3+\ x_4=0,\\ \quad x_2-\frac{7}{2}x_3+2x_4=0.\end{cases}$$

分别取 $\begin{pmatrix}x_3\\x_4\end{pmatrix}=\begin{pmatrix}2\\0\end{pmatrix}\begin{pmatrix}0\\1\end{pmatrix}$代入上式,得$\begin{pmatrix}x_1\\x_2\end{pmatrix}=\begin{pmatrix}-3\\7\end{pmatrix},\begin{pmatrix}-1\\-2\end{pmatrix}$,合在一起得齐次线性方程组的基础解系

$$\boldsymbol{\xi}_1=\begin{pmatrix}-3\\7\\2\\0\end{pmatrix},\quad \boldsymbol{\xi}_2=\begin{pmatrix}-1\\-2\\0\\1\end{pmatrix}.$$

从而方程组的通解为

$$\begin{pmatrix}x_1\\x_2\\x_3\\x_4\end{pmatrix}=k_1\begin{pmatrix}-3\\7\\2\\0\end{pmatrix}+k_2\begin{pmatrix}-1\\-2\\0\\1\end{pmatrix}\quad(k_1,\ k_2\in\mathbf{R}).$$

这是一个先求齐次线性方程组的一个基础解系,再写出通解的过程. 当然我们也可以用第 3 章中所介绍的方法,先求出通解(向量式),通解中的向量组也正是 $\boldsymbol{Ax}=\boldsymbol{0}$ 的一个基础解系. 两种方法都可以,参见例 3.13.

例 4.12 设 $\boldsymbol{A}_{m\times n}\boldsymbol{B}_{n\times l}=\boldsymbol{O}$,证明 $R(\boldsymbol{A})+R(\boldsymbol{B})\leqslant n$.

证明 记 $\boldsymbol{B}=(\boldsymbol{\beta}_1,\boldsymbol{\beta}_2,\cdots,\boldsymbol{\beta}_l)$,则

$$\boldsymbol{A}(\boldsymbol{\beta}_1,\boldsymbol{\beta}_2,\cdots,\boldsymbol{\beta}_l)=(\boldsymbol{0},\boldsymbol{0},\cdots,\boldsymbol{0}),$$

即

$$\boldsymbol{A\beta}_i=\boldsymbol{0}\quad(i=1,2,\cdots,l),$$

表明矩阵 $\boldsymbol{B}$ 的 l 个列向量都是齐次方程 $\boldsymbol{Ax}=\boldsymbol{0}$ 的解. 设方程 $\boldsymbol{Ax}=\boldsymbol{0}$ 的解集为 S,则有 $R(\boldsymbol{B})\leqslant R_S=n-R(\boldsymbol{A})$,得证 $R(\boldsymbol{A})+R(\boldsymbol{B})\leqslant n$.

例 4.13 设 n 元齐次线性方程组 $\boldsymbol{Ax}=\boldsymbol{0}$ 与 $\boldsymbol{Bx}=\boldsymbol{0}$ 同解,证明 $R(\boldsymbol{A})=R(\boldsymbol{B})$.

证明 由于方程组 $\boldsymbol{Ax}=\boldsymbol{0}$ 与 $\boldsymbol{Bx}=\boldsymbol{0}$ 有相同的解集,设为 S,解集的秩为 R_S,由定理 4.6 即有 $R(\boldsymbol{A})=n-R_S$, $R(\boldsymbol{B})=n-R_S$. 因此,$R(\boldsymbol{A})=R(\boldsymbol{B})$.

4.4.2 非齐次线性方程组 $\boldsymbol{Ax}=\boldsymbol{b}$ 解的结构

设有非齐次线性方程组

$$\boldsymbol{Ax}=\boldsymbol{b},$$

当常数项 $\boldsymbol{b}=\boldsymbol{0}$ 时,得齐次线性方程组

$$\boldsymbol{Ax}=\boldsymbol{0},$$

称为**由非齐次线性方程组导出的齐次线性方程组**,简称**导出组**. 非齐次线性方程组的解与其导出组的解有着密切的联系.

性质 3 **如果 $\boldsymbol{x}=\boldsymbol{\eta}_1$, $\boldsymbol{x}=\boldsymbol{\eta}_2$ 都是非齐次线性方程组的解,则 $\boldsymbol{x}=\boldsymbol{\eta}_2-\boldsymbol{\eta}_1$ 是其导出组的解.**

证明 因为

$$\boldsymbol{A}(\boldsymbol{\eta}_2-\boldsymbol{\eta}_1)=\boldsymbol{A\eta}_2-\boldsymbol{A\eta}_1=\boldsymbol{b}-\boldsymbol{b}=\boldsymbol{0},$$

所以, $\boldsymbol{x}=\boldsymbol{\eta}_2-\boldsymbol{\eta}_1$ 是其导出组的解.

性质 4 如果 $\boldsymbol{x}=\boldsymbol{\eta}^*$ 是非齐次线性方程组的解,$\boldsymbol{x}=\boldsymbol{\xi}$ 是其导出组的解,则 $\boldsymbol{x}=\boldsymbol{\xi}+\boldsymbol{\eta}^*$ 仍是非齐次线性方程组的解.

证明 因为

$$\boldsymbol{A}(\boldsymbol{\xi}+\boldsymbol{\eta}^*)=\boldsymbol{A\xi}+\boldsymbol{A\eta}^*=\boldsymbol{0}+\boldsymbol{b}=\boldsymbol{b},$$

所以, $\boldsymbol{x}=\boldsymbol{\xi}+\boldsymbol{\eta}^*$ 是非齐次线性方程组的解.

由以上性质可知,如果求得非齐次线性方程组的一个解 $\boldsymbol{\eta}^*$(通常称为**特解**)以及其导出组的一个基础解系 $\boldsymbol{\xi}_1,\boldsymbol{\xi}_2,\cdots,\boldsymbol{\xi}_{n-r}$,那么非齐次线性方程组的解 $\boldsymbol{x}$ 总可表示为

$$\boldsymbol{x}=k_1\boldsymbol{\xi}_1+k_2\boldsymbol{\xi}_2+\cdots+k_{n-r}\boldsymbol{\xi}_{n-r}+\boldsymbol{\eta}^*\quad(k_1,k_2,\cdots,k_{n-r}\in\mathbf{R}),$$

它包含了非齐次线性方程组的全部解,称为非齐次线性方程组的**通解**. 它也明确地表明非齐次线性方程组的解结构:

非齐次线性方程组的通解等于其导出组的通解加上非齐次线性方程组的一个解(特解).

例 4.14 求解线性方程组

$$\begin{cases}x_1-x_2-x_3+x_4=0,\\ x_1-x_2+x_3-3x_4=1,\\ x_1-x_2-2x_3+3x_4=-\dfrac{1}{2}.\end{cases}$$

解 对增广矩阵施以行初等变换,化为行最简形矩阵.

$$\overline{\boldsymbol{A}}=\begin{pmatrix}1&-1&-1&1&0\\1&-1&1&-3&1\\1&-1&-2&3&-\frac{1}{2}\end{pmatrix}\xrightarrow[r_3-r_1]{r_2-r_1}\begin{pmatrix}1&-1&-1&1&0\\0&0&2&-4&1\\0&0&-1&2&-\frac{1}{2}\end{pmatrix}$$

$$\xrightarrow[r_3+r_2]{\substack{r_2\times\frac{1}{2}\\ r_1+r_2}}\begin{pmatrix}1&-1&0&-1&\frac{1}{2}\\0&0&1&-2&\frac{1}{2}\\0&0&0&0&0\end{pmatrix},$$

可见 $R(\boldsymbol{A})=R(\overline{\boldsymbol{A}})=2$,故原方程组有无穷个解.原方程组的同解方程组为

$$\begin{cases}x_1-x_2\quad-\ x_4=\frac{1}{2},\\ \qquad\qquad x_3-2x_4=\frac{1}{2},\end{cases}$$

取 x_2, x_4 为自由未知数,并令 $x_2=0$, $x_4=0$ 代入上式,得方程组的一个特解

$$\boldsymbol{\eta}^*=\begin{pmatrix}\frac{1}{2}\\0\\\frac{1}{2}\\0\end{pmatrix}.$$

原方程组的导出组的同解方程组为

$$\begin{cases}x_1=x_2+x_4,\\x_3=\qquad 2x_4,\end{cases}$$

令 $x_2=k_1$, $x_4=k_2$,得导出组的通解为

$$\begin{pmatrix}x_1\\x_2\\x_3\\x_4\end{pmatrix}=k_1\begin{pmatrix}1\\1\\0\\0\end{pmatrix}+k_2\begin{pmatrix}1\\0\\2\\1\end{pmatrix},$$

其中

$$\boldsymbol{\xi}_1=\begin{pmatrix}1\\1\\0\\0\end{pmatrix},\quad \boldsymbol{\xi}_2=\begin{pmatrix}1\\0\\2\\1\end{pmatrix}$$

是其导出组的一个基础解系. 导出组的通解为 $\boldsymbol{\xi}=k_1\boldsymbol{\xi}_1+k_2\boldsymbol{\xi}_2$，所以非齐次线性方程组的通解为

$$\boldsymbol{x}=k_1\boldsymbol{\xi}_1+k_2\boldsymbol{\xi}_2+\boldsymbol{\eta}^* \quad (k_1,\ k_2\in\mathbf{R}).$$

即

$$\begin{pmatrix}x_1\\x_2\\x_3\\x_4\end{pmatrix}=k_1\begin{pmatrix}1\\1\\0\\0\end{pmatrix}+k_2\begin{pmatrix}1\\0\\2\\1\end{pmatrix}+\begin{pmatrix}\frac{1}{2}\\0\\\frac{1}{2}\\0\end{pmatrix}.$$

试与例 3.11 比较，两种求 $\boldsymbol{Ax}=\boldsymbol{b}$ 的通解方法都可以，只是解题的出发点不同.

4.5 向量空间

本节介绍向量空间的概念.

4.5.1 向量空间的概念

在 4.1 节中，把 n 个有序数组成的数组

$$\boldsymbol{\alpha}=\begin{pmatrix}a_1\\a_2\\\vdots\\a_n\end{pmatrix}$$

定义为 n 维向量，并且对它规定了加法和数乘两种运算.

定义 4.7 设 V 是非空的 n 维向量集合，如果集合 V 对于向量的加法和数乘运算满足以下条件：

(1) 对任意的 $\boldsymbol{\alpha},\ \boldsymbol{\beta}\in V$，有 $\boldsymbol{\alpha}+\boldsymbol{\beta}\in V$；

(2) 对任意的 $\boldsymbol{\alpha}\in V,\ \lambda\in\mathbf{R}$，有 $\lambda\boldsymbol{\alpha}\in V$，

则称 V 为**向量空间**.

定义表示集合中向量对于向量的加法和数乘运算封闭(所谓封闭：集合中的任意两个向量经过向量的加法和数乘运算后得到的向量仍是集合中的向量). 因而向量空间也可以表述为：**对向量的加法和数乘运算封闭的非空向量集合**.

设 n 维向量的全体

$$\mathbf{R}^n = \left\{ \boldsymbol{\alpha} = \begin{pmatrix} x_1 \\ x_2 \\ \vdots \\ x_n \end{pmatrix} \middle| x_1, x_2, \cdots, x_n \in \mathbf{R} \right\}$$

以及 n 维向量集合

$$V_1 = \left\{ \boldsymbol{\alpha} = \begin{pmatrix} 0 \\ x_2 \\ \vdots \\ x_n \end{pmatrix} \middle| x_2, \cdots, x_n \in \mathbf{R} \right\},$$

$$V_2 = \left\{ \boldsymbol{\alpha} = \begin{pmatrix} 1 \\ x_2 \\ \vdots \\ x_n \end{pmatrix} \middle| x_2, \cdots, x_n \in \mathbf{R} \right\},$$

容易验证 $\mathbf{R}^n$，V_1是向量空间，而 V_2不是向量空间.

这是因为对任意的 $\boldsymbol{\alpha}$，$\boldsymbol{\beta} \in \mathbf{R}^n$，$\lambda \in \mathbf{R}$，

$$\boldsymbol{\alpha} = \begin{pmatrix} x_1 \\ x_2 \\ \vdots \\ x_n \end{pmatrix}, \quad \boldsymbol{\beta} = \begin{pmatrix} y_1 \\ y_2 \\ \vdots \\ y_n \end{pmatrix},$$

有

$$\boldsymbol{\alpha} + \boldsymbol{\beta} = \begin{pmatrix} x_1 + y_1 \\ x_2 + y_2 \\ \vdots \\ x_n + y_n \end{pmatrix} \in \mathbf{R}^n, \quad \lambda\boldsymbol{\alpha} = \begin{pmatrix} \lambda x_1 \\ \lambda x_2 \\ \vdots \\ \lambda x_n \end{pmatrix} \in \mathbf{R}^n.$$

从而 $\mathbf{R}^n$ 中向量关于加法和数乘运算封闭，所以 $\mathbf{R}^n$ 是向量空间.

又对任意的 $\boldsymbol{\alpha}$，$\boldsymbol{\beta} \in V_1$，$\lambda \in \mathbf{R}$，

$$\boldsymbol{\alpha} = \begin{pmatrix} 0 \\ x_2 \\ \vdots \\ x_n \end{pmatrix}, \quad \boldsymbol{\beta} = \begin{pmatrix} 0 \\ y_2 \\ \vdots \\ y_n \end{pmatrix},$$

有

$$\boldsymbol{\alpha}+\boldsymbol{\beta}=\begin{pmatrix}0\\x_2+y_2\\\vdots\\x_n+y_n\end{pmatrix}\in V_1,\quad \lambda\boldsymbol{\alpha}=\begin{pmatrix}0\\\lambda x_2\\\vdots\\\lambda x_n\end{pmatrix}\in V_1.$$

从而V_1中向量关于加法和数乘运算封闭，所以V_1是向量空间.

但是对任意的$\boldsymbol{\alpha}$, $\boldsymbol{\beta}\in V_2$, $\lambda\in\mathbf{R}$,

$$\boldsymbol{\alpha}=\begin{pmatrix}1\\x_2\\\vdots\\x_n\end{pmatrix},\quad \boldsymbol{\beta}=\begin{pmatrix}1\\y_2\\\vdots\\y_n\end{pmatrix},$$

有

$$\boldsymbol{\alpha}+\boldsymbol{\beta}=\begin{pmatrix}2\\x_2+y_2\\\vdots\\x_n+y_n\end{pmatrix}\overline{\in} V_2,\quad \lambda\boldsymbol{\alpha}=\begin{pmatrix}\lambda\\\lambda x_2\\\vdots\\\lambda x_n\end{pmatrix}\overline{\in} V_2.$$

从而V_2中的向量关于加法和数乘运算不封闭，所以V_2不是向量空间.

在解析几何中，向量空间$\mathbf{R}^3$可形象地看作以坐标原点为起点的空间有向线段的全体；而向量空间V_1可形象地看作以坐标原点为起点，落在平面x_2Ox_3上的空间有向线段的全体. 但当$n>3$时，它没有直观的几何意义.

齐次线性方程组解的全体

$$S=\{\boldsymbol{x}\mid \boldsymbol{A}\boldsymbol{x}=\boldsymbol{0}\}$$

是向量空间.

这是因为零解$\boldsymbol{0}\in S$, S是非空集合，由齐次线性方程组解的性质知，对任意的$\boldsymbol{\xi}_1$, $\boldsymbol{\xi}_2\in S$, $\lambda\in\mathbf{R}$，有$\boldsymbol{\xi}_1+\boldsymbol{\xi}_2\in S$，且$\lambda\boldsymbol{\xi}_1\in S$, S中的向量关于加法和数乘运算封闭，称这个向量空间为齐次线性方程组的**解空间**.

非齐次线性方程组解的全体

$$\overline{S}=\{\boldsymbol{x}\mid \boldsymbol{A}\boldsymbol{x}=\boldsymbol{b}\}$$

不是向量空间.

这是因为对任意的$\boldsymbol{\eta}_1$, $\boldsymbol{\eta}_2\in\overline{S}$, $\lambda\in\mathbf{R}$，有

$$\boldsymbol{A}(\boldsymbol{\eta}_1+\boldsymbol{\eta}_2)=\boldsymbol{A}\boldsymbol{\eta}_1+\boldsymbol{A}\boldsymbol{\eta}_2=\boldsymbol{b}+\boldsymbol{b}=2\boldsymbol{b}.$$

所以$\boldsymbol{\eta}_1+\boldsymbol{\eta}_2\overline{\in}\overline{S}$，即$\overline{S}$关于向量的加法和数乘运算不封闭.

设$\boldsymbol{\alpha}$, $\boldsymbol{\beta}$是n维向量，集合

$$V(\boldsymbol{\alpha}, \boldsymbol{\beta}) = \{\boldsymbol{\varphi} = \lambda\boldsymbol{\alpha} + \mu\boldsymbol{\beta} \mid \lambda, \mu \in \mathbf{R}\}$$

是向量空间，这是因为零向量 $\mathbf{0} = 0\boldsymbol{\alpha} + 0\boldsymbol{\beta} \in V$，$V$ 是非空集合；且对任意的 $\boldsymbol{\varphi}_1$，$\boldsymbol{\varphi}_2 \in V$，$k \in \mathbf{R}$，有

$$\boldsymbol{\varphi}_1 = \lambda_1\boldsymbol{\alpha} + \mu_1\boldsymbol{\beta}, \quad \boldsymbol{\varphi}_2 = \lambda_2\boldsymbol{\alpha} + \mu_2\boldsymbol{\beta},$$

从而

$$\boldsymbol{\varphi}_1 + \boldsymbol{\varphi}_2 = (\lambda_1 + \lambda_2)\boldsymbol{\alpha} + (\mu_1 + \mu_2)\boldsymbol{\beta} \in V,$$

$$k\boldsymbol{\varphi}_1 = (k\lambda_1)\boldsymbol{\alpha} + (k\mu_1)\boldsymbol{\beta} \in V,$$

称这个向量空间为**由向量 $\boldsymbol{\alpha}$，$\boldsymbol{\beta}$ 生成的向量空间**，通常记作 $V(\boldsymbol{\alpha}, \boldsymbol{\beta})$.

一般地，由向量组 $\boldsymbol{\alpha}_1$，$\boldsymbol{\alpha}_2$，…，$\boldsymbol{\alpha}_m$ 生成的向量空间可表示为

$$V(\boldsymbol{\alpha}_1, \boldsymbol{\alpha}_2, \cdots, \boldsymbol{\alpha}_m) = \{\boldsymbol{\alpha} = \lambda_1\boldsymbol{\alpha}_1 + \lambda_2\boldsymbol{\alpha}_2 + \cdots + \lambda_m\boldsymbol{\alpha}_m \mid \lambda_1, \lambda_2, \cdots, \lambda_m \in \mathbf{R}\}.$$

例 4.15 证明等价的向量组生成的向量空间相等.

证明 设向量组 $\boldsymbol{\alpha}_1$，$\boldsymbol{\alpha}_2$，…，$\boldsymbol{\alpha}_m$ 与向量组 $\boldsymbol{\beta}_1$，$\boldsymbol{\beta}_2$，…，$\boldsymbol{\beta}_s$ 等价，且

$$V_1 = \{\boldsymbol{x} = \lambda_1\boldsymbol{\alpha}_1 + \lambda_2\boldsymbol{\alpha}_2 + \cdots + \lambda_m\boldsymbol{\alpha}_m \mid \lambda_1, \lambda_2, \cdots, \lambda_m \in \mathbf{R}\},$$

$$V_2 = \{\boldsymbol{x} = \mu_1\boldsymbol{\beta}_1 + \mu_2\boldsymbol{\beta}_2 + \cdots + \mu_s\boldsymbol{\beta}_s \mid \mu_1, \mu_2, \cdots, \mu_s \in \mathbf{R}\},$$

V_1，V_2 是向量空间. 要证明 $V_1 = V_2$.

设 $\boldsymbol{x} \in V_1$，则 $\boldsymbol{x}$ 可由 $\boldsymbol{\alpha}_1$，$\boldsymbol{\alpha}_2$，…，$\boldsymbol{\alpha}_m$ 线性表示. 因 $\boldsymbol{\alpha}_1$，$\boldsymbol{\alpha}_2$，…，$\boldsymbol{\alpha}_m$ 可由 $\boldsymbol{\beta}_1$，$\boldsymbol{\beta}_2$，…，$\boldsymbol{\beta}_s$ 线性表示，因而 $\boldsymbol{x}$ 可由 $\boldsymbol{\beta}_1$，$\boldsymbol{\beta}_2$，…，$\boldsymbol{\beta}_s$ 线性表示，所以 $\boldsymbol{x} \in V_2$. 这就是说，如果 $\boldsymbol{x} \in V_1$，则 $\boldsymbol{x} \in V_2$，因此 $V_1 \subset V_2$.

类似可以证明：如果 $\boldsymbol{x} \in V_2$，则 $\boldsymbol{x} \in V_1$，因此 $V_2 \subset V_1$.

因为 $V_1 \subset V_2$，$V_2 \subset V_1$，所以 $V_1 = V_2$.

4.5.2 向量空间的基与维数

定义 4.8 设 V 是向量空间，如果

(1) 在 V 中有 r 个向量 $\boldsymbol{\alpha}_1$，…，$\boldsymbol{\alpha}_r$ 线性无关；

(2) V 中任意一个向量 $\boldsymbol{\alpha}$ 可由向量组 $\boldsymbol{\alpha}_1$，…，$\boldsymbol{\alpha}_r$ 线性表示，

则称 $\boldsymbol{\alpha}_1$，…，$\boldsymbol{\alpha}_r$ 是向量空间 V 的一个**基**，r 称为向量空间 V 的**维数**，并称 V 是 r **维向量空间**.

只含一个零向量的集合 $\{\mathbf{0}\}$ 也是一个向量空间，这个向量空间没有基，规定它的维数为零，并称之为**零维向量空间**.

如果把向量空间看作一个向量组，那么向量空间 V 的基就是它的一个最大无关组，向量空间 V 的维数就是向量组的秩，从而向量空间 V 的基不唯一，但它的维数是唯一确定的. 设 V 是 r 维向量空间，则 V 中任意 r 个线性无关的向量就是 V 的一

个基.

例如在向量空间 $\mathbf{R}^n$ 中,基本单位向量组

$$\boldsymbol{\varepsilon}_1=\begin{pmatrix}1\\0\\\vdots\\0\end{pmatrix},\ \boldsymbol{\varepsilon}_2=\begin{pmatrix}0\\1\\\vdots\\0\end{pmatrix},\ \cdots,\ \boldsymbol{\varepsilon}_n=\begin{pmatrix}0\\0\\\vdots\\1\end{pmatrix}$$

线性无关,且任一向量 $\boldsymbol{\alpha}\in\mathbf{R}^n$ 可由 $\boldsymbol{\varepsilon}_1,\ \boldsymbol{\varepsilon}_2,\ \cdots,\ \boldsymbol{\varepsilon}_n$ 表示成为

$$\boldsymbol{\alpha}=\begin{pmatrix}x_1\\x_2\\\vdots\\x_n\end{pmatrix}=x_1\boldsymbol{\varepsilon}_1+x_2\boldsymbol{\varepsilon}_2+\cdots+x_n\boldsymbol{\varepsilon}_n,$$

所以,$\boldsymbol{\varepsilon}_1,\ \boldsymbol{\varepsilon}_2,\ \cdots,\ \boldsymbol{\varepsilon}_n$ 是向量空间 $\mathbf{R}^n$ 的一个基,称为 $\mathbf{R}^n$ 的**标准基**. 此时 $\mathbf{R}^n$ 可表示成为

$$\mathbf{R}^n=\{\boldsymbol{x}=x_1\boldsymbol{\varepsilon}_1+x_2\boldsymbol{\varepsilon}_2+\cdots+x_n\boldsymbol{\varepsilon}_n\mid x_1,\ x_2,\ \cdots,\ x_n\in\mathbf{R}\}.$$

实际上,在向量空间 $\mathbf{R}^n$ 中,任意几个向量 $\boldsymbol{\alpha}_1,\ \boldsymbol{\alpha}_2,\ \cdots,\ \boldsymbol{\alpha}_n$,只要线性无关,它就是 $\mathbf{R}^n$ 的一个基,例如在 $\mathbf{R}^n$ 中向量组

$$\boldsymbol{\alpha}_1=\begin{pmatrix}1\\0\\\vdots\\0\end{pmatrix},\ \boldsymbol{\alpha}_2=\begin{pmatrix}1\\1\\\vdots\\0\end{pmatrix},\ \cdots,\ \boldsymbol{\alpha}_n=\begin{pmatrix}1\\1\\\vdots\\1\end{pmatrix}$$

线性无关,它也是 $\mathbf{R}^n$ 的一个基. 任一向量 $\boldsymbol{\alpha}\in\mathbf{R}^n$ 可以由 $\boldsymbol{\alpha}_1,\ \boldsymbol{\alpha}_2,\ \cdots,\ \boldsymbol{\alpha}_n$ 线性表示为

$$\boldsymbol{\alpha}=\begin{pmatrix}x_1\\x_2\\\vdots\\x_n\end{pmatrix}=(x_1-x_2)\boldsymbol{\alpha}_1+(x_2-x_3)\boldsymbol{\alpha}_2+\cdots+x_n\boldsymbol{\alpha}_n.$$

此时向量空间 $\mathbf{R}^n$ 又可表示成为

$$\mathbf{R}^n=\{\boldsymbol{x}=(x_1-x_2)\boldsymbol{\alpha}_1+(x_2-x_3)\boldsymbol{\alpha}_2+\cdots+x_n\boldsymbol{\alpha}_n\mid x_1,\ x_2,\ \cdots,\ x_n\in\mathbf{R}\}.$$

又如在向量空间 V_1 中,基本单位向量组

$$\boldsymbol{\varepsilon}_2=\begin{pmatrix}0\\1\\\vdots\\0\end{pmatrix},\cdots,\ \boldsymbol{\varepsilon}_n=\begin{pmatrix}0\\0\\\vdots\\1\end{pmatrix},$$

这 $n-1$ 个向量线性无关，任一向量 $\boldsymbol{\alpha} \in V_1$ 可由 $\boldsymbol{\varepsilon}_2, \boldsymbol{\varepsilon}_3, \cdots, \boldsymbol{\varepsilon}_n$ 线性表示成为

$$\boldsymbol{\alpha} = \begin{pmatrix} 0 \\ x_2 \\ \vdots \\ x_n \end{pmatrix} = x_2\boldsymbol{\varepsilon}_2 + \cdots + x_n\boldsymbol{\varepsilon}_n,$$

所以 $\boldsymbol{\varepsilon}_2, \cdots, \boldsymbol{\varepsilon}_n$ 是向量空间 V_1 的一个基，并称 V_1 为 $n-1$ 维向量空间，此时向量空间 V_1 可表示为

$$V_1 = \{\boldsymbol{\alpha} = x_2\boldsymbol{\varepsilon}_2 + x_3\boldsymbol{\varepsilon}_3 + \cdots + x_n\boldsymbol{\varepsilon}_n \mid x_2, x_3, \cdots, x_n \in \mathbf{R}\}.$$

因此，通常说的 n 维向量与本节说的 n 维向量空间是两个完全不同的概念. 前者说的是向量的分量个数为 n；后者说的向量空间的基所含向量个数为 n.

设 V 是 r 维向量空间，向量组 $\boldsymbol{\alpha}_1, \boldsymbol{\alpha}_2, \cdots, \boldsymbol{\alpha}_r$ 是它的一个基，那么 V 中任一向量 $\boldsymbol{\alpha}$ 都可以由这个基线性表示为

$$\boldsymbol{\alpha} = k_1\boldsymbol{\alpha}_1 + k_2\boldsymbol{\alpha}_2 + \cdots + k_r\boldsymbol{\alpha}_r \quad (k_1, k_2, \cdots, k_r \in \mathbf{R}).$$

此时向量空间 V 可表示成为

$$\begin{aligned} V &= V(\boldsymbol{\alpha}_1, \boldsymbol{\alpha}_2, \cdots, \boldsymbol{\alpha}_r) \\ &= \{\boldsymbol{\alpha} = k_1\boldsymbol{\alpha}_1 + k_2\boldsymbol{\alpha}_2 + \cdots + k_r\boldsymbol{\alpha}_r \mid k_1, k_2, \cdots, k_r \in \mathbf{R}\}. \end{aligned}$$

即 r 维向量空间 V 是由它的一个基 $\boldsymbol{\alpha}_1, \boldsymbol{\alpha}_2, \cdots, \boldsymbol{\alpha}_r$ 生成的向量空间. 这就清楚地描述出向量空间 V 的构造.

设齐次线性方程组

$$\mathbf{A}\boldsymbol{x} = \mathbf{0}$$

的系数矩阵秩 $R(\mathbf{A}) = r$，$\boldsymbol{\xi}_1, \boldsymbol{\xi}_2, \cdots, \boldsymbol{\xi}_{n-r}$ 是它的一个基础解系，齐次线性方程组的任一解 $\boldsymbol{\xi}$ 可以由 $\boldsymbol{\xi}_1, \boldsymbol{\xi}_2, \cdots, \boldsymbol{\xi}_{n-r}$ 线性表示成为

$$\boldsymbol{\xi} = k_1\boldsymbol{\xi}_1 + k_2\boldsymbol{\xi}_2 + \cdots + k_{n-r}\boldsymbol{\xi}_{n-r} \quad (k_1, k_2, \cdots, k_{n-r} \in \mathbf{R}),$$

从而基础解系 $\boldsymbol{\xi}_1, \boldsymbol{\xi}_2, \cdots, \boldsymbol{\xi}_{n-r}$ 就是齐次线性方程组的解空间 $S = \{\boldsymbol{x} \mid \mathbf{A}\boldsymbol{x} = \mathbf{0}\}$ 的一个基，所以解空间 S 是 $n-r$ 维向量空间，此时解空间 S 可表示成为

$$S = \{\boldsymbol{x} = k_1\boldsymbol{\xi}_1 + k_2\boldsymbol{\xi}_2 + \cdots + k_{n-r}\boldsymbol{\xi}_{n-r} \mid k_1, k_2, \cdots, k_{n-r} \in \mathbf{R}\}.$$

它包含了齐次线性方程组所有解(通解).

当 $R(\mathbf{A}) = n$ 时，方程组 $\mathbf{A}\boldsymbol{x} = \mathbf{0}$ 只有零解，因而没有基础解系，此时解空间 S 只含一个零向量，为零维向量空间.

4.5.3 基变换公式与坐标变换公式

定义 4.9 设 $\boldsymbol{\alpha}_1, \boldsymbol{\alpha}_2, \cdots, \boldsymbol{\alpha}_n$ 是 n 维向量空间 V 的一个基，对任一向量 $\boldsymbol{\alpha} \in V$，

存在唯一确定的一组有序 n 元数组 $x_1, x_2, \cdots, x_n$,使

$$\boldsymbol{\alpha} = x_1\boldsymbol{\alpha}_1 + x_2\boldsymbol{\alpha}_2 + \cdots + x_n\boldsymbol{\alpha}_n = (\boldsymbol{\alpha}_1, \boldsymbol{\alpha}_2, \cdots, \boldsymbol{\alpha}_n)\begin{pmatrix} x_1 \\ x_2 \\ \vdots \\ x_n \end{pmatrix},$$

称 $\begin{pmatrix} x_1 \\ x_2 \\ \vdots \\ x_n \end{pmatrix}$ 为向量 $\boldsymbol{\alpha}$ 在基 $\boldsymbol{\alpha}_1, \boldsymbol{\alpha}_2, \cdots, \boldsymbol{\alpha}_n$ 下的**坐标**.

例如,n 维向量空间 $\mathbf{R}^n$ 中,任一向量 $\boldsymbol{\alpha} = \begin{pmatrix} a_1 \\ a_2 \\ \vdots \\ a_n \end{pmatrix}$ 在标准基 $\boldsymbol{\varepsilon}_1, \boldsymbol{\varepsilon}_2, \cdots, \boldsymbol{\varepsilon}_n$ 下的坐标就是 $\begin{pmatrix} a_1 \\ a_2 \\ \vdots \\ a_n \end{pmatrix}$;而在基

$$\boldsymbol{\alpha}_1 = \begin{pmatrix} 1 \\ 0 \\ \vdots \\ 0 \end{pmatrix}, \boldsymbol{\alpha}_2 = \begin{pmatrix} 1 \\ 1 \\ \vdots \\ 0 \end{pmatrix}, \cdots, \boldsymbol{\alpha}_n = \begin{pmatrix} 1 \\ 1 \\ \vdots \\ 1 \end{pmatrix}$$

下的坐标是 $\begin{pmatrix} a_1 - a_2 \\ a_2 - a_3 \\ \vdots \\ a_n \end{pmatrix}$.

设 $\boldsymbol{\alpha}_1, \boldsymbol{\alpha}_2, \cdots, \boldsymbol{\alpha}_n$ 与 $\boldsymbol{\beta}_1, \boldsymbol{\beta}_2, \cdots, \boldsymbol{\beta}_n$ 是 n 维向量空间 V 的两个基,于是 $\boldsymbol{\alpha}_1, \boldsymbol{\alpha}_2, \cdots, \boldsymbol{\alpha}_n$ 与 $\boldsymbol{\beta}_1, \boldsymbol{\beta}_2, \cdots, \boldsymbol{\beta}_n$ 是等价的,可以互相线性表示,即存在可逆阵

$$\boldsymbol{P} = \begin{pmatrix} p_{11} & p_{12} & \cdots & p_{1n} \\ p_{21} & p_{22} & \cdots & p_{2n} \\ \vdots & \vdots & & \vdots \\ p_{n1} & p_{n2} & \cdots & p_{nn} \end{pmatrix}$$

及可逆阵

$$\boldsymbol{Q}=\begin{pmatrix} q_{11} & q_{12} & \cdots & q_{1n} \\ q_{21} & q_{22} & \cdots & q_{2n} \\ \vdots & \vdots & & \vdots \\ q_{n1} & q_{n2} & \cdots & q_{nn} \end{pmatrix},$$

使得

$$(\boldsymbol{\beta}_1, \boldsymbol{\beta}_2, \cdots, \boldsymbol{\beta}_n)=(\boldsymbol{\alpha}_1, \boldsymbol{\alpha}_2, \cdots, \boldsymbol{\alpha}_n)\boldsymbol{P} \tag{4-1}$$

及

$$(\boldsymbol{\alpha}_1, \boldsymbol{\alpha}_2, \cdots, \boldsymbol{\alpha}_n)=(\boldsymbol{\beta}_1, \boldsymbol{\beta}_2, \cdots, \boldsymbol{\beta}_n)\boldsymbol{Q}, \tag{4-2}$$

其中

$$\boldsymbol{\beta}_j = p_{1j}\boldsymbol{\alpha}_1 + p_{2j}\boldsymbol{\alpha}_2 + \cdots + p_{nj}\boldsymbol{\alpha}_n \quad (j=1, 2, \cdots, n),$$

$$\boldsymbol{\alpha}_i = q_{1i}\boldsymbol{\beta}_1 + q_{2i}\boldsymbol{\beta}_2 + \cdots + q_{ni}\boldsymbol{\beta}_n \quad (i=1, 2, \cdots, n).$$

称式(4-1)与式(4-2)为**基变换公式**. $\boldsymbol{P}$ 称为由基 $\boldsymbol{\alpha}_1, \boldsymbol{\alpha}_2, \cdots, \boldsymbol{\alpha}_n$ 到基 $\boldsymbol{\beta}_1, \boldsymbol{\beta}_2, \cdots, \boldsymbol{\beta}_n$ 的**过渡矩阵**;$\boldsymbol{Q}$ 称为由基 $\boldsymbol{\beta}_1, \boldsymbol{\beta}_2, \cdots, \boldsymbol{\beta}_n$ 到基 $\boldsymbol{\alpha}_1, \boldsymbol{\alpha}_2, \cdots, \boldsymbol{\alpha}_n$ 的**过渡矩阵**. 其中 $\boldsymbol{Q}=\boldsymbol{P}^{-1}$.

设 n 维向量空间 V 中的向量 $\boldsymbol{\alpha}$ 在基 $\boldsymbol{\alpha}_1, \boldsymbol{\alpha}_2, \cdots, \boldsymbol{\alpha}_n$ 下的坐标为 $\begin{pmatrix} x_1 \\ x_2 \\ \vdots \\ x_n \end{pmatrix}$,在基 $\boldsymbol{\beta}_1, \boldsymbol{\beta}_2, \cdots, \boldsymbol{\beta}_n$ 下的坐标为 $\begin{pmatrix} y_1 \\ y_2 \\ \vdots \\ y_n \end{pmatrix}$,如果这两个基满足关系式(4-1) 或式(4-2),则有

$$\boldsymbol{\alpha}=(\boldsymbol{\alpha}_1, \boldsymbol{\alpha}_2, \cdots, \boldsymbol{\alpha}_n)\begin{pmatrix} x_1 \\ x_2 \\ \vdots \\ x_n \end{pmatrix},$$

及

$$\boldsymbol{\alpha}=(\boldsymbol{\beta}_1, \boldsymbol{\beta}_2, \cdots, \boldsymbol{\beta}_n)\begin{pmatrix} y_1 \\ y_2 \\ \vdots \\ y_n \end{pmatrix}=(\boldsymbol{\alpha}_1, \boldsymbol{\alpha}_2, \cdots, \boldsymbol{\alpha}_n)\boldsymbol{P}\begin{pmatrix} y_1 \\ y_2 \\ \vdots \\ y_n \end{pmatrix},$$

由于 $\boldsymbol{\alpha}$ 在基下的表示式是唯一的,所以得**坐标变换公式**

$$\begin{pmatrix} x_1 \\ x_2 \\ \vdots \\ x_n \end{pmatrix} = \boldsymbol{P} \begin{pmatrix} y_1 \\ y_2 \\ \vdots \\ y_n \end{pmatrix} \quad \text{或} \quad \begin{pmatrix} y_1 \\ y_2 \\ \vdots \\ y_n \end{pmatrix} = \boldsymbol{P}^{-1} \begin{pmatrix} x_1 \\ x_2 \\ \vdots \\ x_n \end{pmatrix} = \boldsymbol{Q} \begin{pmatrix} x_1 \\ x_2 \\ \vdots \\ x_n \end{pmatrix}. \tag{4-3}$$

例如,向量空间 $\mathbf{R}^n$ 中两个基 $\boldsymbol{\varepsilon}_1, \boldsymbol{\varepsilon}_2, \cdots, \boldsymbol{\varepsilon}_n$ 以及 $\boldsymbol{\alpha}_1 = \begin{pmatrix} 1 \\ 0 \\ \vdots \\ 0 \end{pmatrix}$, $\boldsymbol{\alpha}_2 = \begin{pmatrix} 1 \\ 1 \\ \vdots \\ 0 \end{pmatrix}$, $\cdots$, $\boldsymbol{\alpha}_n = \begin{pmatrix} 1 \\ 1 \\ \vdots \\ 1 \end{pmatrix}$,满足

$$(\boldsymbol{\alpha}_1, \boldsymbol{\alpha}_2, \cdots, \boldsymbol{\alpha}_n) = (\boldsymbol{\varepsilon}_1, \boldsymbol{\varepsilon}_2, \cdots, \boldsymbol{\varepsilon}_n) \begin{pmatrix} 1 & 1 & \cdots & 1 \\ 0 & 1 & \cdots & 1 \\ \vdots & \vdots & & \vdots \\ 0 & 0 & \cdots & 1 \end{pmatrix},$$

所以由标准基 $\boldsymbol{\varepsilon}_1, \boldsymbol{\varepsilon}_2, \cdots, \boldsymbol{\varepsilon}_n$ 到基 $\boldsymbol{\alpha}_1, \boldsymbol{\alpha}_2, \cdots, \boldsymbol{\alpha}_n$ 的过渡矩阵是

$$\boldsymbol{A} = \begin{pmatrix} 1 & 1 & \cdots & 1 \\ 0 & 1 & \cdots & 1 \\ \vdots & \vdots & & \vdots \\ 0 & 0 & \cdots & 1 \end{pmatrix}.$$

而由基 $\boldsymbol{\alpha}_1, \boldsymbol{\alpha}_2, \cdots, \boldsymbol{\alpha}_n$ 到标准基 $\boldsymbol{\varepsilon}_1, \boldsymbol{\varepsilon}_2, \cdots, \boldsymbol{\varepsilon}_n$ 的过渡矩阵是

$$\boldsymbol{A}^{-1} = \begin{pmatrix} 1 & -1 & 0 & \cdots & 0 \\ 0 & 1 & -1 & \cdots & 0 \\ \vdots & \vdots & \vdots & & \vdots \\ 0 & 0 & 0 & \cdots & -1 \\ 0 & 0 & 0 & \cdots & 1 \end{pmatrix}.$$

向量 $\boldsymbol{\alpha} \in \mathbf{R}^n$ 在标准基下的坐标为 $\begin{pmatrix} x_1 \\ x_2 \\ \vdots \\ x_n \end{pmatrix}$,在基 $\boldsymbol{\alpha}_1, \boldsymbol{\alpha}_2, \cdots, \boldsymbol{\alpha}_n$ 下的坐标为 $\begin{pmatrix} y_1 \\ y_2 \\ \vdots \\ y_n \end{pmatrix}$,则

$$\begin{pmatrix} y_1 \\ y_2 \\ \vdots \\ y_n \end{pmatrix} = \boldsymbol{A}^{-1}\begin{pmatrix} x_1 \\ x_2 \\ \vdots \\ x_n \end{pmatrix} = \begin{pmatrix} 1 & -1 & 0 & \cdots & 0 \\ 0 & 1 & -1 & \cdots & 0 \\ \vdots & \vdots & \vdots & & \vdots \\ 0 & 0 & 0 & \cdots & 1 \end{pmatrix}\begin{pmatrix} x_1 \\ x_2 \\ \vdots \\ x_n \end{pmatrix} = \begin{pmatrix} x_1 - x_2 \\ x_2 - x_3 \\ \vdots \\ x_n \end{pmatrix}.$$

与前面所述相符.

习 题 4

1. 设 $3(\boldsymbol{\alpha}_1 - \boldsymbol{\alpha}) + 2(\boldsymbol{\alpha}_2 + \boldsymbol{\alpha}) = 5(\boldsymbol{\alpha}_3 + \boldsymbol{\alpha})$,其中

$$\boldsymbol{\alpha}_1 = \begin{pmatrix} 2 \\ 5 \\ 1 \\ 3 \end{pmatrix}, \quad \boldsymbol{\alpha}_2 = \begin{pmatrix} 4 \\ 5 \\ 1 \\ -2 \end{pmatrix}, \quad \boldsymbol{\alpha}_3 = \begin{pmatrix} 3 \\ 1 \\ -1 \\ 1 \end{pmatrix},$$

求 $\boldsymbol{\alpha}$.

2. 设

$$\boldsymbol{\alpha} = \begin{pmatrix} 2 \\ 1 \\ 0 \end{pmatrix}, \quad \boldsymbol{\beta} = \begin{pmatrix} 0 \\ 1 \\ -1 \end{pmatrix}, \quad \boldsymbol{\gamma} = \begin{pmatrix} 3 \\ 5 \\ 2 \end{pmatrix},$$

求 $\boldsymbol{\alpha} - \boldsymbol{\beta}$, $3\boldsymbol{\alpha} + \boldsymbol{\beta} - 2\boldsymbol{\gamma}$.

3. 将下列各题中的向量 $\boldsymbol{\beta}$ 用其余向量线性表示.

(1) $\boldsymbol{\beta} = \begin{pmatrix} 3 \\ 5 \\ 2 \end{pmatrix}$, $\boldsymbol{\alpha}_1 = \begin{pmatrix} 1 \\ 0 \\ -1 \end{pmatrix}$, $\boldsymbol{\alpha}_2 = \begin{pmatrix} 1 \\ 1 \\ 1 \end{pmatrix}$, $\boldsymbol{\alpha}_3 = \begin{pmatrix} 0 \\ 1 \\ 1 \end{pmatrix}$, $\boldsymbol{\alpha}_4 = \begin{pmatrix} 1 \\ 2 \\ 3 \end{pmatrix}$;

(2) $\boldsymbol{\beta} = \begin{pmatrix} 0 \\ 2 \\ 0 \\ -1 \end{pmatrix}$, $\boldsymbol{\alpha}_1 = \begin{pmatrix} 1 \\ 1 \\ 1 \\ 1 \end{pmatrix}$, $\boldsymbol{\alpha}_2 = \begin{pmatrix} 1 \\ 1 \\ 1 \\ 0 \end{pmatrix}$, $\boldsymbol{\alpha}_3 = \begin{pmatrix} 1 \\ 1 \\ 0 \\ 0 \end{pmatrix}$, $\boldsymbol{\alpha}_4 = \begin{pmatrix} 1 \\ 0 \\ 0 \\ 0 \end{pmatrix}$.

4. 问下列向量组是线性相关还是线性无关,并说明理由.

(1) $\boldsymbol{\alpha}_1 = \begin{pmatrix} 1 \\ 2 \\ 0 \end{pmatrix}$, $\boldsymbol{\alpha}_2 = \begin{pmatrix} \frac{1}{3} \\ \frac{2}{3} \\ 0 \end{pmatrix}$;

(2) $\boldsymbol{\alpha}_1 = \begin{pmatrix} 1 \\ 1 \\ 0 \end{pmatrix}$, $\boldsymbol{\alpha}_2 = \begin{pmatrix} 0 \\ 1 \\ 1 \end{pmatrix}$, $\boldsymbol{\alpha}_3 = \begin{pmatrix} 3 \\ 1 \\ 2 \end{pmatrix}$, $\boldsymbol{\alpha}_4 = \begin{pmatrix} 1 \\ 3 \\ 3 \end{pmatrix}$;

(3) $\boldsymbol{\alpha}_1 = \begin{pmatrix} 1 \\ 1 \\ 2 \end{pmatrix}$, $\boldsymbol{\alpha}_2 = \begin{pmatrix} 2 \\ 3 \\ 4 \end{pmatrix}$, $\boldsymbol{\alpha}_3 = \begin{pmatrix} 0 \\ 1 \\ 3 \end{pmatrix}$;

(4) $\boldsymbol{\alpha}_1=\begin{pmatrix}2\\2\\7\\-1\end{pmatrix}$，$\boldsymbol{\alpha}_2=\begin{pmatrix}3\\-1\\2\\4\end{pmatrix}$，$\boldsymbol{\alpha}_3=\begin{pmatrix}1\\1\\3\\1\end{pmatrix}$.

5. 问 a 取什么值时下列向量组线性相关？

$$\boldsymbol{\alpha}_1=\begin{pmatrix}a\\1\\1\end{pmatrix},\quad \boldsymbol{\alpha}_2=\begin{pmatrix}1\\a\\-1\end{pmatrix},\quad \boldsymbol{\alpha}_3=\begin{pmatrix}1\\-1\\a\end{pmatrix}.$$

6. 设向量组 $\boldsymbol{\alpha}_1$，$\boldsymbol{\alpha}_2$，$\boldsymbol{\alpha}_3$ 线性相关，向量组 $\boldsymbol{\alpha}_2$，$\boldsymbol{\alpha}_3$，$\boldsymbol{\alpha}_4$ 线性无关，证明

(1) $\boldsymbol{\alpha}_1$能由 $\boldsymbol{\alpha}_2$，$\boldsymbol{\alpha}_3$线性表示，且表示式唯一；

(2) $\boldsymbol{\alpha}_4$不能由 $\boldsymbol{\alpha}_1$，$\boldsymbol{\alpha}_2$，$\boldsymbol{\alpha}_3$线性表示.

7. 设 $\boldsymbol{\beta}_1=\boldsymbol{\alpha}_1+\boldsymbol{\alpha}_2$，$\boldsymbol{\beta}_2=\boldsymbol{\alpha}_2+\boldsymbol{\alpha}_3$，$\boldsymbol{\beta}_3=\boldsymbol{\alpha}_3+\boldsymbol{\alpha}_4$，$\boldsymbol{\beta}_4=\boldsymbol{\alpha}_4+\boldsymbol{\alpha}_1$，证明向量组 $\boldsymbol{\beta}_1$，$\boldsymbol{\beta}_2$，$\boldsymbol{\beta}_3$，$\boldsymbol{\beta}_4$ 线性相关.

8. 已知向量组 $\boldsymbol{\alpha}_1$，$\boldsymbol{\alpha}_2$，$\boldsymbol{\alpha}_3$线性无关，且

$$\boldsymbol{\beta}_1=a\boldsymbol{\alpha}_1-\boldsymbol{\alpha}_2,\quad \boldsymbol{\beta}_2=2\boldsymbol{\alpha}_2-b\boldsymbol{\alpha}_3,\quad \boldsymbol{\beta}_3=\boldsymbol{\alpha}_3-3\boldsymbol{\alpha}_1.$$

问当 a 与 b 满足什么条件时，向量组 $\boldsymbol{\beta}_1$，$\boldsymbol{\beta}_2$，$\boldsymbol{\beta}_3$也线性无关？

9. 求向量组的秩及其一个最大无关组.

(1) $\boldsymbol{\alpha}_1=\begin{pmatrix}2\\1\\1\end{pmatrix}$，$\boldsymbol{\alpha}_2=\begin{pmatrix}1\\2\\-1\end{pmatrix}$，$\boldsymbol{\alpha}_3=\begin{pmatrix}-2\\3\\0\end{pmatrix}$；

(2) $\boldsymbol{\alpha}_1=\begin{pmatrix}1\\1\\3\\1\end{pmatrix}$，$\boldsymbol{\alpha}_2=\begin{pmatrix}-1\\1\\-1\\3\end{pmatrix}$，$\boldsymbol{\alpha}_3=\begin{pmatrix}5\\-2\\8\\-9\end{pmatrix}$，$\boldsymbol{\alpha}_4=\begin{pmatrix}-1\\3\\1\\7\end{pmatrix}$.

10. 问 a 取何值时，向量组 $\boldsymbol{\alpha}_1$，$\boldsymbol{\alpha}_2$，$\boldsymbol{\alpha}_3$，$\boldsymbol{\alpha}_4$的秩等于 3？

$$\boldsymbol{\alpha}_1=\begin{pmatrix}3\\a\\0\end{pmatrix},\quad \boldsymbol{\alpha}_2=\begin{pmatrix}a\\1\\2\end{pmatrix},\quad \boldsymbol{\alpha}_3=\begin{pmatrix}1\\-2\\1\end{pmatrix},\quad \boldsymbol{\alpha}_4=\begin{pmatrix}3\\-6\\3\end{pmatrix}.$$

11. 求向量组的一个最大无关组，并将其余向量由此最大无关组线性表示.

(1) $\boldsymbol{\alpha}_1=\begin{pmatrix}1\\2\\-3\end{pmatrix}$，$\boldsymbol{\alpha}_2=\begin{pmatrix}2\\-1\\-1\end{pmatrix}$，$\boldsymbol{\alpha}_3=\begin{pmatrix}-1\\3\\-2\end{pmatrix}$，$\boldsymbol{\alpha}_4=\begin{pmatrix}-2\\1\\-4\end{pmatrix}$；

(2) $\boldsymbol{\alpha}_1=\begin{pmatrix}1\\1\\2\\3\end{pmatrix}$，$\boldsymbol{\alpha}_2=\begin{pmatrix}1\\-1\\1\\1\end{pmatrix}$，$\boldsymbol{\alpha}_3=\begin{pmatrix}1\\3\\3\\5\end{pmatrix}$，$\boldsymbol{\alpha}_4=\begin{pmatrix}4\\-2\\5\\6\end{pmatrix}$.

12. 设 $\boldsymbol{\alpha}_1$，$\boldsymbol{\alpha}_2$，…，$\boldsymbol{\alpha}_n$是一组 n 维向量，已知 n 维单位坐标向量 $\boldsymbol{\varepsilon}_1$，$\boldsymbol{\varepsilon}_2$，…，$\boldsymbol{\varepsilon}_n$能由它们线性表示，证明 $\boldsymbol{\alpha}_1$，$\boldsymbol{\alpha}_2$，…，$\boldsymbol{\alpha}_n$线性无关.

13. 设向量组 B：$\boldsymbol{\beta}_1, \cdots, \boldsymbol{\beta}_r$ 能由向量组 A：$\boldsymbol{\alpha}_1, \cdots, \boldsymbol{\alpha}_s$ 线性表示为

$$(\boldsymbol{\beta}_1, \cdots, \boldsymbol{\beta}_r) = (\boldsymbol{\alpha}_1, \cdots, \boldsymbol{\alpha}_s)\boldsymbol{K},$$

其中 $\boldsymbol{K}$ 为 $s\times r$ 矩阵，且 A 组线性无关. 证明 B 组线性无关的充分必要条件是矩阵 $\boldsymbol{K}$ 的秩 $R(\boldsymbol{K})=r$.

14. 设向量组 $\boldsymbol{\beta}_1 = \boldsymbol{\alpha}_1 + a\boldsymbol{\alpha}_2 + b\boldsymbol{\alpha}_3$，$\boldsymbol{\beta}_2 = \boldsymbol{\alpha}_2 + c\boldsymbol{\alpha}_3$，$\boldsymbol{\beta}_3 = \boldsymbol{\alpha}_3$. 证明向量组 $\boldsymbol{\alpha}_1, \boldsymbol{\alpha}_2, \boldsymbol{\alpha}_3$ 与 $\boldsymbol{\beta}_1, \boldsymbol{\beta}_2, \boldsymbol{\beta}_3$ 秩相等.

15. 设四阶方阵 $\boldsymbol{A} = (\boldsymbol{\alpha}_1, \boldsymbol{\alpha}_2, \boldsymbol{\alpha}_3, \boldsymbol{\alpha}_4)$，$\boldsymbol{B} = (\boldsymbol{\alpha}_1 + \boldsymbol{\alpha}_2, \boldsymbol{\alpha}_2 + \boldsymbol{\alpha}_3, \boldsymbol{\alpha}_3 + \boldsymbol{\alpha}_4, \boldsymbol{\alpha}_4 + \boldsymbol{\alpha}_1)$，如果 $R(\boldsymbol{A}) = 4$，试证明齐次线性方程组 $\boldsymbol{Bx} = \boldsymbol{0}$ 有非零解.

16. 求齐次线性方程组的一个基础解系.

(1) $\begin{cases} 6x_1 + x_2 + x_3 + x_4 = 0, \\ 16x_1 + x_2 - x_3 + 5x_4 = 0, \\ 7x_1 + 2x_2 + 3x_3 = 0; \end{cases}$　　(2) $\begin{cases} x_1 + 3x_2 + 2x_3 = 0, \\ 2x_1 - x_2 + 3x_3 = 0, \\ 3x_1 - 5x_2 + 4x_3 = 0, \\ x_1 + 17x_2 + 4x_3 = 0; \end{cases}$

(3) $\begin{cases} 2x_1 - 4x_2 + 5x_3 + 3x_4 = 0, \\ 3x_1 - 6x_2 + 4x_3 + 2x_4 = 0, \\ 4x_1 - 8x_2 + 17x_3 + 11x_4 = 0; \end{cases}$　　(4) $\begin{cases} x_1 + x_2 + x_3 + x_4 = 0, \\ 2x_1 + 3x_2 + x_3 + x_4 = 0, \\ 4x_1 + 5x_2 + 3x_3 + 3x_4 = 0. \end{cases}$

17. 求非齐次线性方程组的通解.

(1) $\begin{cases} 2x_1 + 3x_2 + x_3 = 1, \\ x_1 + x_2 - x_3 = 2, \\ 4x_1 + 7x_2 + 8x_3 = -1, \\ x_1 + 3x_2 + 8x_3 = -4; \end{cases}$　　(2) $\begin{cases} x_1 - x_2 + x_4 = 0, \\ 2x_1 - x_3 - 2x_4 = -2, \\ -2x_2 - x_3 + 4x_4 = 2. \end{cases}$

18. 设四元非齐次线性方程组的系数矩阵的秩为 3，已知 $\boldsymbol{\eta}_1, \boldsymbol{\eta}_2, \boldsymbol{\eta}_3$ 是它的三个解向量，且

$$\boldsymbol{\eta}_1 = \begin{pmatrix} 2 \\ 3 \\ 4 \\ 5 \end{pmatrix}, \quad \boldsymbol{\eta}_2 + \boldsymbol{\eta}_3 = \begin{pmatrix} 1 \\ 2 \\ 3 \\ 4 \end{pmatrix},$$

求该方程组的通解.

19. 设矩阵 $\boldsymbol{A} = (\boldsymbol{\alpha}_1, \boldsymbol{\alpha}_2, \boldsymbol{\alpha}_3, \boldsymbol{\alpha}_4)$，其中 $\boldsymbol{\alpha}_2, \boldsymbol{\alpha}_3, \boldsymbol{\alpha}_4$ 线性无关，$\boldsymbol{\alpha}_1 = 2\boldsymbol{\alpha}_2 - \boldsymbol{\alpha}_3$. 向量 $\boldsymbol{\beta} = \boldsymbol{\alpha}_1 + \boldsymbol{\alpha}_2 + \boldsymbol{\alpha}_3 + \boldsymbol{\alpha}_4$，求方程 $\boldsymbol{Ax} = \boldsymbol{\beta}$ 的通解.

20. 设

$$\boldsymbol{a} = \begin{pmatrix} a_1 \\ a_2 \\ a_3 \end{pmatrix}, \quad \boldsymbol{b} = \begin{pmatrix} b_1 \\ b_2 \\ b_3 \end{pmatrix}, \quad \boldsymbol{c} = \begin{pmatrix} c_1 \\ c_2 \\ c_3 \end{pmatrix},$$

证明三直线

$$\begin{cases} l_1: a_1x + b_1y + c_1 = 0, \\ l_2: a_2x + b_2y + c_2 = 0, \quad (a_i^2 + b_i^2 \neq 0,\ i = 1, 2, 3) \\ l_3: a_3x + b_3y + c_3 = 0 \end{cases}$$

相交于一点的充分必要条件为：向量组 $\boldsymbol{a}$，$\boldsymbol{b}$ 线性无关，且向量组 $\boldsymbol{a}$，$\boldsymbol{b}$，$\boldsymbol{c}$ 线性相关.

21. 设 n 阶方阵 $\mathbf{A}$ 满足 $\mathbf{A}^2=\mathbf{A}$，$\mathbf{E}$ 为 n 阶方阵，证明

$$R(\mathbf{A})+R(\mathbf{A}-\mathbf{E})=n.$$

22. 设 $\mathbf{A}$ 为 n 阶矩阵($n\geqslant 2$)，$\mathbf{A}^*$ 为 $\mathbf{A}$ 的伴随阵，证明

$$R(\mathbf{A}^*)=\begin{cases} n, & 当\ R(\mathbf{A})=n, \\ 1, & 当\ R(\mathbf{A})=n-1, \\ 0, & 当\ R(\mathbf{A})\leqslant n-2. \end{cases}$$

23. 设 $V_1=\left\{\boldsymbol{x}=\begin{pmatrix} x_1 \\ x_2 \\ x_3 \end{pmatrix} \middle| x_1, x_2, x_3\in\mathbf{R}, 满足\ x_1+x_2+x_3=0\right\}$,

$V_2=\left\{\boldsymbol{x}=\begin{pmatrix} x_1 \\ x_2 \\ x_3 \end{pmatrix} \middle| x_1, x_2, x_3\in\mathbf{R}, 满足\ x_1+x_2+x_3=1\right\}$,

问 V_1，V_2 是不是向量空间，为什么？

24. 试证：由

$$\boldsymbol{\alpha}_1=\begin{pmatrix} 0 \\ 1 \\ 1 \end{pmatrix},\quad \boldsymbol{\alpha}_2=\begin{pmatrix} 1 \\ 0 \\ 1 \end{pmatrix},\quad \boldsymbol{\alpha}_3=\begin{pmatrix} 1 \\ 1 \\ 0 \end{pmatrix}$$

所生成的向量空间就是 $\mathbf{R}^3$.

25. 设

$$\mathbf{A}=(\boldsymbol{\alpha}_1, \boldsymbol{\alpha}_2, \boldsymbol{\alpha}_3)=\begin{pmatrix} 2 & 2 & -1 \\ 2 & -1 & 2 \\ -1 & 2 & 2 \end{pmatrix},$$

$$\mathbf{B}=(\boldsymbol{\beta}_1, \boldsymbol{\beta}_2)=\begin{pmatrix} 1 & 4 \\ 0 & 3 \\ -4 & 2 \end{pmatrix}.$$

验证 $\boldsymbol{\alpha}_1$，$\boldsymbol{\alpha}_2$，$\boldsymbol{\alpha}_3$ 是 $\mathbf{R}^3$ 的一个基，并求 $\boldsymbol{\beta}_1$，$\boldsymbol{\beta}_2$ 在这个基中的坐标.

26. 已知 $\mathbf{R}^3$ 的两个基为

$$\boldsymbol{\alpha}_1=\begin{pmatrix} 1 \\ 1 \\ 1 \end{pmatrix}, \boldsymbol{\alpha}_2=\begin{pmatrix} 1 \\ 0 \\ -1 \end{pmatrix}, \boldsymbol{\alpha}_3=\begin{pmatrix} 1 \\ 0 \\ 1 \end{pmatrix} \quad 及 \quad \boldsymbol{\beta}_1=\begin{pmatrix} 1 \\ 2 \\ 1 \end{pmatrix}, \boldsymbol{\beta}_2=\begin{pmatrix} 2 \\ 3 \\ 4 \end{pmatrix}, \boldsymbol{\beta}_3=\begin{pmatrix} 3 \\ 4 \\ 3 \end{pmatrix}.$$

求由基 $\boldsymbol{\alpha}_1$，$\boldsymbol{\alpha}_2$，$\boldsymbol{\alpha}_3$ 到基 $\boldsymbol{\beta}_1$，$\boldsymbol{\beta}_2$，$\boldsymbol{\beta}_3$ 的过渡矩阵 $\boldsymbol{P}$.

27. 选择题.

(1) 设 $\mathbf{A}$ 是 n 阶方阵，其秩 $R(\mathbf{A})=r<n$，那么在 $\mathbf{A}$ 的 n 个列向量中________.

(A) 必有 r 个列向量线性无关

(B) 任意 r 个列向量线性无关

(C) 任意 r 个列向量就是 $\boldsymbol{A}$ 的列向量组的一个最大无关组

(D) 任意一个列向量可由其他 r 个列向量线性表示

(2) 设 $\boldsymbol{A}$ 是四阶方阵，$\boldsymbol{A}$ 的行列式 $|\boldsymbol{A}|=0$，那么 $\boldsymbol{A}$ 中________.

(A) 必有一列元素全为零

(B) 必有两列元素对应成比例

(C) 必有一个列向量是其余 3 个列向量的线性组合

(D) 任意一个列向量是其余列向量的线性组合

(3) 设 $\boldsymbol{A}$ 是 $m\times n$ 型矩阵，$\boldsymbol{Ax}=\boldsymbol{0}$ 是非齐次线性方程组 $\boldsymbol{Ax}=\boldsymbol{b}$ 的导出组，下列结论正确的是________.

(A) 如 $\boldsymbol{Ax}=\boldsymbol{0}$ 只有零解，则 $\boldsymbol{Ax}=\boldsymbol{b}$ 有唯一解

(B) 如 $\boldsymbol{Ax}=\boldsymbol{0}$ 有非零解，则 $\boldsymbol{Ax}=\boldsymbol{b}$ 有无穷多个解

(C) 如 $\boldsymbol{Ax}=\boldsymbol{b}$ 有无穷多个解，则 $\boldsymbol{Ax}=\boldsymbol{0}$ 只有零解

(D) 如 $\boldsymbol{Ax}=\boldsymbol{b}$ 有无穷多个解，则 $\boldsymbol{Ax}=\boldsymbol{0}$ 有非零解

28. 举例说明下列各命题是错误的.

(1) 如果向量组 $\boldsymbol{\alpha}_1, \boldsymbol{\alpha}_2, \cdots, \boldsymbol{\alpha}_r$ 线性相关，则 $\boldsymbol{\alpha}_1$ 可由 $\boldsymbol{\alpha}_2, \boldsymbol{\alpha}_3, \cdots, \boldsymbol{\alpha}_r$ 线性表示.

(2) 如果有不全为零的数 $\lambda_1, \lambda_2, \cdots, \lambda_m$ 使

$$\lambda_1\boldsymbol{\alpha}_1+\cdots+\lambda_m\boldsymbol{\alpha}_m+\lambda_1\boldsymbol{\beta}_1+\cdots+\lambda_m\boldsymbol{\beta}_m=\boldsymbol{0},$$

则 $\boldsymbol{\alpha}_1, \cdots, \boldsymbol{\alpha}_m$ 线性相关，$\boldsymbol{\beta}_1, \cdots, \boldsymbol{\beta}_m$ 也线性相关.

(3) 如果只有当 $\lambda_1, \lambda_2, \cdots, \lambda_m$ 全为零时，等式

$$\lambda_1\boldsymbol{\alpha}_1+\cdots+\lambda_m\boldsymbol{\alpha}_m+\lambda_1\boldsymbol{\beta}_1+\cdots+\lambda_m\boldsymbol{\beta}_m=\boldsymbol{0}$$

才能成立，则 $\boldsymbol{\alpha}_1, \cdots, \boldsymbol{\alpha}_m$ 线性无关，$\boldsymbol{\beta}_1, \cdots, \boldsymbol{\beta}_m$ 也线性无关.

29. 已知 $\boldsymbol{\xi}_1, \boldsymbol{\xi}_2, \boldsymbol{\xi}_3$ 是齐次线性方程组 $\boldsymbol{Ax}=\boldsymbol{0}$ 的一个基础解系，问下面两个向量组是不是该齐次线性方程组的基础解系？为什么？

(1) $\boldsymbol{\xi}_1+\boldsymbol{\xi}_2, \boldsymbol{\xi}_2+\boldsymbol{\xi}_3, \boldsymbol{\xi}_3+\boldsymbol{\xi}_1$；

(2) $\boldsymbol{\xi}_1-\boldsymbol{\xi}_2, \boldsymbol{\xi}_2-\boldsymbol{\xi}_3, \boldsymbol{\xi}_3-\boldsymbol{\xi}_1$.

第5章　相似矩阵和二次型

本章介绍正交阵以及方阵的特征值和特征向量，讨论两个 n 阶方阵之间的相似关系，从而进一步讨论二次型及其标准形.

5.1　向量的内积与正交

5.1.1　向量的内积

定义 5.1　设 n 维向量

$$\boldsymbol{\alpha}=\begin{pmatrix}a_1\\a_2\\\vdots\\a_n\end{pmatrix},\quad \boldsymbol{\beta}=\begin{pmatrix}b_1\\b_2\\\vdots\\b_n\end{pmatrix},$$

令

$$[\boldsymbol{\alpha},\boldsymbol{\beta}]=a_1b_1+a_2b_2+\cdots+a_nb_n,$$

$[\boldsymbol{\alpha},\boldsymbol{\beta}]$称为向量的**内积**.

向量的内积是一种运算.如果把向量看成列矩阵，那么向量的内积可以表示成矩阵的乘积形式

$$[\boldsymbol{\alpha},\boldsymbol{\beta}]=\sum_{i=1}^{n}a_ib_i=\boldsymbol{\alpha}^{\mathrm{T}}\boldsymbol{\beta}.$$

设 $\boldsymbol{\alpha},\boldsymbol{\beta},\boldsymbol{\gamma}$ 都是 n 维向量，k 为实数，向量内积有如下运算规律：

(1) $[\boldsymbol{\alpha},\boldsymbol{\beta}]=[\boldsymbol{\beta},\boldsymbol{\alpha}]$；

(2) $[k\boldsymbol{\alpha},\boldsymbol{\beta}]=k[\boldsymbol{\alpha},\boldsymbol{\beta}]$；

(3) $[\boldsymbol{\alpha}+\boldsymbol{\beta},\boldsymbol{\gamma}]=[\boldsymbol{\alpha},\boldsymbol{\gamma}]+[\boldsymbol{\beta},\boldsymbol{\gamma}]$；

(4) $[\boldsymbol{\alpha},\boldsymbol{\alpha}]\geqslant 0$，且$[\boldsymbol{\alpha},\boldsymbol{\alpha}]=0$ 当且仅当 $\boldsymbol{\alpha}=\mathbf{0}$.

下面仅证运算规律(3).

证明

$$\begin{aligned}[\boldsymbol{\alpha}+\boldsymbol{\beta},\boldsymbol{\gamma}]&=(\boldsymbol{\alpha}+\boldsymbol{\beta})^{\mathrm{T}}\boldsymbol{\gamma}=(\boldsymbol{\alpha}^{\mathrm{T}}+\boldsymbol{\beta}^{\mathrm{T}})\boldsymbol{\gamma}\\&=\boldsymbol{\alpha}^{\mathrm{T}}\boldsymbol{\gamma}+\boldsymbol{\beta}^{\mathrm{T}}\boldsymbol{\gamma}=[\boldsymbol{\alpha},\boldsymbol{\gamma}]+[\boldsymbol{\beta},\boldsymbol{\gamma}].\end{aligned}$$

定义 5.2　设有 n 维向量

$$\boldsymbol{\alpha}=\begin{pmatrix}a_1\\a_2\\\vdots\\a_n\end{pmatrix},$$

令

$$\|\boldsymbol{\alpha}\|=\sqrt{[\boldsymbol{\alpha},\boldsymbol{\alpha}]}=\sqrt{a_1^2+a_2^2+\cdots+a_n^2},$$

$\|\boldsymbol{\alpha}\|$ 称为 n 维向量 $\boldsymbol{\alpha}$ 的**长度**(也称为**模**或**范数**).

向量的长度具有下列性质:

(1) **非负性** $\|\boldsymbol{\alpha}\|\geqslant 0$,且 $\|\boldsymbol{\alpha}\|=0$ 当且仅当 $\boldsymbol{\alpha}=\mathbf{0}$;

(2) **齐次性** $\|k\boldsymbol{\alpha}\|=|k|\,\|\boldsymbol{\alpha}\|$.

当 $\|\boldsymbol{\alpha}\|=1$ 时,称 $\boldsymbol{\alpha}$ 为**单位向量**. 设 $\boldsymbol{\alpha}$ 是 n 维非零向量 $\mathbf{0}$,因为 $\left\|\dfrac{\boldsymbol{\alpha}}{\|\boldsymbol{\alpha}\|}\right\|=\dfrac{1}{\|\boldsymbol{\alpha}\|}\|\boldsymbol{\alpha}\|=1$,所以$\dfrac{\boldsymbol{\alpha}}{\|\boldsymbol{\alpha}\|}$是单位向量,称为**单位化向量**.

例 5.1 把向量 $\boldsymbol{\alpha}=\begin{pmatrix}1\\2\\2\end{pmatrix}$ 单位化.

解 因为 $\|\boldsymbol{\alpha}\|=\sqrt{1^2+2^2+2^2}=3$,所以

$$\frac{\boldsymbol{\alpha}}{\|\boldsymbol{\alpha}\|}=\frac{1}{3}\begin{pmatrix}1\\2\\2\end{pmatrix}=\begin{pmatrix}\frac{1}{3}\\\frac{2}{3}\\\frac{2}{3}\end{pmatrix}.$$

即为所求单位向量.

定义 5.3 当 $\|\boldsymbol{\alpha}\|\neq 0$,$\|\boldsymbol{\beta}\|\neq 0$ 时,

$$\theta=\arccos\frac{[\boldsymbol{\alpha},\boldsymbol{\beta}]}{\|\boldsymbol{\alpha}\|\,\|\boldsymbol{\beta}\|}$$

称为 n 维向量 $\boldsymbol{\alpha}$ 与 $\boldsymbol{\beta}$ 的**夹角**.

当$[\boldsymbol{\alpha},\boldsymbol{\beta}]=0$ 时,称向量 $\boldsymbol{\alpha}$ 与 $\boldsymbol{\beta}$ **正交**. 如果 $\boldsymbol{\alpha}=\mathbf{0}$,那么 $\boldsymbol{\alpha}$ 与任何向量都正交.

两两正交的非零向量组称为**正交向量组**. 设 $\boldsymbol{\alpha}_1,\boldsymbol{\alpha}_2,\cdots,\boldsymbol{\alpha}_m$ 是正交向量组,则

$$[\boldsymbol{\alpha}_i,\boldsymbol{\alpha}_j]=\begin{cases}0, & i\neq j,\\ \|\boldsymbol{\alpha}_i\|^2, & i=j.\end{cases}$$

正交向量组有下述性质:

性质　正交向量组必是线性无关向量组.

证明　设 $\boldsymbol{\alpha}_1, \boldsymbol{\alpha}_2, \cdots, \boldsymbol{\alpha}_m$ 是正交向量组,有数 $k_1, k_2, \cdots, k_m$ 使

$$k_1\boldsymbol{\alpha}_1 + k_2\boldsymbol{\alpha}_2 + \cdots + k_m\boldsymbol{\alpha}_m = \mathbf{0}.$$

由正交向量组的定义,当 $i \neq j$ 时,$[\boldsymbol{\alpha}_i, \boldsymbol{\alpha}_j] = 0$,上式两边同时与 $\boldsymbol{\alpha}_i (i = 1, 2, \cdots, m)$ 作内积,得

$$[k_1\boldsymbol{\alpha}_1 + k_2\boldsymbol{\alpha}_2 + \cdots + k_m\boldsymbol{\alpha}_m, \boldsymbol{\alpha}_i] = [\mathbf{0}, \boldsymbol{\alpha}_i] = 0.$$

但由内积运算的性质,上式的左边等于 $k_i[\boldsymbol{\alpha}_i, \boldsymbol{\alpha}_i]$,所以得

$$k_i[\boldsymbol{\alpha}_i, \boldsymbol{\alpha}_i] = 0,$$

又 $\boldsymbol{\alpha}_i \neq \mathbf{0}$,从而 $[\boldsymbol{\alpha}_i, \boldsymbol{\alpha}_i] > 0$,推知 $k_i = 0 (i = 1, 2, \cdots, m)$,这就证明了向量组 $\boldsymbol{\alpha}_1, \boldsymbol{\alpha}_2, \cdots, \boldsymbol{\alpha}_m$ 线性无关.

5.1.2　线性无关向量组的正交化方法

正交向量组是线性无关向量组,但线性无关向量组却不一定是正交向量组. 例如,$\boldsymbol{\alpha}_1 = \begin{pmatrix}1\\0\\0\end{pmatrix}$,$\boldsymbol{\alpha}_2 = \begin{pmatrix}1\\1\\0\end{pmatrix}$,$\boldsymbol{\alpha}_3 = \begin{pmatrix}1\\1\\1\end{pmatrix}$ 是线性无关向量组,但 $[\boldsymbol{\alpha}_1, \boldsymbol{\alpha}_2] = 1$,$[\boldsymbol{\alpha}_2, \boldsymbol{\alpha}_3] = 2$,$[\boldsymbol{\alpha}_1, \boldsymbol{\alpha}_3] = 1$,因此它不是正交向量组.

对任意一个线性无关向量组,我们可以找到一个与其等价的正交单位向量组,具体做法如下:

设 $\boldsymbol{\alpha}_1, \boldsymbol{\alpha}_2, \cdots, \boldsymbol{\alpha}_r$ 是线性无关向量组. 先取

$$\boldsymbol{\beta}_1 = \boldsymbol{\alpha}_1,$$

令 $\boldsymbol{\beta}_2 = \boldsymbol{\alpha}_2 + k\boldsymbol{\beta}_1$ (k 待定),使 $\boldsymbol{\beta}_2$ 与 $\boldsymbol{\beta}_1$ 正交,即有

$$[\boldsymbol{\beta}_2, \boldsymbol{\beta}_1] = [\boldsymbol{\alpha}_2 + k\boldsymbol{\beta}_1, \boldsymbol{\beta}_1] = [\boldsymbol{\alpha}_2, \boldsymbol{\beta}_1] + k[\boldsymbol{\beta}_1, \boldsymbol{\beta}_1] = 0,$$

得

$$k = -\frac{[\boldsymbol{\alpha}_2, \boldsymbol{\beta}_1]}{[\boldsymbol{\beta}_1, \boldsymbol{\beta}_1]},$$

于是得

$$\boldsymbol{\beta}_2 = \boldsymbol{\alpha}_2 - \frac{[\boldsymbol{\alpha}_2, \boldsymbol{\beta}_1]}{[\boldsymbol{\beta}_1, \boldsymbol{\beta}_1]}\boldsymbol{\beta}_1.$$

这样求得的两个向量 $\boldsymbol{\beta}_1, \boldsymbol{\beta}_2$ 正交,且与向量 $\boldsymbol{\alpha}_1, \boldsymbol{\alpha}_2$ 等价. 再令 $\boldsymbol{\beta}_3 = \boldsymbol{\alpha}_3 + k_1\boldsymbol{\beta}_1 + k_2\boldsymbol{\beta}_2$ (k_1, k_2 待定),使 $\boldsymbol{\beta}_3$ 与 $\boldsymbol{\beta}_1, \boldsymbol{\beta}_2$ 彼此正交,满足 $[\boldsymbol{\beta}_1, \boldsymbol{\beta}_3] = 0$,$[\boldsymbol{\beta}_2, \boldsymbol{\beta}_3] = 0$,即有

$$[\boldsymbol{\beta}_3, \boldsymbol{\beta}_1] = [\boldsymbol{\alpha}_3, \boldsymbol{\beta}_1] + k_1[\boldsymbol{\beta}_1, \boldsymbol{\beta}_1] = 0$$

以及

$$[\boldsymbol{\beta}_3, \boldsymbol{\beta}_2] = [\boldsymbol{\alpha}_3, \boldsymbol{\beta}_2] + k_2[\boldsymbol{\beta}_2, \boldsymbol{\beta}_2] = 0.$$

得

$$k_1 = -\frac{[\boldsymbol{\alpha}_3, \boldsymbol{\beta}_1]}{[\boldsymbol{\beta}_1, \boldsymbol{\beta}_1]}, \quad k_2 = -\frac{[\boldsymbol{\alpha}_3, \boldsymbol{\beta}_2]}{[\boldsymbol{\beta}_2, \boldsymbol{\beta}_2]},$$

于是得

$$\boldsymbol{\beta}_3 = \boldsymbol{\alpha}_3 - \frac{[\boldsymbol{\alpha}_3, \boldsymbol{\beta}_1]}{[\boldsymbol{\beta}_1, \boldsymbol{\beta}_1]}\boldsymbol{\beta}_1 - \frac{[\boldsymbol{\alpha}_3, \boldsymbol{\beta}_2]}{[\boldsymbol{\beta}_2, \boldsymbol{\beta}_2]}\boldsymbol{\beta}_2.$$

这样求得的三个向量 $\boldsymbol{\beta}_1, \boldsymbol{\beta}_2, \boldsymbol{\beta}_3$ 彼此两两正交,且与向量 $\boldsymbol{\alpha}_1, \boldsymbol{\alpha}_2, \boldsymbol{\alpha}_3$ 等价.

依此类推,一般有

$$\boldsymbol{\beta}_j = \boldsymbol{\alpha}_j - \frac{[\boldsymbol{\alpha}_j, \boldsymbol{\beta}_1]}{[\boldsymbol{\beta}_1, \boldsymbol{\beta}_1]}\boldsymbol{\beta}_1 - \frac{[\boldsymbol{\alpha}_j, \boldsymbol{\beta}_2]}{[\boldsymbol{\beta}_2, \boldsymbol{\beta}_2]}\boldsymbol{\beta}_2 - \cdots - \frac{[\boldsymbol{\alpha}_j, \boldsymbol{\beta}_{j-1}]}{[\boldsymbol{\beta}_{j-1}, \boldsymbol{\beta}_{j-1}]}\boldsymbol{\beta}_{j-1} \quad (j = 4, 5, \cdots, r).$$

可以证明这样得到的正交向量组 $\boldsymbol{\beta}_1, \boldsymbol{\beta}_2, \cdots, \boldsymbol{\beta}_r$ 与向量组 $\boldsymbol{\alpha}_1, \boldsymbol{\alpha}_2, \cdots, \boldsymbol{\alpha}_r$ 等价.

如果再要求与 $\boldsymbol{\alpha}_1, \boldsymbol{\alpha}_2, \cdots, \boldsymbol{\alpha}_r$ 等价的单位正交向量组,只须取

$$\boldsymbol{p}_1 = \frac{\boldsymbol{\beta}_1}{\|\boldsymbol{\beta}_1\|}, \boldsymbol{p}_2 = \frac{\boldsymbol{\beta}_2}{\|\boldsymbol{\beta}_2\|}, \cdots, \boldsymbol{p}_r = \frac{\boldsymbol{\beta}_r}{\|\boldsymbol{\beta}_r\|}.$$

上面介绍的正交化过程称为**施密特正交化过程.**

例 5.2 试用施密特正交化过程,求与线性无关向量组

$$\boldsymbol{\alpha}_1 = \begin{pmatrix}1\\0\\0\end{pmatrix}, \quad \boldsymbol{\alpha}_2 = \begin{pmatrix}1\\1\\0\end{pmatrix}, \quad \boldsymbol{\alpha}_3 = \begin{pmatrix}1\\1\\1\end{pmatrix}$$

等价的单位正交向量组.

解 取

$$\boldsymbol{\beta}_1 = \boldsymbol{\alpha}_1 = \begin{pmatrix}1\\0\\0\end{pmatrix},$$

$$\boldsymbol{\beta}_2 = \boldsymbol{\alpha}_2 - \frac{[\boldsymbol{\alpha}_2, \boldsymbol{\beta}_1]}{[\boldsymbol{\beta}_1, \boldsymbol{\beta}_1]}\boldsymbol{\beta}_1 = \begin{pmatrix}1\\1\\0\end{pmatrix} - \frac{1}{1}\begin{pmatrix}1\\0\\0\end{pmatrix} = \begin{pmatrix}0\\1\\0\end{pmatrix},$$

$$\begin{aligned}\boldsymbol{\beta}_3 &= \boldsymbol{\alpha}_3 - \frac{[\boldsymbol{\alpha}_3, \boldsymbol{\beta}_1]}{[\boldsymbol{\beta}_1, \boldsymbol{\beta}_1]}\boldsymbol{\beta}_1 - \frac{[\boldsymbol{\alpha}_3, \boldsymbol{\beta}_2]}{[\boldsymbol{\beta}_2, \boldsymbol{\beta}_2]}\boldsymbol{\beta}_2 \\ &= \begin{pmatrix}1\\1\\1\end{pmatrix} - \frac{1}{1}\begin{pmatrix}1\\0\\0\end{pmatrix} - \frac{1}{1}\begin{pmatrix}0\\1\\0\end{pmatrix} = \begin{pmatrix}0\\0\\1\end{pmatrix}.\end{aligned}$$

那么，$\boldsymbol{\beta}_1$，$\boldsymbol{\beta}_2$，$\boldsymbol{\beta}_3$就是与$\boldsymbol{\alpha}_1$，$\boldsymbol{\alpha}_2$，$\boldsymbol{\alpha}_3$等价的单位正交向量组.

当然与$\boldsymbol{\alpha}_1$，$\boldsymbol{\alpha}_2$，$\boldsymbol{\alpha}_3$等价的单位正交向量组并不唯一. 由于正交化过程中所取向量次序不同，所得结果不同，而计算的难易程度也不同. 下面再解本题.

取

$$\boldsymbol{\gamma}_1 = \boldsymbol{\alpha}_3 = \begin{pmatrix} 1 \\ 1 \\ 1 \end{pmatrix},$$

$$\boldsymbol{\gamma}_2 = \boldsymbol{\alpha}_2 - \frac{[\boldsymbol{\alpha}_2, \boldsymbol{\gamma}_1]}{[\boldsymbol{\gamma}_1, \boldsymbol{\gamma}_1]}\boldsymbol{\gamma}_1 = \begin{pmatrix} 1 \\ 1 \\ 0 \end{pmatrix} - \frac{2}{3}\begin{pmatrix} 1 \\ 1 \\ 1 \end{pmatrix} = \begin{pmatrix} \frac{1}{3} \\ \frac{1}{3} \\ -\frac{2}{3} \end{pmatrix},$$

$$\boldsymbol{\gamma}_3 = \boldsymbol{\alpha}_1 - \frac{[\boldsymbol{\alpha}_1, \boldsymbol{\gamma}_1]}{[\boldsymbol{\gamma}_1, \boldsymbol{\gamma}_1]}\boldsymbol{\gamma}_1 - \frac{[\boldsymbol{\alpha}_1, \boldsymbol{\gamma}_2]}{[\boldsymbol{\gamma}_2, \boldsymbol{\gamma}_2]}\boldsymbol{\gamma}_2 = \begin{pmatrix} 1 \\ 0 \\ 0 \end{pmatrix} - \frac{1}{3}\begin{pmatrix} 1 \\ 1 \\ 1 \end{pmatrix} - \frac{1}{2}\begin{pmatrix} \frac{1}{3} \\ \frac{1}{3} \\ -\frac{2}{3} \end{pmatrix} = \begin{pmatrix} \frac{1}{2} \\ -\frac{1}{2} \\ 0 \end{pmatrix}.$$

再取

$$\boldsymbol{p}_1 = \frac{\boldsymbol{\gamma}_1}{\|\boldsymbol{\gamma}_1\|} = \begin{pmatrix} \frac{1}{\sqrt{3}} \\ \frac{1}{\sqrt{3}} \\ \frac{1}{\sqrt{3}} \end{pmatrix}, \quad \boldsymbol{p}_2 = \frac{\boldsymbol{\gamma}_2}{\|\boldsymbol{\gamma}_2\|} = \begin{pmatrix} \frac{1}{\sqrt{6}} \\ \frac{1}{\sqrt{6}} \\ -\frac{2}{\sqrt{6}} \end{pmatrix},$$

$$\boldsymbol{p}_3 = \frac{\boldsymbol{\gamma}_3}{\|\boldsymbol{\gamma}_3\|} = \begin{pmatrix} \frac{1}{\sqrt{2}} \\ -\frac{1}{\sqrt{2}} \\ 0 \end{pmatrix},$$

则 $\boldsymbol{p}_1$，$\boldsymbol{p}_2$，$\boldsymbol{p}_3$也是与$\boldsymbol{\alpha}_1$，$\boldsymbol{\alpha}_2$，$\boldsymbol{\alpha}_3$等价的单位正交向量组.

5.1.3 正交阵

定义 5.4 设 n 阶方阵 $\boldsymbol{A} = (a_{ij})$，满足

$$\boldsymbol{A}^{\mathrm{T}}\boldsymbol{A} = \boldsymbol{E},$$

那么称 $\boldsymbol{A}$ 为**正交阵**.

正交阵有以下性质：

性质 1　设 $\boldsymbol{A}$ 是正交阵，那么 $\boldsymbol{A}$ 是可逆阵，且 $\boldsymbol{A}^{-1}=\boldsymbol{A}^{\mathrm{T}}$.

证明　由定义 5.4 知，$\boldsymbol{A}$ 是正交阵，$\boldsymbol{A}^{\mathrm{T}}\boldsymbol{A}=\boldsymbol{E}$，因此，由定理 2.2 的推论知，$\boldsymbol{A}$ 是可逆阵，且 $\boldsymbol{A}^{-1}=\boldsymbol{A}^{\mathrm{T}}$.

性质 2　$\boldsymbol{A}$ 是正交阵的充分必要条件是 $\boldsymbol{A}$ 的 n 个列向量是单位正交向量组.

证明　设 $\boldsymbol{A}$ 是 n 阶正交阵，记 $\boldsymbol{A}=(\boldsymbol{\alpha}_1,\ \boldsymbol{\alpha}_2,\ \cdots,\ \boldsymbol{\alpha}_n)$，由定义 5.4，有

$$\boldsymbol{A}^{\mathrm{T}}\boldsymbol{A}=\begin{pmatrix}\boldsymbol{\alpha}_1^{\mathrm{T}}\\ \boldsymbol{\alpha}_2^{\mathrm{T}}\\ \vdots\\ \boldsymbol{\alpha}_n^{\mathrm{T}}\end{pmatrix}(\boldsymbol{\alpha}_1,\ \boldsymbol{\alpha}_2,\ \cdots,\ \boldsymbol{\alpha}_n)=\begin{pmatrix}\boldsymbol{\alpha}_1^{\mathrm{T}}\boldsymbol{\alpha}_1 & \boldsymbol{\alpha}_1^{\mathrm{T}}\boldsymbol{\alpha}_2 & \cdots & \boldsymbol{\alpha}_1^{\mathrm{T}}\boldsymbol{\alpha}_n\\ \boldsymbol{\alpha}_2^{\mathrm{T}}\boldsymbol{\alpha}_1 & \boldsymbol{\alpha}_2^{\mathrm{T}}\boldsymbol{\alpha}_2 & \cdots & \boldsymbol{\alpha}_2^{\mathrm{T}}\boldsymbol{\alpha}_n\\ \vdots & \vdots & & \vdots\\ \boldsymbol{\alpha}_n^{\mathrm{T}}\boldsymbol{\alpha}_1 & \boldsymbol{\alpha}_n^{\mathrm{T}}\boldsymbol{\alpha}_2 & \cdots & \boldsymbol{\alpha}_n^{\mathrm{T}}\boldsymbol{\alpha}_n\end{pmatrix}=\begin{pmatrix}1 & & & \\ & 1 & & \\ & & \ddots & \\ & & & 1\end{pmatrix}.$$

因此，$\boldsymbol{A}$ 的 n 个列向量应满足

$$\boldsymbol{\alpha}_i^{\mathrm{T}}\boldsymbol{\alpha}_j=\begin{cases}1, & \text{当 } i=j,\\ 0, & \text{当 } i\neq j\end{cases}\quad (i,\ j=1,\ 2,\ \cdots,\ n).$$

即 $\boldsymbol{A}$ 的 n 个列向量是单位正交向量组.

由于上述过程可逆，因此，当 n 个列向量是单位正交向量组时，它们所构成的矩阵一定是正交阵.

设 $\boldsymbol{A}$ 是正交阵，那么 $\boldsymbol{A}^{\mathrm{T}}\boldsymbol{A}=\boldsymbol{E}$. 由性质 1 可知，必有 $\boldsymbol{A}\boldsymbol{A}^{\mathrm{T}}=\boldsymbol{E}$. 所以有以下结论：

性质 3　$\boldsymbol{A}$ 是正交阵的充分必要条件是 $\boldsymbol{A}$ 的 n 个行向量是单位正交向量组.

例如，方阵

$$\boldsymbol{A}=\begin{pmatrix}\frac{\sqrt{2}}{2} & \frac{\sqrt{2}}{2} & 0\\ \frac{\sqrt{2}}{2} & -\frac{\sqrt{2}}{2} & 0\\ 0 & 0 & 1\end{pmatrix},$$

因为

$$\boldsymbol{A}^{\mathrm{T}}\boldsymbol{A}=\begin{pmatrix}\frac{\sqrt{2}}{2} & \frac{\sqrt{2}}{2} & 0\\ \frac{\sqrt{2}}{2} & -\frac{\sqrt{2}}{2} & 0\\ 0 & 0 & 1\end{pmatrix}\begin{pmatrix}\frac{\sqrt{2}}{2} & \frac{\sqrt{2}}{2} & 0\\ \frac{\sqrt{2}}{2} & -\frac{\sqrt{2}}{2} & 0\\ 0 & 0 & 1\end{pmatrix}=\begin{pmatrix}1 & & \\ & 1 & \\ & & 1\end{pmatrix},$$

由定义 5.4 可知 $\boldsymbol{A}$ 是正交阵. 而方阵

$$\boldsymbol{A}=\begin{pmatrix} 1 & -\frac{1}{2} & \frac{1}{3} \\ -\frac{1}{2} & 1 & \frac{1}{2} \\ \frac{1}{3} & \frac{1}{2} & -1 \end{pmatrix}$$

不是正交阵. 因为 $\boldsymbol{A}$ 中任意两个列向量彼此都不正交，且 $\boldsymbol{A}$ 中任意一个列向量都不是单位向量.

性质 4 设 $\boldsymbol{A}$, $\boldsymbol{B}$ 都是正交阵，那么 $\boldsymbol{AB}$ 也是正交阵.

证明 因为 $\boldsymbol{A}$, $\boldsymbol{B}$ 都是正交阵，那么

$$\boldsymbol{A}^{\mathrm{T}}\boldsymbol{A}=\boldsymbol{E} \quad 且 \quad \boldsymbol{B}^{\mathrm{T}}\boldsymbol{B}=\boldsymbol{E},$$

推得

$$\begin{aligned}(\boldsymbol{AB})^{\mathrm{T}}(\boldsymbol{AB})&=(\boldsymbol{B}^{\mathrm{T}}\boldsymbol{A}^{\mathrm{T}})(\boldsymbol{AB})=\boldsymbol{B}^{\mathrm{T}}(\boldsymbol{A}^{\mathrm{T}}\boldsymbol{A})\boldsymbol{B}\\&=\boldsymbol{B}^{\mathrm{T}}\boldsymbol{E}\boldsymbol{B}=\boldsymbol{B}^{\mathrm{T}}\boldsymbol{B}=\boldsymbol{E}.\end{aligned}$$

所以，$\boldsymbol{AB}$ 也是正交阵.

定义 5.5 若 $\boldsymbol{P}$ 为正交矩阵，则线性变换 $\boldsymbol{y}=\boldsymbol{Px}$ 称为**正交变换**.

设 $\boldsymbol{y}=\boldsymbol{Px}$ 为正交变换，则有

$$\|\boldsymbol{y}\|=\sqrt{\boldsymbol{y}^{\mathrm{T}}\boldsymbol{y}}=\sqrt{\boldsymbol{x}^{\mathrm{T}}\boldsymbol{P}^{\mathrm{T}}\boldsymbol{P}\boldsymbol{x}}=\sqrt{\boldsymbol{x}^{\mathrm{T}}\boldsymbol{x}}=\|\boldsymbol{x}\|.$$

由于 $\|\boldsymbol{x}\|$ 表示向量的长度，相当于线段的长度，因此 $\|\boldsymbol{y}\|=\|\boldsymbol{x}\|$ 说明经正交变换线段长度保持不变(从而三角形的形状保持不变).

5.2 方阵的特征值与特征向量

5.2.1 定义与性质

定义 5.6 设 $\boldsymbol{A}$ 是 n 阶方阵，λ 是数，如果存在 n 维非零向量 $\boldsymbol{\alpha}$，使

$$\boldsymbol{A\alpha}=\lambda\boldsymbol{\alpha}, \tag{5-1}$$

则称数 λ 是方阵 $\boldsymbol{A}$ 的**特征值**，非零向量 $\boldsymbol{\alpha}$ 是方阵 $\boldsymbol{A}$ 的属于特征值 λ 的**特征向量**.

方阵 $\boldsymbol{A}$ 的特征值和特征向量有下列性质：

性质 1 设 $\boldsymbol{\alpha}$ 是方阵 $\boldsymbol{A}$ 的属于特征值 λ 的特征向量，k 为任意非零常数，则 $k\boldsymbol{\alpha}$ 也是 $\boldsymbol{A}$ 的属于特征值 λ 的特征向量.

证明 由定义 5.6，$\boldsymbol{A\alpha}=\lambda\boldsymbol{\alpha}$，于是

$$\boldsymbol{A}(k\boldsymbol{\alpha})=k(\boldsymbol{A\alpha})=k(\lambda\boldsymbol{\alpha})=\lambda(k\boldsymbol{\alpha}).$$

这就是 $k\boldsymbol{\alpha}$ 也是 $\boldsymbol{A}$ 的属于特征值 λ 的特征向量.

这个性质说明:方阵 $\boldsymbol{A}$ 的属于特征值 λ 的特征向量不是唯一的.

性质 2 方阵 $\boldsymbol{A}$ 的属于不同的特征值的特征向量线性无关.

* **证明** 设 $\lambda_1, \lambda_2, \cdots, \lambda_m$ 是 $\boldsymbol{A}$ 的 m 个不同的特征值, $\boldsymbol{\alpha}_1, \boldsymbol{\alpha}_2, \cdots, \boldsymbol{\alpha}_m$ 依次是与之对应的特征向量,现要证明 $\boldsymbol{\alpha}_1, \boldsymbol{\alpha}_2, \cdots, \boldsymbol{\alpha}_m$ 线性无关.

考察

$$x_1\boldsymbol{\alpha}_1 + x_2\boldsymbol{\alpha}_2 + \cdots + x_m\boldsymbol{\alpha}_m = \boldsymbol{0}.$$

等式两边左乘 $\boldsymbol{A}$,得

$$\boldsymbol{A}(x_1\boldsymbol{\alpha}_1 + x_2\boldsymbol{\alpha}_2 + \cdots + x_m\boldsymbol{\alpha}_m) = \boldsymbol{A}\cdot\boldsymbol{0},$$

即

$$\lambda_1 x_1\boldsymbol{\alpha}_1 + \lambda_2 x_2\boldsymbol{\alpha}_2 + \cdots + \lambda_m x_m\boldsymbol{\alpha}_m = \boldsymbol{0}.$$

一次次地左乘 $\boldsymbol{A}$,得

$$(x_1\boldsymbol{\alpha}_2, x_2\boldsymbol{\alpha}_2, \cdots, x_m\boldsymbol{\alpha}_m)\begin{pmatrix} 1 & \lambda_1 & \cdots & \lambda_1^{m-1} \\ 1 & \lambda_2 & \cdots & \lambda_2^{m-1} \\ \vdots & \vdots & & \vdots \\ 1 & \lambda_m & \cdots & \lambda_m^{m-1} \end{pmatrix} = (\boldsymbol{0}, \boldsymbol{0}, \cdots, \boldsymbol{0}).$$

此等式左端的第二个矩阵的行列式是范德蒙行列式,由于 λ_i 各不相同,故此行列式不等于零,因而矩阵可逆. 在等式两边右乘此矩阵的逆阵,有

$$(x_1\boldsymbol{\alpha}_1, x_2\boldsymbol{\alpha}_2, \cdots, x_m\boldsymbol{\alpha}_m) = (\boldsymbol{0}, \boldsymbol{0}, \cdots, \boldsymbol{0}),$$

即

$$x_i\boldsymbol{\alpha}_i = \boldsymbol{0} \quad (i = 1, \cdots, m).$$

由于 $\boldsymbol{\alpha}_i \neq \boldsymbol{0}$,故 $x_i = 0\ (i = 1, \cdots, m)$. 所以向量组 $\boldsymbol{\alpha}_1, \boldsymbol{\alpha}_2, \cdots, \boldsymbol{\alpha}_m$ 线性无关.

5.2.2 方阵的特征值与特征向量的求法

式(5-1)也可以写成

$$(\boldsymbol{A} - \lambda\boldsymbol{E})\boldsymbol{x} = \boldsymbol{0},$$

即

$$\begin{pmatrix} a_{11}-\lambda & a_{12} & \cdots & a_{1n} \\ a_{21} & a_{22}-\lambda & \cdots & a_{2n} \\ \vdots & \vdots & & \vdots \\ a_{n1} & a_{n2} & \cdots & a_{nn}-\lambda \end{pmatrix}\begin{pmatrix} x_1 \\ x_2 \\ \vdots \\ x_n \end{pmatrix} = \begin{pmatrix} 0 \\ 0 \\ \vdots \\ 0 \end{pmatrix}.$$

这是 n 个未知数 n 个方程的齐次线性方程组,方阵 $\boldsymbol{A}$ 的属于特征值 λ 的特征向量就是这个齐次线性方程组的非零解. 齐次线性方程组有非零解的充分必要条件是系数矩阵的行列式等于零,即得

$$|\boldsymbol{A}-\lambda\boldsymbol{E}|=\begin{vmatrix} a_{11}-\lambda & a_{12} & \cdots & a_{1n} \\ a_{21} & a_{22}-\lambda & \cdots & a_{2n} \\ \vdots & \vdots & & \vdots \\ a_{n1} & a_{n2} & \cdots & a_{nn}-\lambda \end{vmatrix}=0.$$

等式左边是一个 λ 的 n 次多项式，记

$$f(\lambda)=|\boldsymbol{A}-\lambda\boldsymbol{E}|,$$

称 $f(\lambda)$为方阵 $\boldsymbol{A}$ 的**特征多项式**. 称 $f(\lambda)=|\boldsymbol{A}-\lambda\boldsymbol{E}|=0$ 是方阵 $\boldsymbol{A}$ 的**特征方程**. 因此，方阵 $\boldsymbol{A}$ 的特征值就是它的特征多项式的根. 由于 n 次多项式在复数范围内总有 n 个根(重根按重数计算)，所以 n 阶方阵有 n 个特征值.

方阵 $\boldsymbol{A}$ 与其特征值之间有如下关系(证略)：

设 n 阶方阵 $\boldsymbol{A}$ 的 n 个特征值为 $\lambda_1, \cdots, \lambda_n$，则

(1) $\lambda_1+\lambda_2+\cdots+\lambda_n=\sum_{i=1}^{n}a_{ii}$，其中 $a_{ii}(i=1, 2, \cdots, n)$ 是方阵 $\boldsymbol{A}$ 的对角线上的元素；

(2) $\lambda_1\lambda_2\cdots\lambda_n=|\boldsymbol{A}|$.

由上面的叙述可得求方阵 $\boldsymbol{A}$ 的特征值和特征向量的具体步骤如下：

(1) 求方阵 $\boldsymbol{A}$ 的特征方程 $f(\lambda)=|\boldsymbol{A}-\lambda\boldsymbol{E}|=0$ 的全部根，它们就是方阵 $\boldsymbol{A}$ 的全部特征值；

(2) 对方阵 $\boldsymbol{A}$ 的每一个特征值 λ_i，求出对应齐次线性方程组 $(\boldsymbol{A}-\lambda_i\boldsymbol{E})\boldsymbol{x}=\boldsymbol{0}$ 的一个基础解系 $\boldsymbol{p}_1, \boldsymbol{p}_2, \cdots, \boldsymbol{p}_t$，则 $\boldsymbol{p}_1, \boldsymbol{p}_2, \cdots, \boldsymbol{p}_t$ 就是方阵 $\boldsymbol{A}$ 的属于特征值 λ_i 的 t 个线性无关的特征向量，方阵 $\boldsymbol{A}$ 的属于特征值 λ_i 的所有特征向量就是

$$k_1\boldsymbol{p}_1+k_2\boldsymbol{p}_2+\cdots+k_t\boldsymbol{p}_t,$$

其中，$k_1, k_2, \cdots, k_t$ 是不全为零的数.

例 5.3 求方阵

$$\boldsymbol{A}=\begin{pmatrix} 3 & 0 & 4 \\ 0 & 6 & 0 \\ 4 & 0 & 3 \end{pmatrix}$$

的特征值和特征向量.

解 方阵 $\boldsymbol{A}$ 的特征多项式为

$$|\boldsymbol{A}-\lambda\boldsymbol{E}|=\begin{vmatrix} 3-\lambda & 0 & 4 \\ 0 & 6-\lambda & 0 \\ 4 & 0 & 3-\lambda \end{vmatrix}=(6-\lambda)(\lambda+1)(\lambda-7),$$

得方阵 $\boldsymbol{A}$ 的特征值为 $\lambda_1=-1, \lambda_2=7, \lambda_3=6$.

当 $\lambda_1=-1$ 时,解方程 $(\boldsymbol{A}+\boldsymbol{E})\boldsymbol{x}=\boldsymbol{0}$,由

$$\boldsymbol{A}+\boldsymbol{E}=\begin{pmatrix}4&0&4\\0&7&0\\4&0&4\end{pmatrix}\longrightarrow\begin{pmatrix}1&0&1\\0&1&0\\0&0&0\end{pmatrix},$$

得 $\boldsymbol{p}_1=\begin{pmatrix}-1\\0\\1\end{pmatrix}$ 是 $\lambda_1=-1$ 的特征向量,它的所有特征向量是 $k_1\boldsymbol{p}_1(k_1\neq0)$.

当 $\lambda_2=7$ 时,解方程 $(\boldsymbol{A}-7\boldsymbol{E})\boldsymbol{x}=\boldsymbol{0}$,由

$$\boldsymbol{A}-7\boldsymbol{E}=\begin{pmatrix}-4&0&4\\0&-1&0\\4&0&-4\end{pmatrix}\longrightarrow\begin{pmatrix}-1&0&1\\0&1&0\\0&0&0\end{pmatrix},$$

得 $\boldsymbol{p}_2=\begin{pmatrix}1\\0\\1\end{pmatrix}$ 是 $\lambda_2=7$ 的特征向量,它的所有特征向量是 $k_2\boldsymbol{p}_2(k_2\neq0)$.

当 $\lambda_3=6$ 时,解方程 $(\boldsymbol{A}-6\boldsymbol{E})\boldsymbol{x}=\boldsymbol{0}$,即解方程组

$$\begin{pmatrix}-3&0&4\\0&0&0\\4&0&-3\end{pmatrix}\begin{pmatrix}x_1\\x_2\\x_3\end{pmatrix}=\begin{pmatrix}0\\0\\0\end{pmatrix}.$$

上述方程组中,系数矩阵秩为 2,只有一个自由未知数(可以任取值). 由方程组可以解出 x_1,x_3 只能为零,自由未知数为 x_2. 当取 $x_2=0$ 时,得

$$\begin{pmatrix}x_1\\x_2\\x_3\end{pmatrix}=\begin{pmatrix}0\\0\\0\end{pmatrix}.$$

这是方程组的零解,但它不是 $\lambda_2=6$ 的特征向量. 由定义 5.6 知,方阵 $\boldsymbol{A}$ 的属于 $\lambda_3=6$ 的特征向量应是齐次线性方程组 $(\boldsymbol{A}-6\boldsymbol{E})\boldsymbol{x}=\boldsymbol{0}$ 的非零解,所以,只有当 $x_2\neq0$ 时,得到的解向量才是 $\lambda_3=6$ 的特征向量,为此取 $x_2=1$,得属于 $\lambda_3=6$ 的特征向量为

$\boldsymbol{p}_3=\begin{pmatrix}0\\1\\0\end{pmatrix}$,而 $\lambda_3=6$ 的所有特征向量是 $k_3\boldsymbol{p}_3(k_3\neq0)$.

下面再举两例.

例 5.4 求方阵

$$A=\begin{pmatrix}-1&1&0\\-4&3&0\\1&0&2\end{pmatrix}$$

的特征值和特征向量.

解 $\boldsymbol{A}$ 的特征多项式为

$$f(\lambda)=|\boldsymbol{A}-\lambda\boldsymbol{E}|=\begin{vmatrix}-1-\lambda&1&0\\-4&3-\lambda&0\\1&0&2-\lambda\end{vmatrix}$$
$$=(2-\lambda)(1-\lambda)^2,$$

所以 $\boldsymbol{A}$ 的特征值为 $\lambda_1=2$，$\lambda_2=\lambda_3=1$.

当 $\lambda_1=2$ 时,解方程 $(\boldsymbol{A}-2\boldsymbol{E})\boldsymbol{x}=\boldsymbol{0}$，由

$$\boldsymbol{A}-2\boldsymbol{E}=\begin{pmatrix}-3&1&0\\-4&1&0\\1&0&0\end{pmatrix}\longrightarrow\begin{pmatrix}0&1&0\\1&0&0\\0&0&0\end{pmatrix},$$

得 $\boldsymbol{p}_1=\begin{pmatrix}0\\0\\1\end{pmatrix}$ 是 $\boldsymbol{A}$ 的属于 $\lambda_1=2$ 的特征向量,它的所有特征向量为 $k_1\boldsymbol{p}_1(k_1\neq0)$.

当 $\lambda_2=\lambda_3=1$ 时,解方程 $(\boldsymbol{A}-\boldsymbol{E})\boldsymbol{x}=\boldsymbol{0}$，由

$$\boldsymbol{A}-\boldsymbol{E}=\begin{pmatrix}-2&1&0\\-4&2&0\\1&0&1\end{pmatrix}\longrightarrow\begin{pmatrix}-2&1&0\\1&0&1\\0&0&0\end{pmatrix},$$

得 $\boldsymbol{p}_2=\begin{pmatrix}1\\2\\-1\end{pmatrix}$ 是 $\lambda_2=\lambda_3=1$ 的特征向量,它的所有特征向量是 $k_2\boldsymbol{p}_2(k_2\neq0)$.

例 5.5 求方阵

$$\boldsymbol{A}=\begin{pmatrix}-2&1&1\\0&2&0\\-4&1&3\end{pmatrix}$$

的特征值和特征向量.

解 $\boldsymbol{A}$ 的特征多项式为

$$|\boldsymbol{A}-\lambda\boldsymbol{E}|=\begin{vmatrix}-2-\lambda&1&1\\0&2-\lambda&0\\-4&1&3-\lambda\end{vmatrix}=(2-\lambda)\begin{vmatrix}-2-\lambda&1\\-4&3-\lambda\end{vmatrix}$$

$$=-(\lambda+1)(\lambda-2)^2.$$

所以 $\boldsymbol{A}$ 的特征值是 $\lambda_1=-1$，$\lambda_2=\lambda_3=2$.

当 $\lambda_1=-1$ 时，解方程 $(\boldsymbol{A}+\boldsymbol{E})\boldsymbol{x}=\boldsymbol{0}$，由

$$\boldsymbol{A}+\boldsymbol{E}=\begin{pmatrix}-1 & 1 & 1\\ 0 & 3 & 0\\ -4 & 1 & 4\end{pmatrix} \longrightarrow \begin{pmatrix}-1 & 0 & 1\\ 0 & 1 & 0\\ 0 & 0 & 0\end{pmatrix},$$

得 $\boldsymbol{p}_1=\begin{pmatrix}1\\0\\1\end{pmatrix}$ 是 $\lambda_1=-1$ 的特征向量，它的所有特征向量是 $k_1\boldsymbol{p}_1(k_1\neq 0)$.

当 $\lambda_2=\lambda_3=2$ 时，解方程 $(\boldsymbol{A}-2\boldsymbol{E})\boldsymbol{x}=\boldsymbol{0}$，由

$$\boldsymbol{A}+2\boldsymbol{E}=\begin{pmatrix}-4 & 1 & 1\\ 0 & 0 & 0\\ -4 & 1 & 1\end{pmatrix} \longrightarrow \begin{pmatrix}-4 & 1 & 1\\ 0 & 0 & 0\\ 0 & 0 & 0\end{pmatrix},$$

得两个线性无关的特征向量 $\boldsymbol{p}_2=\begin{pmatrix}0\\1\\-1\end{pmatrix}$，$\boldsymbol{p}_3=\begin{pmatrix}1\\0\\4\end{pmatrix}$，所以属于 $\lambda_2=\lambda_3=2$ 的所有特征向量是 $k_2\boldsymbol{p}_2+k_3\boldsymbol{p}_3$ (k_2，k_3 不同时为零).

例 5.6 设 λ 是方程 $\boldsymbol{A}$ 的特征值，证明：

(1) λ^2 是 $\boldsymbol{A}^2$ 的特征值；

(2) 当 $\boldsymbol{A}$ 可逆时，$\dfrac{1}{\lambda}$ 是 $\boldsymbol{A}^{-1}$ 的特征值.

证明 因 λ 是 $\boldsymbol{A}$ 的特征值，故有 $\boldsymbol{p}\neq\boldsymbol{0}$ 使 $\boldsymbol{Ap}=\lambda\boldsymbol{p}$. 于是

(1) $\boldsymbol{A}^2\boldsymbol{p}=\boldsymbol{A}(\boldsymbol{Ap})=\boldsymbol{A}(\lambda\boldsymbol{p})=\lambda(\boldsymbol{Ap})=\lambda^2\boldsymbol{p}$，所以 λ^2 是 $\boldsymbol{A}^2$ 的特征值.

(2) 当 $\boldsymbol{A}$ 可逆时，由 $\boldsymbol{Ap}=\lambda\boldsymbol{p}$，有 $\boldsymbol{p}=\lambda\boldsymbol{A}^{-1}\boldsymbol{p}$，因 $\boldsymbol{p}\neq\boldsymbol{0}$，知 $\lambda\neq 0$，得

$$\boldsymbol{A}^{-1}\boldsymbol{p}=\frac{1}{\lambda}\boldsymbol{p},$$

所以，$\dfrac{1}{\lambda}$ 是 $\boldsymbol{A}^{-1}$ 的特征值.

按此例类推，不难证明：若 λ 是 $\boldsymbol{A}$ 的特征值，则 λ^k 是 $\boldsymbol{A}^k$ 的特征值，$\varphi(\lambda)$ 是 $\varphi(\boldsymbol{A})$ 的特征值（其中 $\varphi(\lambda)=a_0+a_1\lambda+\cdots+a_m\lambda^m$ 是 λ 的多项式，$\varphi(\boldsymbol{A})=a_0\boldsymbol{E}+a_1\boldsymbol{A}+\cdots+a_m\boldsymbol{A}^m$ 是矩阵 $\boldsymbol{A}$ 的多项式).

例 5.7 设三阶矩阵 $\boldsymbol{A}$ 的特征值为 1，−1，2，求 $\boldsymbol{A}^*+3\boldsymbol{A}-2\boldsymbol{E}$ 的特征值.

解 因 $\boldsymbol{A}$ 的特征值全不为零，而 $|\boldsymbol{A}|=\lambda_1\lambda_2\lambda_3=-2$，所以 $\boldsymbol{A}$ 可逆，且 $\boldsymbol{A}^*=|\boldsymbol{A}|\boldsymbol{A}^{-1}$.

$$A^* + 3A - 2E = -2A^{-1} + 3A - 2E.$$

把上式记作 $\varphi(A)$，有 $\varphi(\lambda) = -\frac{2}{\lambda} + 3\lambda - 2$. 这里 $\varphi(A)$ 虽不是矩阵多项式，但也具有矩阵多项式的特性，从而可得 $\varphi(A)$ 的特征值为 $\varphi(1) = -1$, $\varphi(-1) = -3$, $\varphi(2) = 3$.

5.3 相似矩阵

5.3.1 相似矩阵

定义 5.7 设 A, B 都是 n 阶方阵，如果存在 n 阶可逆阵 P，使

$$P^{-1}AP = B,$$

则称 B 是 A 的**相似矩阵**，或称**方阵 A 与 B 相似**.

相似矩阵具有以下性质：

性质 1 如果 n 阶方程 A 与 B 相似，则 $|A| = |B|$.

证明 因为 A 与 B 相似，即存在可逆阵 P，使 $P^{-1}AP = B$，于是

$$\begin{aligned} |B| &= |P^{-1}AP| = |P^{-1}||A||P| = |P^{-1}||P||A| \\ &= |P^{-1}P||A| = |A|. \end{aligned}$$

性质 2 如果 n 阶方阵 A 与 B 相似，则 A 与 B 的特征多项式相同，从而 A 与 B 的特征值也相同.

证明 因为 A 与 B 相似，即存在可逆阵 P，使 $P^{-1}AP = B$，于是

$$\begin{aligned} |B - \lambda E| &= |P^{-1}AP - \lambda P^{-1}EP| = |P^{-1}(A - \lambda E)P| \\ &= |P^{-1}||A - \lambda E||P| = |P^{-1}P||A - \lambda E| = |A - \lambda E|. \end{aligned}$$

推论 如果 n 阶方阵 A 与对角阵

$$\Lambda = \begin{pmatrix} \lambda_1 & & & \\ & \lambda_2 & & \\ & & \ddots & \\ & & & \lambda_n \end{pmatrix}$$

相似，则 $\lambda_1, \lambda_2, \cdots, \lambda_n$ 就是 A 的 n 个特征值.

证明 因为 $\lambda_1, \lambda_2, \cdots, \lambda_n$ 就是对角阵 Λ 的 n 个特征值，且因为 A 与 Λ 相似，由性质 2 知 $\lambda_1, \lambda_2, \cdots, \lambda_n$ 也就是 A 的 n 个特征值.

设方阵 A 与对角阵 Λ 相似，存在可逆阵 P，使 $P^{-1}AP = \Lambda$ 为对角阵，有

$$\boldsymbol{P}^{-1}\boldsymbol{A}^2\boldsymbol{P}=\boldsymbol{P}^{-1}\boldsymbol{A}(\boldsymbol{P}\boldsymbol{P}^{-1})\boldsymbol{A}\boldsymbol{P}=(\boldsymbol{P}^{-1}\boldsymbol{A}\boldsymbol{P})(\boldsymbol{P}^{-1}\boldsymbol{A}\boldsymbol{P})=\boldsymbol{\Lambda}^2,$$

从而$\boldsymbol{A}^2$与$\boldsymbol{\Lambda}^2$相似;同理,$\boldsymbol{A}^k$与$\boldsymbol{\Lambda}^k$相似,即$\boldsymbol{P}^{-1}\boldsymbol{A}^k\boldsymbol{P}=\boldsymbol{\Lambda}^k$.

其中
$$\boldsymbol{\Lambda}^2=\begin{pmatrix}\lambda_1&&&\\&\lambda_2&&\\&&\ddots&\\&&&\lambda_n\end{pmatrix}\begin{pmatrix}\lambda_1&&&\\&\lambda_2&&\\&&\ddots&\\&&&\lambda_n\end{pmatrix}=\begin{pmatrix}\lambda_1^2&&&\\&\lambda_2^2&&\\&&\ddots&\\&&&\lambda_n^2\end{pmatrix},$$

$$\boldsymbol{\Lambda}^k=\begin{pmatrix}\lambda_1^k&&&\\&\lambda_2^k&&\\&&\ddots&\\&&&\lambda_n^k\end{pmatrix}.$$

从而得

$$\boldsymbol{A}^k=\boldsymbol{P}\boldsymbol{\Lambda}^k\boldsymbol{P}^{-1}.$$

这样可以方便地求出$\boldsymbol{A}^k$.

5.3.2 方阵能与对角阵相似的条件

对任意两个n阶方阵$\boldsymbol{A}$与$\boldsymbol{B}$,要判断它们是否相似,就是要求可逆阵$\boldsymbol{P}$,使$\boldsymbol{P}^{-1}\boldsymbol{A}\boldsymbol{P}=\boldsymbol{B}$,但求可逆阵$\boldsymbol{P}$一般没有确定的方法可循.在实际应用中,经常遇到的问题是n阶方阵$\boldsymbol{A}$与对角阵$\boldsymbol{\Lambda}$相似的问题,即求可逆阵$\boldsymbol{P}$,使$\boldsymbol{P}^{-1}\boldsymbol{A}\boldsymbol{P}=\boldsymbol{\Lambda}$.这个问题称为方阵$\boldsymbol{A}$的**对角化问题**.

假设已经找到可逆阵$\boldsymbol{P}$,使$\boldsymbol{P}^{-1}\boldsymbol{A}\boldsymbol{P}=\boldsymbol{\Lambda}$,讨论可逆阵$\boldsymbol{P}$应满足的条件.

设

$$\boldsymbol{P}=(\boldsymbol{p}_1,\ \boldsymbol{p}_2,\ \cdots,\ \boldsymbol{p}_n),$$

因为$\boldsymbol{P}$是可逆阵,所以$\boldsymbol{P}$的n个列向量$\boldsymbol{p}_1,\ \boldsymbol{p}_2,\ \cdots,\ \boldsymbol{p}_n$线性无关,自然更有$\boldsymbol{p}_i\neq\boldsymbol{0}(i=1,\ 2,\ \cdots,\ n)$.由$\boldsymbol{P}^{-1}\boldsymbol{A}\boldsymbol{P}=\boldsymbol{\Lambda}$,得$\boldsymbol{A}\boldsymbol{P}=\boldsymbol{P}\boldsymbol{\Lambda}$,即

$$\boldsymbol{A}(\boldsymbol{p}_1,\ \boldsymbol{p}_2,\ \cdots,\ \boldsymbol{p}_n)=(\boldsymbol{p}_1,\ \boldsymbol{p}_2,\ \cdots,\ \boldsymbol{p}_n)\begin{pmatrix}\lambda_1&&&\\&\lambda_2&&\\&&\ddots&\\&&&\lambda_n\end{pmatrix},$$

$$(\boldsymbol{A}\boldsymbol{p}_1,\ \boldsymbol{A}\boldsymbol{p}_2,\ \cdots,\ \boldsymbol{A}\boldsymbol{p}_n)=(\lambda_1\boldsymbol{p}_1,\ \lambda_2\boldsymbol{p}_2,\ \cdots,\ \lambda_n\boldsymbol{p}_n),$$

于是有

$$\boldsymbol{A}\boldsymbol{p}_i=\lambda_i\boldsymbol{p}_i\quad(i=1,\ 2,\ \cdots,\ n).$$

如果方阵$\boldsymbol{A}$与对角阵$\boldsymbol{\Lambda}$相似,那么对角阵对角线上的n个元素$\lambda_1,\ \lambda_2,\ \cdots,\ \lambda_n$是$\boldsymbol{A}$的

n 个特征值，而且可逆阵 $\boldsymbol{P}$ 的 n 个列向量 $\boldsymbol{p}_1, \boldsymbol{p}_2, \cdots, \boldsymbol{p}_n$ 分别是 $\boldsymbol{A}$ 的属于特征值 $\lambda_1, \lambda_2, \cdots, \lambda_n$ 的 n 个线性无关的特征向量.

反之，如果 n 阶方阵 $\boldsymbol{A}$ 有 n 个线性无关的特征向量，由于上面的推理过程完全可逆，因此 $\boldsymbol{A}$ 就必定相似于对角阵 $\boldsymbol{\Lambda}$，由此得以下定理：

定理 5.1 n 阶方阵 $\boldsymbol{A}$ 与对角阵相似的充分必要条件是 $\boldsymbol{A}$ 有 $\boldsymbol{n}$ 个线性无关的特征向量.

由方阵 $\boldsymbol{A}$ 的特征值和特征向量的性质 2，可得：

推论 如果 n 阶方阵 $\boldsymbol{A}$ 有 $\boldsymbol{n}$ 个不同的特征值，那么 $\boldsymbol{A}$ 一定可以相似于对角阵 $\boldsymbol{\Lambda}$.

例 5.3 中的三阶方阵 $\boldsymbol{A}$ 有 3 个不同的特征值，因此 $\boldsymbol{A}$ 相似于对角阵（方阵 $\boldsymbol{A}$ 可对角化），也就是说存在可逆阵

$$\boldsymbol{P}=(\boldsymbol{p}_1, \boldsymbol{p}_2, \boldsymbol{p}_3)=\begin{pmatrix}-1 & 1 & 0\\ 0 & 0 & 1\\ 1 & 1 & 0\end{pmatrix},$$

使

$$\boldsymbol{P}^{-1}\boldsymbol{A}\boldsymbol{P}=\boldsymbol{\Lambda}=\begin{pmatrix}-1 & & \\ & 7 & \\ & & 6\end{pmatrix}.$$

例 5.5 中的三阶方阵 $\boldsymbol{A}$ 有 3 个线性无关的特征向量，因此 $\boldsymbol{A}$ 可对角化. 也就是说，存在可逆阵

$$\boldsymbol{P}=(\boldsymbol{p}_1, \boldsymbol{p}_2, \boldsymbol{p}_3)=\begin{pmatrix}1 & 0 & 1\\ 0 & 1 & 0\\ 1 & -1 & 4\end{pmatrix},$$

使

$$\boldsymbol{P}^{-1}\boldsymbol{A}\boldsymbol{P}=\boldsymbol{\Lambda}=\begin{pmatrix}-1 & & \\ & 2 & \\ & & 2\end{pmatrix}.$$

而例 5.4 中的三阶方阵 $\boldsymbol{A}$，因为没有 3 个线性无关的特征向量，因此不能与对角阵相似，即 $\boldsymbol{A}$ 不能对角化.

例 5.8 求例 5.5 中的方阵 $\boldsymbol{A}$ 的 5 次幂 $\boldsymbol{A}^5$.

解 例 5.5 中三阶方阵 $\boldsymbol{A}$，存在可逆阵

$$\boldsymbol{P}=\begin{pmatrix}1 & 0 & 1\\ 0 & 1 & 0\\ 1 & -1 & 4\end{pmatrix},$$

使 $P^{-1}AP = \begin{pmatrix} -1 & & \\ & 2 & \\ & & 2 \end{pmatrix}$，当然有 $A = P\begin{pmatrix} -1 & & \\ & 2 & \\ & & 2 \end{pmatrix}P^{-1}$.

因此

$$A^5 = \left[P\begin{pmatrix} -1 & & \\ & 2 & \\ & & 2 \end{pmatrix}P^{-1}\right]^5 = P\begin{pmatrix} -1 & & \\ & 2 & \\ & & 2 \end{pmatrix}^5 P^{-1}$$

$$= \begin{pmatrix} 1 & 0 & 1 \\ 0 & 1 & 0 \\ 1 & -1 & 4 \end{pmatrix}\begin{pmatrix} (-1)^5 & & \\ & 2^5 & \\ & & 2^5 \end{pmatrix}\begin{pmatrix} 1 & 0 & 1 \\ 0 & 1 & 0 \\ 1 & -1 & 4 \end{pmatrix}^{-1}$$

$$= \begin{pmatrix} 1 & 0 & 1 \\ 0 & 1 & 0 \\ 1 & -1 & 4 \end{pmatrix}\begin{pmatrix} -1 & & \\ & 2^5 & \\ & & 2^5 \end{pmatrix}\begin{pmatrix} \frac{4}{3} & -\frac{1}{3} & -\frac{1}{3} \\ 0 & 1 & 0 \\ -\frac{1}{3} & \frac{1}{3} & \frac{1}{3} \end{pmatrix}$$

$$= \begin{pmatrix} -\frac{4}{3}-\frac{2^5}{3} & \frac{1}{3}+\frac{2^5}{3} & \frac{1}{3}+\frac{2^5}{3} \\ 0 & 2^5 & 0 \\ -\frac{4}{3}-\frac{2^7}{3} & \frac{1}{3}+\frac{2^5}{3} & \frac{1}{3}+\frac{2^7}{3} \end{pmatrix} = \begin{pmatrix} -12 & 11 & 11 \\ 0 & 32 & 0 \\ -44 & 11 & 43 \end{pmatrix}.$$

一个 n 阶方阵具备什么条件才能对角化？这是一个复杂的问题.这里，对这个问题不作进一步讨论，但在下一节将讨论 n 阶对称阵一定有 n 个线性无关的特征向量，从而一定和对角阵相似.

5.4 对称阵的对角化

5.4.1 对称阵的特征值和特征向量

对称阵具有以下性质：

性质 1 对称阵的特征值全为实数.

***证明** 设 $\boldsymbol{A} = (a_{ij})$ 为对称阵，即 $\boldsymbol{A}^{\mathrm{T}} = \boldsymbol{A}$，且定义 $\boldsymbol{A}$ 的共轭复矩阵 $\overline{\boldsymbol{A}} = (\overline{a_{ij}})$，由于 $a_{ij}\,(i, j = 1, 2, \cdots, n)$ 为实数，即 $\overline{a_{ij}} = a_{ij}$，所以 $\overline{\boldsymbol{A}} = \boldsymbol{A}$.

设复数 λ 为对称阵 $\boldsymbol{A}$ 的特征值，复向量 $\boldsymbol{x}$ 为对应的特征向量.用 $\bar{\lambda}$ 表示 λ 的共轭复数，$\bar{\boldsymbol{x}}$ 表示 $\boldsymbol{x}$ 的共轭复向量，下面证明 λ 是实数，即只需证明 $\lambda = \bar{\lambda}$. 由定义 5.5，有

$$\boldsymbol{A}\boldsymbol{x} = \lambda\boldsymbol{x}, \quad \boldsymbol{x} \neq \boldsymbol{0}.$$

于是，$\boldsymbol{A}\bar{\boldsymbol{x}} = \overline{\boldsymbol{A}}\,\bar{\boldsymbol{x}} = \overline{\boldsymbol{A}\boldsymbol{x}} = (\overline{\lambda\boldsymbol{x}}) = \bar{\lambda}\,\bar{\boldsymbol{x}}$，有

$$\bar{\boldsymbol{x}}^{\mathrm{T}}\boldsymbol{A}\boldsymbol{x}=\bar{\boldsymbol{x}}^{\mathrm{T}}(\boldsymbol{A}\boldsymbol{x})=\bar{\boldsymbol{x}}^{\mathrm{T}}\lambda\boldsymbol{x}=\lambda\,\bar{\boldsymbol{x}}^{\mathrm{T}}\boldsymbol{x}$$

以及

$$\bar{\boldsymbol{x}}^{\mathrm{T}}\boldsymbol{A}\boldsymbol{x}=(\bar{\boldsymbol{x}}^{\mathrm{T}}\boldsymbol{A}^{\mathrm{T}})\boldsymbol{x}=(\boldsymbol{A}\,\bar{\boldsymbol{x}})^{\mathrm{T}}\boldsymbol{x}=(\bar{\lambda}\,\bar{\boldsymbol{x}})^{\mathrm{T}}\boldsymbol{x}=\bar{\lambda}\,\bar{\boldsymbol{x}}^{\mathrm{T}}\boldsymbol{x}.$$

两式相减,得

$$(\lambda-\bar{\lambda})\,\bar{\boldsymbol{x}}^{\mathrm{T}}\boldsymbol{x}=\boldsymbol{0}.$$

但是 $\boldsymbol{x}\neq\boldsymbol{0}$,从而$\bar{\boldsymbol{x}}^{\mathrm{T}}\boldsymbol{x}=\sum\limits_{i=1}^{n}\bar{x}_i x_i=\sum\limits_{i=1}^{n}|x_i|^2\neq 0$,所以

$$\lambda-\bar{\lambda}=0,\quad 即\quad \lambda=\bar{\lambda}.$$

这就说明 λ 是实数.

当特征值 λ 为实数时,齐次线性方程组

$$(\boldsymbol{A}-\lambda\boldsymbol{E})\boldsymbol{x}=\boldsymbol{0}$$

是实系数线性方程组,由 $|\boldsymbol{A}-\lambda\boldsymbol{E}|=0$ 知,必有实的基础解系,所以对应的特征向量全是实向量.

性质 2 对称阵属于不同的特征值的特征向量正交.

* **证明** 设 $\boldsymbol{A}$ 为对称阵,λ_1, λ_2是 $\boldsymbol{A}$ 的两个不同的特征值($\lambda_1\neq\lambda_2$),$\boldsymbol{p}_1$, $\boldsymbol{p}_2$分别是对应的特征向量.要证 $\boldsymbol{p}_1$与 $\boldsymbol{p}_2$正交,只需证$[\boldsymbol{p}_1,\ \boldsymbol{p}_2]=\boldsymbol{p}_1^{\mathrm{T}}\boldsymbol{p}_2=0$.

由定义 5.6,有

$$\boldsymbol{A}\boldsymbol{p}_1=\lambda_1\boldsymbol{p}_1,\quad \boldsymbol{A}\boldsymbol{p}_2=\lambda_2\boldsymbol{p}_2,$$

于是得

$$\begin{aligned}\lambda_1\boldsymbol{p}_1^{\mathrm{T}}\boldsymbol{p}_2&=(\lambda_1\boldsymbol{p}_1)^{\mathrm{T}}\boldsymbol{p}_2=(\boldsymbol{A}\boldsymbol{p}_1)^{\mathrm{T}}\boldsymbol{p}_2=\boldsymbol{p}_1^{\mathrm{T}}\boldsymbol{A}^{\mathrm{T}}\boldsymbol{p}_2=\boldsymbol{p}_1^{\mathrm{T}}\boldsymbol{A}\boldsymbol{p}_2\\&=\boldsymbol{p}_1^{\mathrm{T}}(\boldsymbol{A}\boldsymbol{p}_2)=\boldsymbol{p}_1^{\mathrm{T}}(\lambda_2\boldsymbol{p}_2)=\lambda_2\boldsymbol{p}_1^{\mathrm{T}}\boldsymbol{p}_2,\end{aligned}$$

移项并提取公因式,得

$$(\lambda_1-\lambda_2)\boldsymbol{p}_1^{\mathrm{T}}\boldsymbol{p}_2=0,$$

因 $\lambda_1\neq\lambda_2$,只有 $\boldsymbol{p}_1^{\mathrm{T}}\boldsymbol{p}_2=0$. 这就表明 $\boldsymbol{p}_1$与 $\boldsymbol{p}_2$正交.

性质 3 设 $\boldsymbol{A}$ 是 n 阶对称阵,λ 是 $\boldsymbol{A}$ 的特征方程的 r 重根,那么齐次线性方程组 $(\boldsymbol{A}-\lambda\boldsymbol{E})\boldsymbol{x}=\boldsymbol{0}$ 的系数矩阵的秩 $R(\boldsymbol{A}-\lambda\boldsymbol{E})=n-r$, 从而属于特征值 λ 的线性无关的特征向量恰有 r 个.

性质 3 不予证明.

5.4.2 化对称阵为对角阵

定理 5.2 设 $\boldsymbol{A}$ 是 n 阶对称阵,则必存在正交阵 $\boldsymbol{P}$,使 $\boldsymbol{P}^{-1}\boldsymbol{A}\boldsymbol{P}=\boldsymbol{\Lambda}$ 为对角阵,且 $\boldsymbol{\Lambda}$ 对角线上的元素是方阵 $\boldsymbol{A}$ 的 n 个特征值. 正交阵 $\boldsymbol{P}$ 的 n 个列向量 $\boldsymbol{p}_1$, $\boldsymbol{p}_2$, $\cdots$, $\boldsymbol{p}_n$ 是对应特征值的特征向量.

定理 5.2 的证明就是正交阵 $\boldsymbol{P}$ 的构造过程. 具体步骤如下：

(1) 求出 $\boldsymbol{A}$ 的全部特征值 $\lambda_1, \lambda_2, \cdots, \lambda_t$，它们的重数分别是 $r_1, r_2, \cdots, r_t(r_1+r_2+\cdots+r_t=n)$. 由性质 1 知 $\lambda_1, \lambda_2, \cdots, \lambda_t$ 全为实数，对应的特征向量全是实向量.

(2) 求出 $\boldsymbol{A}$ 的属于特征值 $\lambda_i(i=1, 2, \cdots, t)$ 的全部特征向量，由性质 3 知，$\boldsymbol{A}$ 的属于 λ_i 的线性无关的特征向量恰有 r_i 个，这 r_i 个特征向量就是线性方程组 $(\boldsymbol{A}-\lambda_i\boldsymbol{E})\boldsymbol{x}=\boldsymbol{0}$ 的一个基础解系.

(3) 由性质 2 知，不同的特征值对应的特征向量正交，因此，只需分别将属于 λ_i 的 r_i 个线性无关的特征向量正交化、单位化，由此得到 $\boldsymbol{A}$ 的 n 个单位正交特征向量.

(4) 这样得到的 n 个单位正交特征向量构成的矩阵 $\boldsymbol{P}$ 就是正交阵，且有 $\boldsymbol{P}^{-1}\boldsymbol{A}\boldsymbol{P}=\boldsymbol{\Lambda}$，$\boldsymbol{\Lambda}$ 对角线上的元素就是 $\boldsymbol{A}$ 的 n 个特征值，正交阵 $\boldsymbol{P}$ 的 n 个列向量是对应特征值的特征向量.

例 5.9 求正交阵 $\boldsymbol{P}$，将对称阵

$$\boldsymbol{A}=\begin{pmatrix} 3 & -2 & 0 \\ -2 & 2 & -2 \\ 0 & -2 & 1 \end{pmatrix}$$

化为对角阵.

解 (1) 求 $\boldsymbol{A}$ 的特征值.

$$|\boldsymbol{A}-\lambda\boldsymbol{E}|=\begin{vmatrix} 3-\lambda & -2 & 0 \\ -2 & 2-\lambda & -2 \\ 0 & -2 & 1-\lambda \end{vmatrix}=(1+\lambda)(2-\lambda)(\lambda-5),$$

得特征值 $\lambda_1=-1, \lambda_2=2, \lambda_3=5$.

(2) 求 $\boldsymbol{A}$ 的属于不同特征值的特征向量.

当 $\lambda=-1$ 时，解方程 $(\boldsymbol{A}+\boldsymbol{E})\boldsymbol{x}=\boldsymbol{0}$，由

$$\boldsymbol{A}+\boldsymbol{E}=\begin{pmatrix} 4 & -2 & 0 \\ -2 & 3 & -2 \\ 0 & -2 & 2 \end{pmatrix}\xrightarrow[r_3+r_2]{r_2+\frac{1}{2}r_1}\begin{pmatrix} 4 & -2 & 0 \\ 0 & 2 & -2 \\ 0 & 0 & 0 \end{pmatrix}\xrightarrow[\substack{r_1\times\frac{1}{2} \\ r_2\times\frac{1}{2}}]{r_1+r_2}\begin{pmatrix} 2 & 0 & -1 \\ 0 & 1 & -1 \\ 0 & 0 & 0 \end{pmatrix},$$

得特征向量

$$\boldsymbol{\xi}_1=\begin{pmatrix} 1 \\ 2 \\ 2 \end{pmatrix};$$

当 $\lambda_2=2$ 时，解方程 $(\boldsymbol{A}-2\boldsymbol{E})\boldsymbol{x}=\boldsymbol{0}$，由

$$\boldsymbol{A}-2\boldsymbol{E}=\begin{pmatrix} 1 & -2 & 0 \\ -2 & 0 & -2 \\ 0 & -2 & -1 \end{pmatrix}\xrightarrow[r_3-\frac{1}{2}r_2]{r_2+2r_1}\begin{pmatrix} 1 & -2 & 0 \\ 0 & -4 & -2 \\ 0 & 0 & 0 \end{pmatrix}\xrightarrow[r_1-r_2]{r_2\times\frac{1}{2}}\begin{pmatrix} 1 & 0 & 1 \\ 0 & -2 & -1 \\ 0 & 0 & 0 \end{pmatrix},$$

得特征向量

$$\boldsymbol{\xi}_2=\begin{pmatrix}2\\1\\-2\end{pmatrix};$$

当 $\lambda_2=5$ 时,解方程 $(\boldsymbol{A}-5\boldsymbol{E})\boldsymbol{x}=\boldsymbol{0}$,由

$$\boldsymbol{A}-5\boldsymbol{E}=\begin{pmatrix}-2&-2&0\\-2&-3&-2\\0&-2&-4\end{pmatrix}\xrightarrow{r_2-r_1}\begin{pmatrix}-2&-2&0\\0&-1&-2\\0&-2&-4\end{pmatrix}\xrightarrow[\substack{r_1-2r_2\\r_1\times(-\frac{1}{2})}]{r_3-2r_2}\begin{pmatrix}1&0&-2\\0&-1&-2\\0&0&0\end{pmatrix},$$

得特征向量

$$\boldsymbol{\xi}_3=\begin{pmatrix}2\\-2\\1\end{pmatrix}.$$

(3) 将特征向量正交化、单位化.

因 λ_1, λ_2, λ_3 互不相等,由性质 2 知 $\boldsymbol{\xi}_1$, $\boldsymbol{\xi}_2$, $\boldsymbol{\xi}_3$ 是正交向量组,所以只需单位化,取

$$\boldsymbol{p}_1=\frac{\boldsymbol{\xi}_1}{\|\boldsymbol{\xi}_1\|}=\begin{pmatrix}\frac{1}{3}\\\frac{2}{3}\\\frac{2}{3}\end{pmatrix},\quad \boldsymbol{p}_2=\frac{\boldsymbol{\xi}_2}{\|\boldsymbol{\xi}_2\|}=\begin{pmatrix}\frac{2}{3}\\\frac{1}{3}\\-\frac{2}{3}\end{pmatrix},\quad \boldsymbol{p}_3=\frac{\boldsymbol{\xi}_3}{\|\boldsymbol{\xi}_3\|}=\begin{pmatrix}\frac{2}{3}\\-\frac{2}{3}\\\frac{1}{3}\end{pmatrix}.$$

(4) 作正交阵

$$\boldsymbol{P}=(\boldsymbol{p}_1,\ \boldsymbol{p}_2,\ \boldsymbol{p}_3)=\begin{pmatrix}\frac{1}{3}&\frac{2}{3}&\frac{2}{3}\\\frac{2}{3}&\frac{1}{3}&-\frac{2}{3}\\\frac{2}{3}&-\frac{2}{3}&\frac{1}{3}\end{pmatrix},$$

有

$$\boldsymbol{P}^{-1}\boldsymbol{A}\boldsymbol{P}=\begin{pmatrix}-1&0&0\\0&2&0\\0&0&5\end{pmatrix}.$$

例 5.10 设矩阵

$$\boldsymbol{A}=\begin{pmatrix}4&0&0\\0&3&1\\0&1&3\end{pmatrix},$$

求正交阵 $\boldsymbol{P}$,使 $\boldsymbol{P}^{-1}\boldsymbol{AP}=\boldsymbol{\Lambda}$ 为对角阵.

解 由 $|\boldsymbol{A}-\lambda\boldsymbol{E}|=\begin{vmatrix}4-\lambda&0&0\\0&3-\lambda&1\\0&1&3-\lambda\end{vmatrix}=(2-\lambda)(4-\lambda)^2=0$,

得 $\boldsymbol{A}$ 的特征值 $\lambda_1=2,\ \lambda_2=\lambda_3=4$.

当 $\lambda_1=2$ 时,解方程 $(\boldsymbol{A}-2\boldsymbol{E})\boldsymbol{x}=\boldsymbol{0}$, 由

$$\boldsymbol{A}-2\boldsymbol{E}=\begin{pmatrix}2&0&0\\0&1&1\\0&1&1\end{pmatrix}\longrightarrow\begin{pmatrix}1&0&0\\0&1&1\\0&0&0\end{pmatrix},$$

解得特征向量 $\boldsymbol{\xi}_1=\begin{pmatrix}0\\1\\-1\end{pmatrix}$,单位化取 $\boldsymbol{p}_1=\dfrac{\boldsymbol{\xi}_1}{\|\boldsymbol{\xi}_1\|}=\begin{pmatrix}0\\\frac{1}{\sqrt{2}}\\-\frac{1}{\sqrt{2}}\end{pmatrix}$.

当 $\lambda_2=\lambda_3=4$ 时,解方程 $(\boldsymbol{A}-4\boldsymbol{E})\boldsymbol{x}=\boldsymbol{0}$, 由

$$\boldsymbol{A}-4\boldsymbol{E}=\begin{pmatrix}0&0&0\\0&-1&1\\0&1&-1\end{pmatrix}\longrightarrow\begin{pmatrix}0&0&0\\0&-1&1\\0&0&0\end{pmatrix},$$

解得 $\boldsymbol{x}=k_1\begin{pmatrix}1\\0\\0\end{pmatrix}+k_2\begin{pmatrix}0\\1\\1\end{pmatrix}=k_1\boldsymbol{\xi}_1+k_2\boldsymbol{\xi}_2\quad(k_1,\ k_2\in\mathbf{R}).$

基础解系中 $\boldsymbol{\xi}_1=\begin{pmatrix}1\\0\\0\end{pmatrix}$,$\boldsymbol{\xi}_2=\begin{pmatrix}0\\1\\1\end{pmatrix}$ 恰好正交,再单位化,取 $\boldsymbol{p}_2=\begin{pmatrix}1\\0\\0\end{pmatrix}$,$\boldsymbol{p}_3=\begin{pmatrix}0\\\frac{1}{\sqrt{2}}\\\frac{1}{\sqrt{2}}\end{pmatrix}$,

那么 $\boldsymbol{p}_2$,$\boldsymbol{p}_3$ 是属于 $\lambda_2=\lambda_3=4$ 的单位正交特征向量,作正交阵

$$\boldsymbol{P}=(\boldsymbol{p}_1,\ \boldsymbol{p}_2,\ \boldsymbol{p}_3)=\begin{pmatrix}0&1&0\\\frac{1}{\sqrt{2}}&0&\frac{1}{\sqrt{2}}\\-\frac{1}{\sqrt{2}}&0&\frac{1}{\sqrt{2}}\end{pmatrix},$$

有

$$P^{-1}AP=\begin{pmatrix}2&0&0\\0&4&0\\0&0&4\end{pmatrix}.$$

应该注意，由于属于特征值 λ_i 的线性无关的特征向量是齐次线性方程组 $(\boldsymbol{A}-\lambda_i\boldsymbol{E})\boldsymbol{x}=\boldsymbol{0}$ 的一个基础解系，齐次线性方程组的基础解系不唯一，同时，在正交化过程中，由于计算次序不一样，所得的单位正交向量组也不同，因此构造出来的正交阵是不相同的.

例如，在这个例子中，当 $\lambda_2=\lambda_3=4$ 时，

$$\boldsymbol{\xi}_1=\begin{pmatrix}1\\1\\1\end{pmatrix},\quad \boldsymbol{\xi}_2=\begin{pmatrix}0\\1\\1\end{pmatrix}$$

也是方程 $(\boldsymbol{A}-4\boldsymbol{E})\boldsymbol{x}=\boldsymbol{0}$ 的一个基础解系，用正交化方法将其正交化，取

$$\boldsymbol{\eta}_1=\boldsymbol{\xi}_1,$$

$$\boldsymbol{\eta}_2=\boldsymbol{\xi}_2-\frac{[\boldsymbol{\xi}_2,\boldsymbol{\eta}_1]}{[\boldsymbol{\eta}_1,\boldsymbol{\eta}_1]}\boldsymbol{\eta}_1=\begin{pmatrix}0\\1\\1\end{pmatrix}-\frac{2}{3}\begin{pmatrix}1\\1\\1\end{pmatrix}=\begin{pmatrix}-\frac{2}{3}\\\frac{1}{3}\\\frac{1}{3}\end{pmatrix},$$

再单位化，取

$$\boldsymbol{p}_2=\frac{\boldsymbol{\eta}_1}{\|\boldsymbol{\eta}_1\|}=\begin{pmatrix}\frac{1}{\sqrt{3}}\\\frac{1}{\sqrt{3}}\\\frac{1}{\sqrt{3}}\end{pmatrix},\quad \boldsymbol{p}_3=\frac{\boldsymbol{\eta}_2}{\|\boldsymbol{\eta}_2\|}=\begin{pmatrix}-\frac{2}{\sqrt{6}}\\\frac{1}{\sqrt{6}}\\\frac{1}{\sqrt{6}}\end{pmatrix},$$

于是得正交阵

$$\boldsymbol{P}=\begin{pmatrix}0&\frac{1}{\sqrt{3}}&\frac{-2}{\sqrt{6}}\\\frac{1}{\sqrt{2}}&\frac{1}{\sqrt{3}}&\frac{1}{\sqrt{6}}\\-\frac{1}{\sqrt{2}}&\frac{1}{\sqrt{3}}&\frac{1}{\sqrt{6}}\end{pmatrix},$$

有

$$P^{-1}AP=\begin{pmatrix}2&0&0\\0&4&0\\0&0&4\end{pmatrix}.$$

另外,要注意特征值和特征向量应保持在同一对应位置上,如上例取

$$P=\begin{pmatrix}\frac{1}{\sqrt{3}}&0&\frac{-2}{\sqrt{6}}\\\frac{1}{\sqrt{3}}&\frac{1}{\sqrt{2}}&\frac{1}{\sqrt{6}}\\\frac{1}{\sqrt{3}}&-\frac{1}{\sqrt{2}}&\frac{1}{\sqrt{6}}\end{pmatrix},$$

则有

$$P^{-1}AP=\begin{pmatrix}4&0&0\\0&2&0\\0&0&4\end{pmatrix}.$$

5.5 二次型及其标准形

在解析几何中,为了便于研究二次曲线

$$ax^2+bxy+cy^2=1$$

的几何性质,我们可选择直角坐标系的一个适当的旋转变换

$$\begin{cases}x=x'\cos\theta-y'\sin\theta,\\y=x'\sin\theta+y'\cos\theta,\end{cases}$$

把二次曲线方程化为标准形

$$mx'^2+ny'^2=1.$$

从代数的角度看,上述过程就是通过变量的一个特殊的变换把一个二次齐次多项式化简,使它只含平方项.然后根据平方项前的系数 m, n 对方程进行分类,可分为圆、椭圆、双曲线、抛物线等类型来讨论曲线的共性.作为推广,本节讨论含 n 个变量的二次齐次多项式(即 n 元二次型)化为标准形的问题.

5.5.1 二次型及其矩阵表示形式

定义 5.8 含有 n 个变量 x_1, x_2, $\cdots$, x_n的二次齐次多项式

$$f(x_1, x_2, \cdots, x_n)=a_{11}x_1^2+a_{22}x_2^2+\cdots+a_{nn}x_n^2+2a_{12}x_1x_2+$$

$$2a_{13}x_1x_3+\cdots+2a_{1n}x_1x_n+\cdots+2a_{n-1\,n}x_{n-1}x_n \tag{5-2}$$

称为 **n 元二次型**. 其中系数 $a_{ij}(i,\ j=1,\ 2,\ \cdots,\ n)$为实数时，称为**实二次型**，$a_{ij}$ 为复数时称为**复二次型**. 本书只讨论实二次型.

取 $a_{ij}=a_{ji}$，那么 $2a_{ij}x_ix_j=a_{ij}x_ix_j+a_{ji}x_jx_i$，因此，二次型 $f(x_1,\ x_2,\ \cdots,\ x_n)$ 可以用矩阵形式来表示.

式(5-2)可写成

$$\begin{aligned}
f(x_1,\ x_2,\ \cdots,\ x_n) &= a_{11}x_1^2+a_{12}x_1x_2+\cdots+a_{1n}x_1x_n+\\
&\quad a_{21}x_2x_1+a_{22}x_2^2+\cdots+a_{2n}x_2x_n+\\
&\quad \vdots\\
&\quad a_{n1}x_nx_1+a_{n2}x_nx_2+\cdots+a_{nn}x_n^2\\
&= \sum_{i,j=1}^{n}a_{ij}x_ix_j\\
&= (x_1,\ x_2,\ \cdots,\ x_n)\begin{pmatrix} a_{11} & a_{12} & \cdots & a_{1n}\\ a_{21} & a_{22} & \cdots & a_{2n}\\ \vdots & \vdots & & \vdots\\ a_{n1} & a_{n2} & \cdots & a_{nn}\end{pmatrix}\begin{pmatrix} x_1\\ x_2\\ \vdots\\ x_n\end{pmatrix}.
\end{aligned}$$

记

$$\boldsymbol{A}=\begin{pmatrix} a_{11} & a_{12} & \cdots & a_{1n}\\ a_{21} & a_{22} & \cdots & a_{2n}\\ \vdots & \vdots & & \vdots\\ a_{n1} & a_{n2} & \cdots & a_{nn}\end{pmatrix},\quad \boldsymbol{x}=\begin{pmatrix} x_1\\ x_2\\ \vdots\\ x_n\end{pmatrix},$$

得二次型的矩阵形式

$$f=\boldsymbol{x}^{\mathrm{T}}\boldsymbol{A}\boldsymbol{x}, \tag{5-3}$$

其中，$\boldsymbol{A}$ 为对称阵.

只含平方项的二次型

$$f=k_1y_1^2+k_2y_2^2+\cdots+k_ny_n^2 \tag{5-4}$$

称为**二次型的标准形**，它的矩阵形式为

$$f=\boldsymbol{y}^{\mathrm{T}}\boldsymbol{\Lambda}\boldsymbol{y}. \tag{5-5}$$

其中

$$\boldsymbol{\Lambda}=\begin{pmatrix} k_1 & & & \\ & k_2 & & \\ & & \ddots & \\ & & & k_n\end{pmatrix},\quad \boldsymbol{y}=\begin{pmatrix} y_1\\ y_2\\ \vdots\\ y_n\end{pmatrix}.$$

任给一个二次型，就唯一确定一个对称阵；反之，任给一个对称阵，也可以唯一确定一个二次型. 因此，二次型与对称阵之间存在一一对应关系. 称对称阵 $\boldsymbol{A}$ 为**二次型 f 的矩阵**，矩阵 $\boldsymbol{A}$ 的秩也称为**二次型 f 的秩**.

例 5.11 把二次型

$$f = x_1^2 + 3x_3^2 - 2x_1x_2 + 2x_1x_3 + 4x_2x_3$$

表示成矩阵形式.

解 由式(5-3)，二次型矩阵 $\boldsymbol{A}$ 对角线上的元素是二次型 f 的各平方项的系数，即 $a_{11} = 1$，$a_{22} = 0$，$a_{33} = 3$，而 $a_{ij} = a_{ji}$ 是二次型交叉项的系数之半，即 $a_{12} = a_{21} = -1$，$a_{13} = a_{31} = 1$，$a_{23} = a_{32} = 2$，所以二次型矩阵为

$$\boldsymbol{A} = \begin{pmatrix} 1 & -1 & 1 \\ -1 & 0 & 2 \\ 1 & 2 & 3 \end{pmatrix},$$

于是得

$$f = (x_1, x_2, x_3)\begin{pmatrix} 1 & -1 & 1 \\ -1 & 0 & 2 \\ 1 & 2 & 3 \end{pmatrix}\begin{pmatrix} x_1 \\ x_2 \\ x_3 \end{pmatrix}.$$

应该注意：二次型的矩阵表达式 $f = \boldsymbol{x}^{\mathrm{T}}\boldsymbol{A}\boldsymbol{x}$ 中，$\boldsymbol{A}$ 必须是对称阵. 例如

$$f = x_1^2 + 3x_1x_2 + x_2^2 = (x_1, x_2)\begin{pmatrix} 1 & 3 \\ 0 & 1 \end{pmatrix}\begin{pmatrix} x_1 \\ x_2 \end{pmatrix},$$

同时

$$f = x_1^2 + 3x_1x_2 + x_2^2 = (x_1, x_2)\begin{pmatrix} 1 & \frac{3}{2} \\ \frac{3}{2} & 1 \end{pmatrix}\begin{pmatrix} x_1 \\ x_2 \end{pmatrix}.$$

上述第一个式子中的 $\boldsymbol{A} = \begin{pmatrix} 1 & 3 \\ 0 & 1 \end{pmatrix}$ 不是对称阵，所以第一个式子不是二次型的矩阵表示形式；而第二个式子是所给二次型的矩阵表示形式. 在下面的讨论中，用正交变换化二次型为标准形，首先必须正确写出二次型的矩阵——对称阵.

5.5.2 用正交变换化二次型为标准形

对于二次型式(5-2)，研究的主要问题是：寻求可逆线性变换 $\boldsymbol{x} = \boldsymbol{C}\boldsymbol{y}$，化二次型式(5-2)为标准形式(5-4)，用矩阵表示就是以 $\boldsymbol{x} = \boldsymbol{C}\boldsymbol{y}$ 代入，得

$$f = \boldsymbol{x}^{\mathrm{T}}\boldsymbol{A}\boldsymbol{x} = (\boldsymbol{C}\boldsymbol{y})^{\mathrm{T}}\boldsymbol{A}(\boldsymbol{C}\boldsymbol{y}) = \boldsymbol{y}^{\mathrm{T}}(\boldsymbol{C}^{\mathrm{T}}\boldsymbol{A}\boldsymbol{C})\boldsymbol{y} = \boldsymbol{y}^{\mathrm{T}}\boldsymbol{\Lambda}\boldsymbol{y}.$$

也就是寻求可逆阵 $\boldsymbol{C}$,使 $\boldsymbol{C}^{\mathrm{T}}\boldsymbol{A}\boldsymbol{C}=\boldsymbol{\Lambda}$ 为对角阵. 由于二次型式(5 - 2)的矩阵 $\boldsymbol{A}$ 是对称阵,总存在正交阵 $\boldsymbol{P}$,使 $\boldsymbol{P}^{-1}\boldsymbol{A}\boldsymbol{P}=\boldsymbol{P}^{\mathrm{T}}\boldsymbol{A}\boldsymbol{P}$ (因为 $\boldsymbol{P}^{-1}=\boldsymbol{P}^{\mathrm{T}}$) $=\boldsymbol{\Lambda}$(定理 5.2),所以任何二次型都可以通过正交变换 $\boldsymbol{x}=\boldsymbol{P}\boldsymbol{y}$ 化为标准形.

定理 5.3 对于任给的二次型

$$f=\sum_{i,j=1}^{n}a_{ij}x_ix_j\,(a_{ij}=a_{ji})=\boldsymbol{x}^{\mathrm{T}}\boldsymbol{A}\boldsymbol{x},$$

总存在正交变换 $\boldsymbol{x}=\boldsymbol{P}\boldsymbol{y}$, 把 f 化成标准形

$$f=\lambda_1y_1^2+\lambda_2y_2^2+\cdots+\lambda_ny_n^2=\boldsymbol{y}^{\mathrm{T}}\boldsymbol{\Lambda}\boldsymbol{y},$$

其中,标准形中各平方项的系数为二次型 f 的矩阵 $\boldsymbol{A}$ 的特征值,正交阵 $\boldsymbol{P}$ 的 n 个列向量 $\boldsymbol{p}_1, \boldsymbol{p}_2, \cdots, \boldsymbol{p}_n$是对应特征值$\lambda_1, \lambda_2, \cdots, \lambda_n$的特征向量.

化二次型为标准形具体步骤如下:

(1) 把二次型(二次齐次多项式)写成矩阵形式(注意此处二次型的矩阵是对称阵)

$$f=\sum_{i,j=1}^{n}a_{ij}x_ix_j=\boldsymbol{x}^{\mathrm{T}}\boldsymbol{A}\boldsymbol{x}.$$

(2) 对实对称阵 $\boldsymbol{A}$,求正交阵 $\boldsymbol{P}$(使得 $\boldsymbol{P}^{-1}\boldsymbol{A}\boldsymbol{P}=\boldsymbol{P}^{\mathrm{T}}\boldsymbol{A}\boldsymbol{P}=\boldsymbol{\Lambda}$).

(3) 在正交变换 $\boldsymbol{x}=\boldsymbol{P}\boldsymbol{y}$ 下,化二次型为标准形.

$$\begin{aligned}f&=\boldsymbol{x}^{\mathrm{T}}\boldsymbol{A}\boldsymbol{x}=\boldsymbol{y}^{\mathrm{T}}(\boldsymbol{P}^{\mathrm{T}}\boldsymbol{A}\boldsymbol{P})\boldsymbol{y}=\boldsymbol{y}^{\mathrm{T}}\boldsymbol{\Lambda}\boldsymbol{y}\\&=\lambda_1y_1^2+\lambda_2y_2^2+\cdots+\lambda_ny_n^2.\end{aligned}$$

标准形平方项的系数 $\lambda_i(i=1, 2, \cdots, n)$是对称阵 $\boldsymbol{A}$ 的特征值.

例 5.12 求正交变换 $\boldsymbol{x}=\boldsymbol{P}\boldsymbol{y}$, 化二次型

$$f=3x_1^2+2x_2^2+x_3^2-4x_1x_2-4x_2x_3$$

为标准形.

解 (1) 写出二次型的矩阵形式

$$f=(x_1, x_2, x_3)\begin{pmatrix}3&-2&0\\-2&2&-2\\0&-2&1\end{pmatrix}\begin{pmatrix}x_1\\x_2\\x_3\end{pmatrix}=\boldsymbol{x}^{\mathrm{T}}\boldsymbol{A}\boldsymbol{x}.$$

(2) 对实对称阵

$$\boldsymbol{A}=\begin{pmatrix}3&-2&0\\-2&2&-2\\0&-2&1\end{pmatrix},$$

由例 5.10 知,其特征值是 $\lambda_1=-1, \lambda_2=2, \lambda_3=5$, 且存在正交阵

$$P=\begin{pmatrix}\frac{1}{3}&\frac{2}{3}&\frac{2}{3}\\\frac{2}{3}&\frac{1}{3}&-\frac{2}{3}\\\frac{2}{3}&-\frac{2}{3}&\frac{1}{3}\end{pmatrix},$$

使

$$P^{-1}AP=P^{\mathrm{T}}AP=\begin{pmatrix}-1&&\\&2&\\&&5\end{pmatrix}.$$

(3) 于是,所给二次型 f 经正交变换

$$\begin{pmatrix}x_1\\x_2\\x_3\end{pmatrix}=\begin{pmatrix}\frac{1}{3}&\frac{2}{3}&\frac{2}{3}\\\frac{2}{3}&\frac{1}{3}&-\frac{2}{3}\\\frac{2}{3}&-\frac{2}{3}&\frac{1}{3}\end{pmatrix}\begin{pmatrix}y_1\\y_2\\y_3\end{pmatrix}$$

化成标准形

$$f=-y_1^2+2y_2^2+5y_3^2.$$

5.6 正定二次型

下面对二次型分类作简单的讨论.

定义 5.9 设有实二次型 $f(\boldsymbol{x})=\boldsymbol{x}^{\mathrm{T}}\boldsymbol{A}\boldsymbol{x}$,如果对任何 $\boldsymbol{x}\neq\boldsymbol{0}$,都有 $f(\boldsymbol{x})>0$(显然 $f(\boldsymbol{0})=0$),则称 f 为**正定二次型**,并称**对称阵 $\boldsymbol{A}$ 是正定的**;如果对任何 $\boldsymbol{x}\neq\boldsymbol{0}$ 都有 $f(\boldsymbol{x})<0$,则称 f 为**负定二次型**,并称**对称阵 $\boldsymbol{A}$ 是负定的**.

定理 5.4 实二次型 $f=\boldsymbol{x}^{\mathrm{T}}\boldsymbol{A}\boldsymbol{x}$ 为正定的充分必要条件是:它的标准形的 n 个系数全为正.

证明 设可逆变换 $\boldsymbol{x}=\boldsymbol{C}\boldsymbol{y}$ 使

$$f(\boldsymbol{x})=f(\boldsymbol{C}\boldsymbol{y})=\sum_{i=1}^{n}k_iy_i^2.$$

先证充分性.设 $k_i>0(i=1,\cdots,n)$.任给 $\boldsymbol{x}\neq\boldsymbol{0}$,则 $\boldsymbol{y}=\boldsymbol{C}^{-1}\boldsymbol{x}\neq\boldsymbol{0}$,故

$$f(\boldsymbol{x})=\sum_{i=1}^{n}k_iy_i^2>0.$$

再证必要性. 用反证法，假设有 $k_s \leqslant 0$，则当 $\boldsymbol{y}=\boldsymbol{\varepsilon}_s$（单位坐标向量）时，$f(\boldsymbol{C}\boldsymbol{\varepsilon}_s)=k_s\leqslant 0$. 显然 $\boldsymbol{C}\boldsymbol{\varepsilon}_s\neq\boldsymbol{0}$，这与 f 为正定相矛盾. 这就证明了 $k_i>0(i=1,\cdots,n)$.

推论 对称阵 $\boldsymbol{A}$ 为正定的充分必要条件是 $\boldsymbol{A}$ 的特征值全为正.

定理 5.5 对称阵 $\boldsymbol{A}$ 为正定的充分必要条件是 $\boldsymbol{A}$ 的各阶主子式都为正，即

$$a_{11}>0,\begin{vmatrix}a_{11} & a_{12}\\ a_{21} & a_{22}\end{vmatrix}>0,\cdots,\begin{vmatrix}a_{11} & \cdots & a_{1n}\\ \vdots & & \vdots\\ a_{n1} & \cdots & a_{nn}\end{vmatrix}>0;$$

对称阵 $\boldsymbol{A}$ 为负定的充分必要条件是奇数阶主子式为负，而偶数阶主子式为正，即

$$(-1)^r\begin{vmatrix}a_{11} & \cdots & a_{1r}\\ \vdots & & \vdots\\ a_{r1} & \cdots & a_{rr}\end{vmatrix}>0\quad(r=1,2,\cdots,n),$$

这个定理称为**霍尔维茨定理**，这里不予证明.

例 5.13 判别二次型 $f=-5x^2-6y^2-4z^2+4xy+4xz$ 的正定性.

解 f 的矩阵为

$$\boldsymbol{A}=\begin{pmatrix}-5 & 2 & 2\\ 2 & -6 & 0\\ 2 & 0 & -4\end{pmatrix},$$

$$a_{11}=-5<0,\quad\begin{vmatrix}a_{11} & a_{12}\\ a_{21} & a_{22}\end{vmatrix}=\begin{vmatrix}-5 & 2\\ 2 & -6\end{vmatrix}=26>0,$$

$$|\boldsymbol{A}|=-80<0,$$

根据定理 5.5 知 f 为负定二次型.

又如，由例 1.9 可知，对称阵

$$\boldsymbol{A}=\begin{pmatrix}2 & 1 & & & & \\ 1 & 2 & 1 & & & \\ & 1 & 2 & 1 & & \\ & & \ddots & \ddots & \ddots & \\ & & & 1 & 2 & 1\\ & & & & 1 & 2\end{pmatrix}$$

是正定的.

习 题 5

1. 设向量

$$\boldsymbol{\alpha}=\begin{pmatrix}1\\1\\2\end{pmatrix},\quad \boldsymbol{\beta}=\begin{pmatrix}1\\-1\\1\end{pmatrix},$$

求$[\boldsymbol{\alpha}+2\boldsymbol{\beta},\boldsymbol{\beta}]$.

2. 把下列向量组正交化,单位化.

(1) $\boldsymbol{\alpha}_1=\begin{pmatrix}1\\1\\0\end{pmatrix},\quad \boldsymbol{\alpha}_2=\begin{pmatrix}1\\-1\\1\end{pmatrix},\quad \boldsymbol{\alpha}_3=\begin{pmatrix}0\\1\\2\end{pmatrix}$;

(2) $\boldsymbol{\alpha}_1=\begin{pmatrix}1\\1\\1\\1\end{pmatrix},\quad \boldsymbol{\alpha}_2=\begin{pmatrix}1\\-2\\-3\\-4\end{pmatrix},\quad \boldsymbol{\alpha}_3=\begin{pmatrix}-1\\2\\-2\\3\end{pmatrix}$.

3. 下列矩阵是否是正交阵?

$$\boldsymbol{A}=\begin{pmatrix}1&-\frac{1}{2}&\frac{1}{3}\\-\frac{1}{2}&1&\frac{1}{2}\\-\frac{1}{3}&\frac{1}{2}&1\end{pmatrix};\quad \boldsymbol{B}=\begin{pmatrix}\frac{1}{9}&-\frac{8}{9}&-\frac{4}{9}\\-\frac{8}{9}&\frac{1}{9}&-\frac{4}{9}\\-\frac{4}{9}&-\frac{4}{9}&\frac{7}{9}\end{pmatrix}.$$

4. 设n阶方阵$\boldsymbol{A}$是正交阵,证明$\boldsymbol{A}$的伴随阵$\boldsymbol{A}^*$也是正交阵.

5. 设矩阵$\boldsymbol{H}=\boldsymbol{E}-2\boldsymbol{x}\boldsymbol{x}^{\mathrm{T}}$,其中,$\boldsymbol{E}$是$n$阶单位阵,$\boldsymbol{x}$是$n$维列向量,且$\boldsymbol{x}^{\mathrm{T}}\boldsymbol{x}=1$. 证明$\boldsymbol{H}$是对称的正交阵.

6. 求下列矩阵的特征值以及属于特征值的特征向量.

(1) $\boldsymbol{A}=\begin{pmatrix}3&4\\5&2\end{pmatrix}$;　　(2) $\boldsymbol{A}=\begin{pmatrix}2&-1&2\\5&-3&3\\-1&0&-2\end{pmatrix}$;

(3) $\boldsymbol{A}=\begin{pmatrix}3&1&0\\-4&-1&0\\-8&-4&-1\end{pmatrix}$;　　(4) $\boldsymbol{A}=\begin{pmatrix}1&2&3\\2&1&3\\3&3&6\end{pmatrix}$.

7. 设$\boldsymbol{A}$是n阶方阵,$\boldsymbol{\alpha}_1$,$\boldsymbol{\alpha}_2$分别是$\boldsymbol{A}$的属于两个不同的特征值λ_1,λ_2的特征向量,试证明$\boldsymbol{\alpha}_1+\boldsymbol{\alpha}_2$不是$\boldsymbol{A}$的特征向量.

8. 设$\boldsymbol{A}$是n阶方阵,$\boldsymbol{A}^2=\boldsymbol{E}$,证明$\boldsymbol{A}$的特征值是1或$-1$.

9. 设$\boldsymbol{A}$为正交阵,且$|\boldsymbol{A}|=-1$,证明$\lambda=-1$是$\boldsymbol{A}$的特征值.

10. 已知三阶矩阵$\boldsymbol{A}$的特征值为1, 2, 3,求$|\boldsymbol{A}^3-5\boldsymbol{A}^2+7\boldsymbol{A}|$.

11. 已知三阶矩阵$\boldsymbol{A}$的特征值为1, 2, -3,求$|\boldsymbol{A}^*+3\boldsymbol{A}+2\boldsymbol{E}|$.

12. 设矩阵 $\boldsymbol{A}=\begin{pmatrix}2&0&1\\3&1&x\\4&0&5\end{pmatrix}$ 可相似对角化，求 x.

13. 下列矩阵 $\boldsymbol{A}$ 可以对角化吗？如果可以对角化，那么求出可逆矩阵 $\boldsymbol{P}$，使 $\boldsymbol{P}^{-1}\boldsymbol{A}\boldsymbol{P}$ 为对角阵.

(1) $\boldsymbol{A}=\begin{pmatrix}1&2&2\\1&2&-1\\-1&1&4\end{pmatrix}$；　　(2) $\boldsymbol{A}=\begin{pmatrix}-3&1&-1\\-7&5&-1\\-6&6&-2\end{pmatrix}$.

14. 设三阶方阵 $\boldsymbol{A}$ 的特征值 $\lambda_1=1$，$\lambda_2=0$，$\lambda_3=-1$，对应的特征向量为

$$\boldsymbol{p}_1=\begin{pmatrix}1\\2\\2\end{pmatrix},\quad \boldsymbol{p}_2=\begin{pmatrix}2\\-2\\1\end{pmatrix},\quad \boldsymbol{p}_3=\begin{pmatrix}-2\\-1\\2\end{pmatrix},$$

求 $\boldsymbol{A}$.

15. 设 $\boldsymbol{A}$ 和 $\boldsymbol{B}$ 都是 n 阶方阵，且 $\boldsymbol{A}$ 可逆，证明 $\boldsymbol{AB}$ 与 $\boldsymbol{BA}$ 相似.

16. 设

$$\boldsymbol{A}=\begin{pmatrix}4&6&0\\-3&-5&0\\-3&-6&1\end{pmatrix},$$

(1) 证明矩阵 $\boldsymbol{A}$ 与对角阵相似；

(2) 求可逆阵 $\boldsymbol{P}$，化 $\boldsymbol{A}$ 为对角阵 $\boldsymbol{\Lambda}$；

(3) 求 $\boldsymbol{A}^{10}$ 与 $|\boldsymbol{A}^2-3\boldsymbol{E}|$.

17. 对下列对称阵 $\boldsymbol{A}$，求正交阵 $\boldsymbol{P}$，使 $\boldsymbol{P}^{-1}\boldsymbol{A}\boldsymbol{P}=\boldsymbol{\Lambda}$ 为对角阵.

(1) $\boldsymbol{A}=\begin{pmatrix}1&-2&0\\-2&2&-2\\0&-2&3\end{pmatrix}$；　　(2) $\boldsymbol{A}=\begin{pmatrix}2&2&-2\\2&5&-4\\-2&-4&5\end{pmatrix}$.

18. 设方阵 $\boldsymbol{A}$ 与 $\boldsymbol{B}$ 相似，方阵 $\boldsymbol{C}$ 与 $\boldsymbol{D}$ 相似，证明方阵

$$\begin{pmatrix}\boldsymbol{A}&\boldsymbol{O}\\\boldsymbol{O}&\boldsymbol{B}\end{pmatrix} \text{ 与 } \begin{pmatrix}\boldsymbol{C}&\boldsymbol{O}\\\boldsymbol{O}&\boldsymbol{D}\end{pmatrix}$$

也相似.

19. 设有对称阵

$$\boldsymbol{A}=\begin{pmatrix}4&1&0&0\\1&4&0&0\\0&0&4&1\\0&0&1&4\end{pmatrix},$$

求正交阵 $\boldsymbol{P}$，使 $\boldsymbol{P}^{-1}\boldsymbol{A}\boldsymbol{P}=\boldsymbol{\Lambda}$ 为对角阵.

20. 把二次型表示成矩阵形式.

(1) $f(x_1,x_2,x_3)=x_1^2+2x_2^2+5x_3^2+2x_1x_2+6x_2x_3+2x_1x_3$；

(2) $f(x_1,x_2,x_3)=x_1x_2+x_2x_3+x_1x_3$；

(3) $f(x_1, x_2, x_3) = (x_1 + x_2 + x_3)^2$.

21. 求正交变换 $\boldsymbol{x} = \boldsymbol{P}\boldsymbol{y}$，化二次型为标准形.

(1) $f(x_1, x_2, x_3) = 2x_1^2 + 3x_2^2 + 4x_2x_3 + 3x_3^2$；

(2) $f(x_1, x_2, x_3) = x_1^2 + 2x_2^2 + 2x_1x_2 - 2x_1x_3 + 2x_3^2$；

(3) $f(x_1, x_2, x_3, x_4) = 2x_1x_2 - 2x_3x_4$.

22. 判别二次型正定性.

(1) $f(x_1, x_2, x_3) = 2x_1^2 + 5x_2^2 + 5x_3^2 + 4x_1x_2 - 4x_1x_3 - 8x_2x_3$；

(2) $f(x_1, x_2, x_3) = 5x_1^2 + 5x_2^2 + 5x_3^2 + 4x_1x_2 - 4x_1x_3 - 2x_2x_3$.

23. 试用特征值法判别二次型正定性.

(1) $f(x_1, x_2, x_3) = 2x_1^2 + x_2^2 - 4x_1x_2 - 4x_2x_3$；

(2) $f(x_1, x_2, x_3) = 3x_1^2 + 3x_2^2 + 3x_3^2 + x_4^2 + 2x_1x_2 + 2x_1x_3 + 2x_2x_3$.

24. 证明对称阵 $\boldsymbol{A}$ 为正定的充分必要条件是：存在可逆矩阵 $\boldsymbol{U}$，使 $\boldsymbol{A} = \boldsymbol{U}^{\mathrm{T}}\boldsymbol{U}$.

25. 选择题.

(1) 设 λ_1, λ_2 是 n 阶方阵 $\boldsymbol{A}$ 的特征值，$\lambda_1 \neq \lambda_2$，且 $\boldsymbol{p}_1$，$\boldsymbol{p}_2$ 分别是对应 λ_1，λ_2 的特征向量，当________时，$\boldsymbol{x} = k_1\boldsymbol{p}_1 + k_2\boldsymbol{p}_2$ 必是 $\boldsymbol{A}$ 的特征向量.

(A) $k_1 = 0$ 且 $k_2 = 0$　　(B) $k_1 \neq 0$ 且 $k_2 \neq 0$

(C) $k_1k_2 = 0$　　(D) $k_1 \neq 0$ 而 $k_2 = 0$

(2) 设 n 阶方阵 $\boldsymbol{A}$ 与 $\boldsymbol{B}$ 相似，那么__________.

(A) 存在可逆阵 $\boldsymbol{P}$，使 $\boldsymbol{P}^{-1}\boldsymbol{A}\boldsymbol{P}=\boldsymbol{B}$　　(B) 存在对角阵 $\boldsymbol{\Lambda}$，使 $\boldsymbol{A}$ 与 $\boldsymbol{B}$ 都相似于 $\boldsymbol{\Lambda}$

(C) $|\boldsymbol{A}| \neq |\boldsymbol{B}|$　　(D) $\boldsymbol{A} - \lambda\boldsymbol{E} = \boldsymbol{B} - \lambda\boldsymbol{E}$

(3) $\boldsymbol{A}$ 是三阶方阵，$\boldsymbol{A}$ 的特征值是 1，-2，4，则下列矩阵____可逆.

(A) $\boldsymbol{E} - \boldsymbol{A}$　　(B) $\boldsymbol{A} + 2\boldsymbol{E}$　　(C) $2\boldsymbol{E} - \boldsymbol{A}$　　(D) $\boldsymbol{A} - 4\boldsymbol{E}$.

(4) 下列矩阵____是二次型 $f = x_1^2 + 6x_1x_2 + 3x_2^2$ 的矩阵.

(A) $\begin{pmatrix} 1 & -1 \\ -1 & 3 \end{pmatrix}$　　(B) $\begin{pmatrix} 1 & 2 \\ 4 & 3 \end{pmatrix}$　　(C) $\begin{pmatrix} 1 & 3 \\ 3 & 3 \end{pmatrix}$　　(D) $\begin{pmatrix} 1 & 5 \\ 1 & 3 \end{pmatrix}$

(5) 设 $\boldsymbol{A}$ 是 n 阶可逆阵，λ 是 $\boldsymbol{A}$ 的一个特征值，则____是 $\boldsymbol{A}$ 的伴随阵 $\boldsymbol{A}^*$ 的一个特征值.

(A) $\lambda^{-1}|\boldsymbol{A}^*|$　　(B) $\lambda^{-1}|\boldsymbol{A}|$

(C) $\lambda|\boldsymbol{A}|$　　(D) $\lambda|\boldsymbol{A}^*|$

*第 6 章 线性空间

6.1 线性空间的概念

在第 4 章中，我们把有序 n 元数组称为向量，并引入了向量空间的概念. 在本章中，我们将把这些概念推广，讨论更具一般性的向量和向量空间.

6.1.1 线性空间的定义

定义 6.1 设 V 是一个非空集合，$\boldsymbol{F}$ 是一个数域. 对于 V 中任意两个元素 $\boldsymbol{\alpha}$, $\boldsymbol{\beta}$，在 V 中总有唯一确定的一个元素 $\boldsymbol{\gamma}$ 与它们对应，称为 $\boldsymbol{\alpha}$ 与 $\boldsymbol{\beta}$ 的**和**，记为 $\boldsymbol{\gamma}=\boldsymbol{\alpha}+\boldsymbol{\beta}$. 对于数域 $\boldsymbol{F}$ 中任一数 k 与 V 中任意的一个元素 $\boldsymbol{\alpha}$，在 V 中都有唯一确定的一个元素 $\boldsymbol{\delta}$ 与它们对应，称为 k 与 $\boldsymbol{\alpha}$ 的**数量乘积**，记为 $\boldsymbol{\delta}=k\boldsymbol{\alpha}$.

对任意的 $\boldsymbol{\alpha}$, $\boldsymbol{\beta}$, $\boldsymbol{\gamma}\in V$ 和任意的 k, $l\in\boldsymbol{F}$，如果加法与数量乘法满足下面规律：

(1) $\boldsymbol{\alpha}+\boldsymbol{\beta}=\boldsymbol{\beta}+\boldsymbol{\alpha}$;

(2) $(\boldsymbol{\alpha}+\boldsymbol{\beta})+\boldsymbol{\gamma}=\boldsymbol{\alpha}+(\boldsymbol{\beta}+\boldsymbol{\gamma})$;

(3) 在 V 中存在零元素 $\mathbf{0}$，对于 V 中任一元素 $\boldsymbol{\alpha}$ 都有 $\boldsymbol{\alpha}+\mathbf{0}=\boldsymbol{\alpha}$;

(4) 对 V 中任意元素 $\boldsymbol{\alpha}$，在 V 中都有 $\boldsymbol{\alpha}$ 的负元素 $\boldsymbol{\alpha}'$，使 $\boldsymbol{\alpha}+\boldsymbol{\alpha}'=\mathbf{0}$;

(5) $1\boldsymbol{\alpha}=\boldsymbol{\alpha}$;

(6) $k(l\boldsymbol{\alpha})=(kl)\boldsymbol{\alpha}$;

(7) $(k+l)\boldsymbol{\alpha}=k\boldsymbol{\alpha}+l\boldsymbol{\alpha}$;

(8) $k(\boldsymbol{\alpha}+\boldsymbol{\beta})=k\boldsymbol{\alpha}+k\boldsymbol{\beta}$,

则 V 称为数域 $\boldsymbol{F}$ 上的**线性空间**(或向量空间)，V 中的元素，不论其本来性质如何，统称为**向量**.

由定义可知，设 $\boldsymbol{F}$ 是一个数域，集合

$$\boldsymbol{F}^n=\left\{\boldsymbol{\alpha}=\begin{pmatrix}a_1\\a_2\\\vdots\\a_n\end{pmatrix}\middle|\, a_1, a_2, \cdots, a_n\in\boldsymbol{F}\right\}$$

关于通常的向量加法和数乘运算构成数域 $\boldsymbol{F}$ 上的线性空间，通常称为有序 n 元数组所成的向量空间. 特别地，当 $\boldsymbol{F}=\mathbf{R}$ 时，向量空间 $\mathbf{R}^n$ 是实数域 $\mathbf{R}$ 上的线性空间.

例 6.1 设

$$P_n[x]=\{\boldsymbol{p}=a_nx^n+a_{n-1}x^{n-1}+\cdots+a_1x+a_0 \mid a_0, a_1, \cdots, a_n\in \boldsymbol{F}\}$$

是数域 $\boldsymbol{F}$ 上次数不超过 n 的多项式全体所成的集合. $\boldsymbol{0}\in P_n[x]$，所以 $P_n[x]$非空；$P_n[x]$ 对通常的多项式加法和数乘构成数域 $\boldsymbol{F}$ 上的线性空间. 这是因为通常的多项式加法和数乘运算显然满足线性运算的八条规律，并且 $P_n[x]$关于这两种运算封闭：对任意的

$$\boldsymbol{p}_1=a_nx^n+\cdots+a_1x+a_0,\ \boldsymbol{p}_2=b_nx^n+\cdots+b_1x+b_0\in P_n[x],\ \lambda\in\boldsymbol{F},$$

$$\boldsymbol{p}_1+\boldsymbol{p}_2=(a_n+b_n)x^n+\cdots+(a_1+b_1)x+(a_0+b_0)\in P_n[x],$$

$$\lambda\boldsymbol{p}_1=\lambda a_nx^n+\cdots+\lambda a_1x+\lambda a_0\in P_n[x].$$

所以，$P_n[x]$是数域 $\boldsymbol{F}$ 上的线性空间.

例 6.2 设

$$M_{m\times n}(\mathbf{R})=\left\{\boldsymbol{\alpha}=\begin{pmatrix}a_{11}&a_{12}&\cdots&a_{1n}\\a_{21}&a_{22}&\cdots&a_{2n}\\\vdots&\vdots&&\vdots\\a_{m1}&a_{m2}&\cdots&a_{mn}\end{pmatrix}\middle|\ a_{ij}\in\mathbf{R},\ \begin{matrix}i=1,2,\cdots,m,\\j=1,2,\cdots,n\end{matrix}\right\}$$

是实数域 $\mathbf{R}$ 上的 $m\times n$ 矩阵全体所成的集合. 显然 $M_{m\times n}(\mathbf{R})$是非空的. $M_{m\times n}(\mathbf{R})$对通常的矩阵加法和数乘构成实数域 $\mathbf{R}$ 上的线性空间.

例 6.3 设集合 $C[a, b]$是定义在区间$[a, b]$上的连续实函数全体所成的集合，关于通常的函数加法和实数与函数的数量乘法构成实数域 $\mathbf{R}$ 上的线性空间.

例 6.4 设

$$V=\{\boldsymbol{p}=a_nx^n+\cdots+a_1x+a_0 \mid a_0, a_1, \cdots, a_n\in\boldsymbol{F}\text{，且 }a_n\neq 0\}$$

是数域 $\boldsymbol{F}$ 上 n 次多项式全体所成的集合. V 关于多项式的加法和数乘不构成数域 $\boldsymbol{F}$ 上的线性空间. 这是因为 V 关于多项式的加法不封闭. 例如

$$\boldsymbol{p}_1=x^n+a_{n-1}x^{n-1}+\cdots+a_1x+a_0\in V,$$
$$\boldsymbol{p}_2=-x^n+b_{n-1}x^{n-1}+\cdots+b_1x+b_0\in V,$$

但

$$\boldsymbol{p}_1+\boldsymbol{p}_2\ \overline{\in}\ V.$$

例 6.5 设

$$S^n=\left\{\boldsymbol{\alpha}=\begin{pmatrix}a_1\\a_2\\\vdots\\a_n\end{pmatrix}\middle|\ a_1, a_2, \cdots, a_n\in\boldsymbol{F}\right\}$$

是数域 $\boldsymbol{F}$ 上 n 维列向量全体. 集合 S^n 非空，如果在集合 S^n 上这样定义加法和数乘运

算:设

$$\boldsymbol{\alpha}=\begin{pmatrix}a_1\\a_2\\\vdots\\a_n\end{pmatrix}\in S^n,\quad \boldsymbol{\beta}=\begin{pmatrix}b_1\\b_2\\\vdots\\b_n\end{pmatrix}\in S^n,\quad \lambda\in\boldsymbol{F},$$

定义

$$\boldsymbol{\alpha}+\boldsymbol{\beta}=\begin{pmatrix}a_1+b_1\\a_2+b_2\\\vdots\\a_n+b_n\end{pmatrix}\in S^n,\quad \lambda\boldsymbol{\alpha}=\begin{pmatrix}0\\0\\\vdots\\0\end{pmatrix}\in S^n.$$

集合 S^n 关于上面定义的加法和数乘运算封闭,但运算不满足规律(5).因为当 $\boldsymbol{\alpha}\neq\mathbf{0}$ 时,$1\boldsymbol{\alpha}=\mathbf{0}\neq\boldsymbol{\alpha}$. 所以,$S^n$ 关于如上定义的加法和数乘运算不构成线性空间.

由例 6.4 和例 6.5 可知,如果定义的运算不封闭(如例 6.4 中的加法),或者定义的运算不全满足八条基本运算规律(如例 6.5 中的数乘运算不满足运算规律(5)),那么这个集合就一定不构成线性空间.

6.1.2 线性空间的性质

性质 1 零元素是唯一的.

证明 设 $\mathbf{0}_1$, $\mathbf{0}_2$ 是线性空间 V 中的两个零元素,即对任何 $\boldsymbol{\alpha}\in V$,有 $\boldsymbol{\alpha}+\mathbf{0}_1=\boldsymbol{\alpha}$, $\boldsymbol{\alpha}+\mathbf{0}_2=\boldsymbol{\alpha}$, 特别地

$$\mathbf{0}_2+\mathbf{0}_1=\mathbf{0}_2,\quad \mathbf{0}_1+\mathbf{0}_2=\mathbf{0}_1,$$

于是

$$\mathbf{0}_1=\mathbf{0}_1+\mathbf{0}_2=\mathbf{0}_2+\mathbf{0}_1=\mathbf{0}_2.$$

性质 2 任一元素的负元素是唯一的,$\boldsymbol{\alpha}$ 的负元素记为 $-\boldsymbol{\alpha}$.

证明 设 $\boldsymbol{\alpha}$ 有两个负元素 $\boldsymbol{\beta}$, $\boldsymbol{\gamma}$,即 $\boldsymbol{\alpha}+\boldsymbol{\beta}=\mathbf{0}$, $\boldsymbol{\alpha}+\boldsymbol{\gamma}=\mathbf{0}$. 于是

$$\boldsymbol{\beta}=\boldsymbol{\beta}+\mathbf{0}=\boldsymbol{\beta}+(\boldsymbol{\alpha}+\boldsymbol{\gamma})=(\boldsymbol{\alpha}+\boldsymbol{\beta})+\boldsymbol{\gamma}=\mathbf{0}+\boldsymbol{\gamma}=\boldsymbol{\gamma}.$$

性质 3 $0\boldsymbol{\alpha}=\mathbf{0}$, $k\mathbf{0}=\mathbf{0}$, $(-1)\boldsymbol{\alpha}=-\boldsymbol{\alpha}$.

证明 因为 $\boldsymbol{\alpha}+0\boldsymbol{\alpha}=1\boldsymbol{\alpha}+0\boldsymbol{\alpha}=(1+0)\boldsymbol{\alpha}=1\boldsymbol{\alpha}=\boldsymbol{\alpha}$, 两边同时加上 $-\boldsymbol{\alpha}$,得 $0\boldsymbol{\alpha}=\mathbf{0}$. 因为

$$\boldsymbol{\alpha}+(-1)\boldsymbol{\alpha}=1\boldsymbol{\alpha}+(-1)\boldsymbol{\alpha}=[1+(-1)]\boldsymbol{\alpha}=0\boldsymbol{\alpha}=\mathbf{0},$$

由负元素的唯一性得 $(-1)\boldsymbol{\alpha}=-\boldsymbol{\alpha}$. 又因为 $0\boldsymbol{\alpha}=\mathbf{0}$, 得

$$k\mathbf{0}=k(0\boldsymbol{\alpha})=(k0)\boldsymbol{\alpha}=0\boldsymbol{\alpha}=\mathbf{0}.$$

性质 4 如果 $k\boldsymbol{\alpha}=\mathbf{0}$,则 $k=0$ 或 $\boldsymbol{\alpha}=\mathbf{0}$.

证明 若 $k\neq 0$,且 $\boldsymbol{\alpha}\neq\mathbf{0}$,则必有 $k\boldsymbol{\alpha}\neq\mathbf{0}$. 否则

$$\frac{1}{k}(k\boldsymbol{\alpha}) = \frac{1}{k}\mathbf{0} = \mathbf{0},$$

而

$$\frac{1}{k}(k\boldsymbol{\alpha}) = \left(\frac{1}{k}k\right)\boldsymbol{\alpha} = 1\boldsymbol{\alpha} = \boldsymbol{\alpha},$$

所以 $$\boldsymbol{\alpha} = \mathbf{0}.$$

6.1.3 基、维数与坐标

我们已经在有序 n 元数组组成的向量空间 V 中详细地讨论了向量组的线性相关性、向量组的线性表示与等价等重要概念. 这些概念同样也适用于一般的线性空间.

例如,设 V 是数域 $\boldsymbol{F}$ 上的一个线性空间,对向量组 $\boldsymbol{\alpha}_1, \boldsymbol{\alpha}_2, \cdots, \boldsymbol{\alpha}_m \in V$,如果存在一组不全为零的数 $k_1, k_2, \cdots, k_m \in \boldsymbol{F}$ 使得

$$k_1\boldsymbol{\alpha}_1 + k_2\boldsymbol{\alpha}_2 + \cdots + k_m\boldsymbol{\alpha}_m = \mathbf{0},$$

那么称向量组 $\boldsymbol{\alpha}_1, \boldsymbol{\alpha}_2, \cdots, \boldsymbol{\alpha}_m$ **线性相关**. 如果这样的 m 个数不存在,即上述向量等式仅当 $k_1 = k_2 = \cdots = k_m = 0$ 时才成立,就称向量组 $\boldsymbol{\alpha}_1, \boldsymbol{\alpha}_2, \cdots, \boldsymbol{\alpha}_m$ **线性无关**.

不仅如此,我们在前面对有序 n 元数组所作的那些论证也完全可以搬到数域 $\boldsymbol{F}$ 上的抽象的线性空间中来,并得出相同的结论. 我们不再重复这些论证,只把几个常用的重要结论叙述如下:

(1) 向量组 $\boldsymbol{\alpha}_1, \boldsymbol{\alpha}_2, \cdots, \boldsymbol{\alpha}_m (m \geqslant 2)$线性相关的充分必要条件是其中至少有一个向量可以由其余 $m-1$ 个向量线性表示.

(2) 设有两个向量组

$$A: \boldsymbol{\alpha}_1, \boldsymbol{\alpha}_2, \cdots, \boldsymbol{\alpha}_r,$$
$$B: \boldsymbol{\beta}_1, \boldsymbol{\beta}_2, \cdots, \boldsymbol{\beta}_s.$$

如果向量组 A 能由向量组 B 线性表示,且 $r > s$,那么向量组 A 线性相关.

(3) 设向量组 $\boldsymbol{\alpha}_1, \boldsymbol{\alpha}_2, \cdots, \boldsymbol{\alpha}_m$ 线性无关,而 $\boldsymbol{\alpha}_1, \boldsymbol{\alpha}_2, \cdots, \boldsymbol{\alpha}_m, \boldsymbol{\beta}$ 线性相关,则 $\boldsymbol{\beta}$ 可由 $\boldsymbol{\alpha}_1, \boldsymbol{\alpha}_2, \cdots, \boldsymbol{\alpha}_m$ 唯一地线性表示.

类似地,在线性空间中我们有基、维数、坐标的概念:

定义 6.2 设 V 是数域 $\boldsymbol{F}$ 上的线性空间,如果 V 中存在 n 个向量 $\boldsymbol{\alpha}_1, \boldsymbol{\alpha}_2, \cdots, \boldsymbol{\alpha}_n$,满足

(1) $\boldsymbol{\alpha}_1, \boldsymbol{\alpha}_2, \cdots, \boldsymbol{\alpha}_n$线性无关;

(2) V 中任意的向量 $\boldsymbol{\alpha}$ 可由 $\boldsymbol{\alpha}_1, \boldsymbol{\alpha}_2, \cdots, \boldsymbol{\alpha}_n$唯一地线性表示,

那么称 $\boldsymbol{\alpha}_1, \boldsymbol{\alpha}_2, \cdots, \boldsymbol{\alpha}_n$是线性空间 V 的一个**基**,n 是线性空间 V 的**维数**,记为 $\dim V = n$.

根据定义 6.2,线性空间 V 的一个基 $\boldsymbol{\alpha}_1, \boldsymbol{\alpha}_2, \cdots, \boldsymbol{\alpha}_n$就是 V 的一个最大无关组.

线性空间的维数就是向量组的秩.

维数是 n 的线性空间称为 n 维线性空间. 单由零向量组成的线性空间称为**零空间**,零空间的维数定义为零.

设 V 是数域 $\boldsymbol{F}$ 上的 n 维线性空间,$\boldsymbol{\alpha}_1, \boldsymbol{\alpha}_2, \cdots, \boldsymbol{\alpha}_n$是它的一个基,则 V 是由 $\boldsymbol{\alpha}_1, \boldsymbol{\alpha}_2, \cdots, \boldsymbol{\alpha}_n$生成的线性空间,即

$$V = \{\boldsymbol{\alpha} = x_1\boldsymbol{\alpha}_1 + x_2\boldsymbol{\alpha}_2 + \cdots + x_n\boldsymbol{\alpha}_n \mid x_1, x_2, \cdots, x_n \in \boldsymbol{F}\}.$$

对任意的 $\boldsymbol{\alpha} \in V$, 存在一组唯一确定的数 $x_1, x_2, \cdots, x_n \in \boldsymbol{F}$,使

$$\boldsymbol{\alpha} = x_1\boldsymbol{\alpha}_1 + x_2\boldsymbol{\alpha}_2 + \cdots + x_n\boldsymbol{\alpha}_n.$$

反之,任给一组数 $x_1, x_2, \cdots, x_n \in \boldsymbol{F}$,总有唯一确定的向量 $\boldsymbol{\alpha} \in V$, 使

$$\boldsymbol{\alpha} = x_1\boldsymbol{\alpha}_1 + x_2\boldsymbol{\alpha}_2 + \cdots + x_n\boldsymbol{\alpha}_n.$$

这样,在选定 V 的一个基后,V 中的向量 $\boldsymbol{\alpha}$ 与有序 n 元数组 $\begin{pmatrix} x_1 \\ x_2 \\ \vdots \\ x_n \end{pmatrix}$之间是一一对应的.

定义 6.3 设 $\boldsymbol{\alpha}_1, \boldsymbol{\alpha}_2, \cdots, \boldsymbol{\alpha}_n$是数域 $\boldsymbol{F}$ 上 n 维线性空间 V 的一个基,对任一向量 $\boldsymbol{\alpha} \in V$, 存在唯一确定的一组有序 n 元数组 $x_1, x_2, \cdots, x_n \in \boldsymbol{F}$,使

$$\boldsymbol{\alpha} = x_1\boldsymbol{\alpha}_1 + x_2\boldsymbol{\alpha}_2 + \cdots + x_n\boldsymbol{\alpha}_n = (\boldsymbol{\alpha}_1, \boldsymbol{\alpha}_2, \cdots, \boldsymbol{\alpha}_n)\begin{pmatrix} x_1 \\ x_2 \\ \vdots \\ x_n \end{pmatrix},$$

称 $\begin{pmatrix} x_1 \\ x_2 \\ \vdots \\ x_n \end{pmatrix}$为向量 $\boldsymbol{\alpha}$ 在基 $\boldsymbol{\alpha}_1, \boldsymbol{\alpha}_2, \cdots, \boldsymbol{\alpha}_n$下的**坐标**.

例 6.6 在线性空间 $P_4[x]$中,$1, x, x^2, x^3, x^4$是它的一个基,任取一个次数不超过 4 的多项式

$$\boldsymbol{p} = f(x) = a_0 + a_1x + a_2x^2 + a_3x^3 + a_4x^4 \in P_4[x],$$

它在基 $1, x, x^2, x^3, x^4$ 下的坐标是 $\begin{pmatrix} a_0 \\ a_1 \\ a_2 \\ a_3 \\ a_4 \end{pmatrix}$. 显然,$1, x-a, (x-a)^2, (x-a)^3,$

$(x-a)^4$ 也是 $P_4[x]$的一个基,且

$$p = f(x) = f(a) + f'(a)(x-a) + \frac{1}{2!}f''(a)(x-a)^2 + \frac{1}{3!}f^{(3)}(a)(x-a)^3 + \frac{1}{4!}f^{(4)}(a)(x-a)^4,$$

因此,$f(x)$在基 1,$(x-a)$, $(x-a)^2$, $(x-a)^3$, $(x-a)^4$下的坐标是

$$\begin{pmatrix} f(a) \\ f'(a) \\ \frac{1}{2!}f''(a) \\ \frac{1}{3!}f^{(3)}(a) \\ \frac{1}{4!}f^{(4)}(a) \end{pmatrix}.$$

由此可见,在同一个线性空间中,一个向量在不同的基下有不同的坐标. 那么,不同基和不同坐标之间有什么关系呢?

6.1.4 基变换公式和坐标变换公式

由例 6.6 和例 6.7 可知,线性空间的基不是唯一的. 但线性空间的任意两个基是等价的,即它们可以互相线性表示.

设 $\boldsymbol{\alpha}_1, \boldsymbol{\alpha}_2, \cdots, \boldsymbol{\alpha}_n$与$\boldsymbol{\beta}_1, \boldsymbol{\beta}_2, \cdots, \boldsymbol{\beta}_n$是 n 维线性空间 V 的两个基,于是存在可逆矩阵

$$\boldsymbol{P} = \begin{pmatrix} p_{11} & p_{12} & \cdots & p_{1n} \\ p_{21} & p_{22} & \cdots & p_{2n} \\ \vdots & \vdots & & \vdots \\ p_{n1} & p_{n2} & \cdots & p_{nn} \end{pmatrix},$$

使

$$\boldsymbol{\beta}_j = p_{1j}\boldsymbol{\alpha}_1 + p_{2j}\boldsymbol{\alpha}_2 + \cdots + p_{nj}\boldsymbol{\alpha}_n = \sum_{i=1}^{n} p_{ij}\boldsymbol{\alpha}_i \quad (j=1, 2, \cdots, n) \qquad (6-1)$$

及可逆矩阵

$$\boldsymbol{Q} = \begin{pmatrix} q_{11} & q_{12} & \cdots & q_{1n} \\ q_{21} & q_{22} & \cdots & q_{2n} \\ \vdots & \vdots & & \vdots \\ q_{n1} & q_{n2} & \cdots & q_{nn} \end{pmatrix},$$

使

$$\boldsymbol{\alpha}_i = q_{1i}\boldsymbol{\beta}_1 + q_{2i}\boldsymbol{\beta}_2 + \cdots + q_{ni}\boldsymbol{\beta}_n = \sum_{k=1}^{n} q_{ki}\boldsymbol{\beta}_k \quad (i = 1, 2, \cdots, n). \qquad (6-1)'$$

把式(6－1)和式(6－1)′形式地写成

$$(\boldsymbol{\beta}_1, \boldsymbol{\beta}_2, \cdots, \boldsymbol{\beta}_n) = (\boldsymbol{\alpha}_1, \boldsymbol{\alpha}_2, \cdots, \boldsymbol{\alpha}_n)\boldsymbol{P} \qquad (6-2)$$

及

$$(\boldsymbol{\alpha}_1, \boldsymbol{\alpha}_2, \cdots, \boldsymbol{\alpha}_n) = (\boldsymbol{\beta}_1, \boldsymbol{\beta}_2, \cdots, \boldsymbol{\beta}_n)\boldsymbol{Q}. \qquad (6-2)'$$

式(6－1)与式(6－1)′(或式(6－2)与式(6－2)′)称为**基变换公式**. $\boldsymbol{P}$ 称为由基 $\boldsymbol{\alpha}_1, \boldsymbol{\alpha}_2, \cdots, \boldsymbol{\alpha}_n$ 到基 $\boldsymbol{\beta}_1, \boldsymbol{\beta}_2, \cdots, \boldsymbol{\beta}_n$ 的**过渡矩阵**. $\boldsymbol{Q}$ 称为由基 $\boldsymbol{\beta}_1, \boldsymbol{\beta}_2, \cdots, \boldsymbol{\beta}_n$ 到基 $\boldsymbol{\alpha}_1, \boldsymbol{\alpha}_2, \cdots, \boldsymbol{\alpha}_n$的过渡矩阵. 其中, $\boldsymbol{Q} = \boldsymbol{P}^{-1}$.

设数域 $\boldsymbol{F}$ 上 n 维线性空间 V 的向量 $\boldsymbol{\alpha}$ 在基 $\boldsymbol{\alpha}_1, \boldsymbol{\alpha}_2, \cdots, \boldsymbol{\alpha}_n$下的坐标为 $\begin{pmatrix} x_1 \\ x_2 \\ \vdots \\ x_n \end{pmatrix}$,在基 $\boldsymbol{\beta}_1, \boldsymbol{\beta}_2, \cdots, \boldsymbol{\beta}_n$下的坐标为 $\begin{pmatrix} y_1 \\ y_2 \\ \vdots \\ y_n \end{pmatrix}$.

因为

$$\boldsymbol{\alpha} = (\boldsymbol{\alpha}_1, \boldsymbol{\alpha}_2, \cdots, \boldsymbol{\alpha}_n)\begin{pmatrix} x_1 \\ x_2 \\ \vdots \\ x_n \end{pmatrix}$$

及

$$\boldsymbol{\alpha} = (\boldsymbol{\beta}_1, \boldsymbol{\beta}_2, \cdots, \boldsymbol{\beta}_n)\begin{pmatrix} y_1 \\ y_2 \\ \vdots \\ y_n \end{pmatrix} = (\boldsymbol{\alpha}_1, \boldsymbol{\alpha}_2, \cdots, \boldsymbol{\alpha}_n)\boldsymbol{P}\begin{pmatrix} y_1 \\ y_2 \\ \vdots \\ y_n \end{pmatrix},$$

由于 $\boldsymbol{\alpha}$ 在基 $\boldsymbol{\alpha}_1, \boldsymbol{\alpha}_2, \cdots, \boldsymbol{\alpha}_n$下的表示法唯一,所以

$$\begin{pmatrix} x_1 \\ x_2 \\ \vdots \\ x_n \end{pmatrix} = \boldsymbol{P}\begin{pmatrix} y_1 \\ y_2 \\ \vdots \\ y_n' \end{pmatrix} \qquad (6-3)$$

或

$$\begin{pmatrix} y_1 \\ y_2 \\ \vdots \\ y_n' \end{pmatrix} = \boldsymbol{P}^{-1} \begin{pmatrix} x_1 \\ x_2 \\ \vdots \\ x_n \end{pmatrix} = \boldsymbol{Q} \begin{pmatrix} x_1 \\ x_2 \\ \vdots \\ x_n \end{pmatrix}. \tag{6-3}'$$

上述两式称为**坐标变换公式**.

例 6.7 在 $P_3[x]$中取两个基

$$\begin{aligned} \boldsymbol{\alpha}_1 &= x^3 + 2x^2 - x, \\ \boldsymbol{\alpha}_2 &= x^3 - x^2 + x + 1, \\ \boldsymbol{\alpha}_3 &= - x^3 + 2x^2 + x + 1, \\ \boldsymbol{\alpha}_4 &= - x^3 - x^2 + 1 \end{aligned}$$

以及

$$\begin{aligned} \boldsymbol{\beta}_1 &= 2x^3 + x^2 + 1, \\ \boldsymbol{\beta}_2 &= x^2 + 2x + 2, \\ \boldsymbol{\beta}_3 &= - 2x^3 + x^2 + x + 2, \\ \boldsymbol{\beta}_4 &= x^3 + 3x^2 + x + 2, \end{aligned}$$

求 $P_3[x]$中任一多项式在这两个基下的坐标变换公式.

解 因为 $1, x, x^2, x^3$ 也是 $P_3[x]$的一个基,且

$$\begin{aligned} (\boldsymbol{\alpha}_1, \boldsymbol{\alpha}_2, \boldsymbol{\alpha}_3, \boldsymbol{\alpha}_4) &= (x^3, x^2, x, 1)\boldsymbol{A}, \\ (\boldsymbol{\beta}_1, \boldsymbol{\beta}_2, \boldsymbol{\beta}_3, \boldsymbol{\beta}_4) &= (x^3, x^2, x, 1)\boldsymbol{B}. \end{aligned}$$

其中

$$\boldsymbol{A} = \begin{pmatrix} 1 & 1 & -1 & -1 \\ 2 & -1 & 2 & -1 \\ -1 & 1 & 1 & 0 \\ 0 & 1 & 1 & 1 \end{pmatrix}, \quad \boldsymbol{B} = \begin{pmatrix} 2 & 0 & -2 & 1 \\ 1 & 1 & 1 & 3 \\ 0 & 2 & 1 & 1 \\ 1 & 2 & 2 & 2 \end{pmatrix}.$$

于是

$$(\boldsymbol{\beta}_1, \boldsymbol{\beta}_2, \boldsymbol{\beta}_3, \boldsymbol{\beta}_4) = (\boldsymbol{\alpha}_1, \boldsymbol{\alpha}_2, \boldsymbol{\alpha}_3, \boldsymbol{\alpha}_4)\boldsymbol{A}^{-1}\boldsymbol{B},$$

得到坐标变换公式

$$\begin{pmatrix} y_1 \\ y_2 \\ y_3 \\ y_4 \end{pmatrix} = \boldsymbol{B}^{-1}\boldsymbol{A} \begin{pmatrix} x_1 \\ x_2 \\ x_3 \\ x_4 \end{pmatrix}.$$

用矩阵的行初等变换求出 $\boldsymbol{B}^{-1}\boldsymbol{A}$

$$(\boldsymbol{B} \mid \boldsymbol{A}) \rightarrow \left(\begin{array}{cccc:cccc} 1 & 0 & 0 & 0 & 0 & 1 & -1 & 1 \\ 0 & 1 & 0 & 0 & -1 & 1 & 0 & 0 \\ 0 & 0 & 1 & 0 & 0 & 0 & 0 & 1 \\ 0 & 0 & 0 & 1 & 1 & -1 & 1 & -1 \end{array}\right),$$

即得

$$\begin{pmatrix} y_1 \\ y_2 \\ y_3 \\ y_4 \end{pmatrix} = \begin{pmatrix} 0 & 1 & -1 & 1 \\ -1 & 1 & 0 & 0 \\ 0 & 0 & 0 & 1 \\ 1 & -1 & 1 & -1 \end{pmatrix} \begin{pmatrix} x_1 \\ x_2 \\ x_3 \\ x_4 \end{pmatrix}.$$

6.1.5 子空间

定义 6.4 设 V 是数域 $\boldsymbol{F}$ 上线性空间，W 是 V 的一个非空子集. 如果 W 关于 V 的加法与数乘运算也组成数域 $\boldsymbol{F}$ 上的线性空间，我们称 W 是 V 的一个**子空间**.

在通常三维空间中，考虑一个过原点的平面. 显然，这个平面是三维几何空间的一部分，同时这个平面中的向量对于空间向量的加法和数乘运算也构成一个线性空间，所以过原点的平面是三维几何空间的子空间.

n 元齐次线性方程组 $\boldsymbol{Ax} = \boldsymbol{0}$ 的解空间

$$S = \{\boldsymbol{\alpha} \in \mathbf{R}^n \mid \boldsymbol{A\alpha} = \boldsymbol{0}\} \subseteq \mathbf{R}^n$$

是 $\mathbf{R}^n$ 的一个子空间.

一般说来，W 作为线性空间 V 的非空子集，W 中向量关于 V 的线性运算自然满足运算规律(1)，(2)，(5)，(6)，(7)，(8). 只要验证 W 关于 V 的线性运算加法和数乘是封闭的，并且也满足运算规律(3)和(4)，就可以断言 W 是 V 的一个子空间. 但是对任意的 $\boldsymbol{\alpha} \in W$，根据运算性质，有

$$0\boldsymbol{\alpha} = \boldsymbol{0}, \quad (-1)\boldsymbol{\alpha} = -\boldsymbol{\alpha}.$$

只要 W 关于 V 的线性运算加法和数乘封闭，根据零向量的唯一性和每个向量的负向量的唯一性，就可以知道 W 中向量关于 V 的线性运算必满足运算规律(3)和(4). 所以有定理：

定理 6.1 设数域 $\boldsymbol{F}$ 上线性空间 V，非空子集 W 成为 V 的一个子空间的充分必要条件是：W 关于 V 的线性运算(加法和数乘)封闭.

例 6.8 线性空间 V 中，由单个零向量组成的子集合 $\{\boldsymbol{0}\}$ 是 V 的一个子空间，称为**零子空间**. V 本身也是 V 的一个子空间，称为**全空间**. 通常把 V 的这两个子空间称为 V 的**平凡子空间**，而把 V 的其他子空间(如果存在的话)称为**非平凡子空间**.

例 6.9 在实数域 **R** 上线性空间

$$M_n(\mathbf{R})=\left\{\begin{pmatrix}a_{11} & \cdots & a_{1n}\\ \vdots & & \vdots\\ a_{n1} & \cdots & a_{nn}\end{pmatrix}\middle| a_{ij}\in\mathbf{R},\quad i,j=1,2,\cdots,n\right\}$$

中，对角方阵所成的集合

$$D_n(\boldsymbol{R})=\left\{\begin{pmatrix}a_{11} & & \\ & \ddots & \\ & & a_{nn}\end{pmatrix}\middle| a_{ii}\in\mathbf{R},\quad i=1,2,\cdots,n\right\}$$

是 $M_n(\mathbf{R})$ 的非空子集，且 $D_n(\mathbf{R})$ 关于 $M_n(\mathbf{R})$ 的线性运算封闭. 所以，$D_n(\mathbf{R})$ 是 $M_n(\mathbf{R})$ 的一个子空间.

6.2 线性空间的同构

设 V 是数域 $\boldsymbol{F}$ 上的 n 维线性空间，$\boldsymbol{\alpha}_1,\boldsymbol{\alpha}_2,\cdots,\boldsymbol{\alpha}_n$ 是 V 的一个基. 由上节可知，对任意的 $\boldsymbol{\alpha},\boldsymbol{\beta}\in V$，它们在这个基下有唯一确定的坐标：

$$\boldsymbol{\alpha}=(\boldsymbol{\alpha}_1,\boldsymbol{\alpha}_2,\cdots,\boldsymbol{\alpha}_n)\begin{pmatrix}x_1\\ x_2\\ \vdots\\ x_n\end{pmatrix},\quad \boldsymbol{\beta}=(\boldsymbol{\alpha}_1,\boldsymbol{\alpha}_2,\cdots,\boldsymbol{\alpha}_n)\begin{pmatrix}y_1\\ y_2\\ \vdots\\ y_n\end{pmatrix}.$$

于是，对任意的 $\lambda\in\boldsymbol{F}$，有

$$\boldsymbol{\alpha}+\boldsymbol{\beta}=(\boldsymbol{\alpha}_1,\boldsymbol{\alpha}_2,\cdots,\boldsymbol{\alpha}_n)\begin{pmatrix}x_1+y_1\\ x_2+y_2\\ \vdots\\ x_n+y_n\end{pmatrix},$$

$$\lambda\boldsymbol{\alpha}=(\boldsymbol{\alpha}_1,\boldsymbol{\alpha}_2,\cdots,\boldsymbol{\alpha}_n)\begin{pmatrix}\lambda x_1\\ \lambda x_2\\ \vdots\\ \lambda x_n\end{pmatrix}.$$

这样可以在线性空间 V 与有序 n 元数组所生成的向量空间 $\boldsymbol{F}^n$ 之间建立起一个一一对应 $f: V\to\boldsymbol{F}^n$，使

$$f(\boldsymbol{\alpha})=\begin{pmatrix}x_1\\x_2\\\vdots\\x_n\end{pmatrix}.$$

显然,映射 f 还保持了线性空间 V 与 $\boldsymbol{F}^n$ 的线性运算关系,即

$$f(\boldsymbol{\alpha}+\boldsymbol{\beta})=f(\boldsymbol{\alpha})+f(\boldsymbol{\beta}),$$
$$f(\lambda\boldsymbol{\alpha})=\lambda f(\boldsymbol{\alpha}).$$

我们把具有这些性质的映射 f 称为从线性空间 V 到 $\boldsymbol{F}^n$ 上的同构映射.

定义 6.5 设 V_1, V_2 是数域 $\boldsymbol{F}$ 上的两个线性空间,如果从 V_1 到 V_2 有一个映射 $f: V_1\to V_2$, 满足

(1) f 是从 V_1 到 V_2 上的一一映射,即对任意 $\boldsymbol{\alpha}$, $\boldsymbol{\beta}\in V_1$, $f(\boldsymbol{\alpha})=f(\boldsymbol{\beta})$ 当且仅当 $\boldsymbol{\alpha}=\boldsymbol{\beta}$,且对任意 $\boldsymbol{\beta}\in V_2$,一定有唯一的 $\boldsymbol{\alpha}\in V_1$,使 $f(\boldsymbol{\alpha})=\boldsymbol{\beta}$;

(2) 对任意的 $\boldsymbol{\alpha}$, $\boldsymbol{\beta}\in V_1$,有 $f(\boldsymbol{\alpha}+\boldsymbol{\beta})=f(\boldsymbol{\alpha})+f(\boldsymbol{\beta})$;

(3) 对任意的 $\boldsymbol{\alpha}\in V_1$,任意的 $\lambda\in\boldsymbol{F}$,有 $f(\lambda\boldsymbol{\alpha})=\lambda f(\boldsymbol{\alpha})$,

则称 f 是 V_1 到 V_2 上的一个**同构映射**. 如果两个线性空间之间存在一个同构映射,就称这两个线性空间**同构**.

上面的论述证明了下面的定理.

定理 6.2 数域 $\boldsymbol{F}$ 上任意一个 n 维线性空间 V 和数域 $\boldsymbol{F}$ 上有序 n 元数组的向量空间 $\boldsymbol{F}^n$ 同构.

进一步可知,线性空间的同构具有下述性质:

在定义 6.5(3)中,分别取 $\lambda=0$, -1, 就有

(1) $f(\boldsymbol{0})=\boldsymbol{0}$, $f(-\boldsymbol{\alpha})=-f(\boldsymbol{\alpha})$.

由定义 6.5(2),(3)知

(2) $f(\lambda_1\boldsymbol{\alpha}_1+\lambda_2\boldsymbol{\alpha}_2+\cdots+\lambda_r\boldsymbol{\alpha}_r)=\lambda_1 f(\boldsymbol{\alpha}_1)+\lambda_2 f(\boldsymbol{\alpha}_2)+\cdots+\lambda_r f(\boldsymbol{\alpha}_r)$.

如果

$$k_1\boldsymbol{\alpha}_1+k_2\boldsymbol{\alpha}_2+\cdots+k_r\boldsymbol{\alpha}_r=\boldsymbol{0},$$

那么由(2),有

$$k_1 f(\boldsymbol{\alpha}_1)+k_2 f(\boldsymbol{\alpha}_2)+\cdots+k_r f(\boldsymbol{\alpha}_r)=\boldsymbol{0}.$$

反之,由

$$k_1 f(\boldsymbol{\alpha}_1)+k_2 f(\boldsymbol{\alpha}_2)+\cdots+k_r f(\boldsymbol{\alpha}_r)=\boldsymbol{0},$$

得

$$f(k_1\boldsymbol{\alpha}_1+k_2\boldsymbol{\alpha}_2+\cdots+k_r\boldsymbol{\alpha}_r)=\boldsymbol{0}=f(\boldsymbol{0}).$$

因为 f 是一一映射的,必须

$$k_1\boldsymbol{\alpha}_1+k_2\boldsymbol{\alpha}_2+\cdots+k_r\boldsymbol{\alpha}_r=\mathbf{0}.$$

(3) 设 $f: V_1\to V_2$ 是线性空间 V_1 到 V_2 上的同构映射,那么,V_1 中向量组 $\boldsymbol{\alpha}_1$, $\boldsymbol{\alpha}_2$, …, $\boldsymbol{\alpha}_r$ 线性相关当且仅当它们在 V_2 中的像 $f(\boldsymbol{\alpha}_1)$, $f(\boldsymbol{\alpha}_2)$, …, $f(\boldsymbol{\alpha}_r)$线性相关.

(4) 同构的线性空间的维数相等,反过来,维数相等的线性空间都同构.

线性空间的同构除了元素之间的一一对应之外,还保持了线性运算关系不变. 因此,同构的线性空间尽管研究的对象不同,都具有相同的代数性质. 我们可以把同构的线性空间看成一个空间. 从而,以前得到的关于有序 n 元数组所成的 n 维向量空间 $\boldsymbol{F}^n$ 中的结论,在一般的线性空间中都成立,不必一一重新证明. 而只要把 $\boldsymbol{F}^n$ 上的结构搞清楚,就可把任意一个 n 维线性空间的结构搞清楚了.

6.3 线性变换

6.3.1 线性变换的定义

设 V 是数域 $\boldsymbol{F}$ 上的线性空间,我们只讨论 V 到其自身的一类线性变换.

定义 6.6 设 V 是数域 $\boldsymbol{F}$ 上的一个线性空间,$T: V\to V$ 是 V 到 V 内的一个映射,即对 V 中每个向量 $\boldsymbol{\alpha}$,有 V 中唯一确定的向量 $T(\boldsymbol{\alpha})$与它对应,并且对任意的 $\boldsymbol{\alpha}$, $\boldsymbol{\beta}\in V$ 及 $k\in\boldsymbol{F}$, T 满足条件:

(1) $T(\boldsymbol{\alpha}+\boldsymbol{\beta})=T(\boldsymbol{\alpha})+T(\boldsymbol{\beta})$;

(2) $T(k\boldsymbol{\alpha})=kT(\boldsymbol{\alpha})$,

则称 T 是 V 上一个**线性变换**.

例 6.10 设 V 是数域 $\boldsymbol{F}$ 上的一个线性空间,对任意的 $\boldsymbol{\alpha}\in V$,定义变换:

(1) $E(\boldsymbol{\alpha})=\boldsymbol{\alpha}$;

(2) $O(\boldsymbol{\alpha})=\mathbf{0}$, 其中,$\mathbf{0}$ 是 V 中的零向量;

(3) $P(\boldsymbol{\alpha})=k\boldsymbol{\alpha}$, 其中 $k\in\boldsymbol{F}$ 是固定的数,

那么 E, O 与 P 都是 V 上的线性变换,分别称为 V 的**恒等变换**、**零变换**与**数乘变换**.

例 6.11 如图 6-1 所示,在平面上建立了直角坐标系 O-xy 以后,如果用平面向量$\overrightarrow{OP}$的终点 P 的坐标的列向量 $\begin{pmatrix}x\\y\end{pmatrix}$ 来表示向量 $\overrightarrow{OP}$,那么

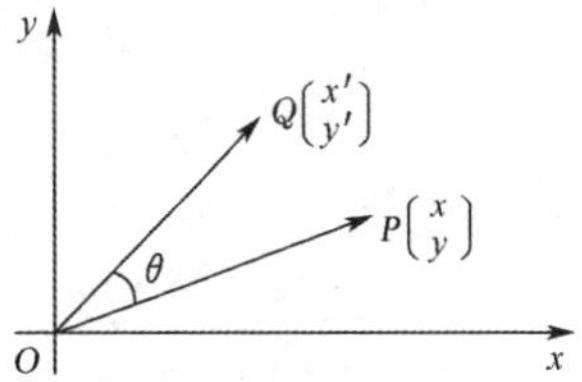

图 6-1

$$\begin{pmatrix}x'\\y'\end{pmatrix}=\begin{pmatrix}\cos\theta & -\sin\theta\\ \sin\theta & \cos\theta\end{pmatrix}\begin{pmatrix}x\\y\end{pmatrix}$$

定义了平面上的一个旋转变换 R_θ:

$$R_\theta\begin{pmatrix}x\\y\end{pmatrix}=\begin{pmatrix}x\cos\theta-y\sin\theta\\x\sin\theta+y\cos\theta\end{pmatrix}=\begin{pmatrix}x'\\y'\end{pmatrix},$$

它把平面向量$\overrightarrow{OP}$逆时针旋转θ角后变为平面向量$\overrightarrow{OQ}$. 根据矩阵运算(加法和数乘)的基本性质,容易看出,这是二维实向量空间$\mathbf{R}^2$上的线性变换.

例 6.12 考虑数域$\boldsymbol{F}$上次数不超过n的一元多项式全体所成的线性空间$P_n[x]$上的微商算子D,对任意的

$$f(x)=a_0+a_1x+\cdots+a_nx^n\in P_n[x],$$

定义

$$D(f(x))=f'(x)=a_1+2a_2x+\cdots+na_nx^{n-1},$$

利用多项式微商的基本性质,D是$\boldsymbol{F}_n[x]$上的线性变换.

例 6.13 设$M_n(\boldsymbol{F})$是数域$\boldsymbol{F}$上全体n阶方阵所成的线性空间,$\boldsymbol{A}\in M_n(\boldsymbol{F})$是一个固定的矩阵. 对任意的$\boldsymbol{X}\in M_n(\boldsymbol{F})$, 定义变换$T$为

$$T(\boldsymbol{X})=\boldsymbol{AX}-\boldsymbol{XA}.$$

易证T是$M_n(\boldsymbol{F})$上的线性变换.

6.3.2 线性变换的性质

根据定义可得线性变换的简单性质.

(1) $T(\mathbf{0})=\mathbf{0}$, $T(-\boldsymbol{\alpha})=-T(\boldsymbol{\alpha})$.

这是因为

$$T(\mathbf{0})=T(0\boldsymbol{\alpha})=0T(\boldsymbol{\alpha})=\mathbf{0},$$
$$T(-\boldsymbol{\alpha})=T((-1)\boldsymbol{\alpha})=(-1)T(\boldsymbol{\alpha})=-T(\boldsymbol{\alpha}).$$

(2) 线性变换保持向量之间的线性关系不变,即

$$T(k_1\boldsymbol{\alpha}_1+k_2\boldsymbol{\alpha}_2+\cdots+k_s\boldsymbol{\alpha}_s)=k_1T(\boldsymbol{\alpha}_1)+k_2T(\boldsymbol{\alpha}_2)+\cdots+k_sT(\boldsymbol{\alpha}_s).$$

事实上,当$s=2$时, 有

$$T(k_1\boldsymbol{\alpha}_1+k_2\boldsymbol{\alpha}_2)=T(k_1\boldsymbol{\alpha}_1)+T(k_2\boldsymbol{\alpha}_2)=k_1T(\boldsymbol{\alpha}_1)+k_2T(\boldsymbol{\alpha}_2),$$

再用数学归纳法就可得出结论.

(3) 线性变换把线性相关的向量组变成线性相关的向量组.

利用性质(2)与线性相关的定义就可以证明(3),但是它的逆并不成立,也就是线性变换可以把线性无关向量组变为线性相关向量组,例如,零变换就是这样的一个线性变换.

为了给出V上线性变换T,我们必须对V的每个向量$\boldsymbol{\alpha}$定义它在T下的像$T(\boldsymbol{\alpha})$. 根据性质(2),只要对V的一个基$\boldsymbol{\alpha}_1, \boldsymbol{\alpha}_2, \cdots, \boldsymbol{\alpha}_n$,定义它们在$T$下的像,$T$就

可以唯一确定了.

定理 6.3 设$\boldsymbol{\alpha}_1, \boldsymbol{\alpha}_2, \cdots, \boldsymbol{\alpha}_n$是数域$\boldsymbol{F}$上$n$维线性空间$V$的一个基,对于$V$中任意$n$个向量$\boldsymbol{\beta}_1, \boldsymbol{\beta}_2, \cdots, \boldsymbol{\beta}_n$,存在唯一的线性变换$T$,使

$$T(\boldsymbol{\alpha}_i) = \boldsymbol{\beta}_i \quad (i = 1, 2, \cdots, n).$$

证明 存在性. 对任意的$\boldsymbol{\alpha} \in V$,关于$V$的基$\boldsymbol{\alpha}_1, \boldsymbol{\alpha}_2, \cdots, \boldsymbol{\alpha}_n$, $\boldsymbol{\alpha}$有唯一的表达式

$$\boldsymbol{\alpha} = x_1\boldsymbol{\alpha}_1 + x_2\boldsymbol{\alpha}_2 + \cdots + x_n\boldsymbol{\alpha}_n.$$

定义

$$T(\boldsymbol{\alpha}) = x_1\boldsymbol{\beta}_1 + x_2\boldsymbol{\beta}_2 + \cdots + x_n\boldsymbol{\beta}_n, \tag{6-4}$$

显然有

$$T(\boldsymbol{\alpha}_i) = \boldsymbol{\beta}_i \quad (i = 1, 2, \cdots, n).$$

下面验证式(6-4)定义了V上的一个线性变换. 这是因为对任意的

$$\boldsymbol{\beta} = y_1\boldsymbol{\alpha}_1 + y_2\boldsymbol{\alpha}_2 + \cdots + y_n\boldsymbol{\alpha}_n \in V, \quad k \in \boldsymbol{F},$$

有

$$\boldsymbol{\alpha} + \boldsymbol{\beta} = (x_1 + y_1)\boldsymbol{\alpha}_1 + (x_2 + y_2)\boldsymbol{\alpha}_2 + \cdots + (x_n + y_n)\boldsymbol{\alpha}_n,$$

所以由式(6-4),得

$$\begin{aligned} T(\boldsymbol{\alpha} + \boldsymbol{\beta}) &= (x_1 + y_1)\boldsymbol{\beta}_1 + (x_2 + y_2)\boldsymbol{\beta}_2 + \cdots + (x_n + y_n)\boldsymbol{\beta}_n \\ &= (x_1\boldsymbol{\beta}_1 + x_2\boldsymbol{\beta}_2 + \cdots + x_n\boldsymbol{\beta}_n) + (y_1\boldsymbol{\beta}_1 + y_2\boldsymbol{\beta}_2 + \cdots + y_n\boldsymbol{\beta}_n) \\ &= T(\boldsymbol{\alpha}) + T(\boldsymbol{\beta}). \end{aligned}$$

对任意的$k \in \boldsymbol{F}$,有

$$k\boldsymbol{\alpha} = (kx_1)\boldsymbol{\alpha}_1 + (kx_2)\boldsymbol{\alpha}_2 + \cdots + (kx_n)\boldsymbol{\alpha}_n,$$

由式(6-4),得

$$\begin{aligned} T(k\boldsymbol{\alpha}) &= (kx_1)\boldsymbol{\beta}_1 + (kx_2)\boldsymbol{\beta}_2 + \cdots + (kx_n)\boldsymbol{\beta}_n \\ &= k(x_1\boldsymbol{\beta}_1 + x_2\boldsymbol{\beta}_2 + \cdots + x_n\boldsymbol{\beta}_n) = kT(\boldsymbol{\alpha}). \end{aligned}$$

这就证明了存在性.

唯一性. 如果有V上另一个线性变换τ,使$\tau(\boldsymbol{\alpha}_i) = \boldsymbol{\beta}_i (i = 1, 2, \cdots, n)$,那么,对任意的$\boldsymbol{\alpha} = x_1\boldsymbol{\alpha}_1 + x_2\boldsymbol{\alpha}_2 + \cdots + x_n\boldsymbol{\alpha}_n \in V$,有

$$\begin{aligned} \tau(\boldsymbol{\alpha}) &= x_1\tau(\boldsymbol{\alpha}_1) + x_2\tau(\boldsymbol{\alpha}_2) + \cdots + x_n\tau(\boldsymbol{\alpha}_n) \\ &= x_1\boldsymbol{\beta}_1 + x_2\boldsymbol{\beta}_2 + \cdots + x_n\boldsymbol{\beta}_n \\ &= x_1T(\boldsymbol{\alpha}_1) + x_2T(\boldsymbol{\alpha}_2) + \cdots + x_nT(\boldsymbol{\alpha}_n) = T(\boldsymbol{\alpha}). \end{aligned}$$

比较上式与式(6-4),考虑到向量$\boldsymbol{\alpha}$的任意性,有$T = \tau$.

例 6.14 设 T 是数域 $\boldsymbol{F}$ 上线性空间 V 上的线性变换，那么

$$T(V)=\{\boldsymbol{\beta}\in V\mid\exists\boldsymbol{\alpha}\in V\text{ 使 }T(\boldsymbol{\alpha})=\boldsymbol{\beta}\},$$
$$\operatorname{Ker}T=\{\boldsymbol{\alpha}\in V\mid T(\boldsymbol{\alpha})=\boldsymbol{0}\}$$

都是 V 的子空间，它们分别称为线性变换 T 的**像空间**与**核空间**.

证明 因为 $T(\boldsymbol{0})=\boldsymbol{0}$，所以零向量 $\boldsymbol{0}\in T(V)$ 且 $\boldsymbol{0}\in\operatorname{Ker}T$，即 $T(V)$ 和 $\operatorname{Ker}T$ 都是 V 的非空子集，对任意的 $\boldsymbol{\beta}_1,\boldsymbol{\beta}_2\in T(V)$，存在 $\boldsymbol{\alpha}_1,\boldsymbol{\alpha}_2\in V$ 使 $T(\boldsymbol{\alpha}_i)=\boldsymbol{\beta}_i(i=1,2)$. 于是

$$\boldsymbol{\beta}_1+\boldsymbol{\beta}_2=T(\boldsymbol{\alpha}_1)+T(\boldsymbol{\alpha}_2)=T(\boldsymbol{\alpha}_1+\boldsymbol{\alpha}_2)\in T(V),$$
$$k\boldsymbol{\beta}_1=kT(\boldsymbol{\alpha}_1)=T(k\boldsymbol{\alpha}_1)\in T(V),$$

所以 $T(V)$ 是 V 的子空间.

如果 $\boldsymbol{\alpha}_1,\boldsymbol{\alpha}_2\in\operatorname{Ker}T$，即 $T(\boldsymbol{\alpha}_i)=\boldsymbol{0}\ (i=1,2)$，那么

$$T(\boldsymbol{\alpha}_1+\boldsymbol{\alpha}_2)=T(\boldsymbol{\alpha}_1)+T(\boldsymbol{\alpha}_2)=\boldsymbol{0}+\boldsymbol{0}=\boldsymbol{0},$$
$$T(k\boldsymbol{\alpha}_1)=kT(\boldsymbol{\alpha}_1)=k\boldsymbol{0}=\boldsymbol{0},$$

所以 $\operatorname{Ker}T$ 是 V 的子空间.

例 6.15 设 $V=\boldsymbol{F}^n$ 是有序 n 元数组所成的向量空间，又设

$$\boldsymbol{A}=\begin{pmatrix}a_{11}&a_{12}&\cdots&a_{1n}\\a_{21}&a_{22}&\cdots&a_{2n}\\\vdots&\vdots&&\vdots\\a_{n1}&a_{n2}&\cdots&a_{nn}\end{pmatrix}=(\boldsymbol{\alpha}_1,\boldsymbol{\alpha}_2,\cdots,\boldsymbol{\alpha}_n)\in M_n(\boldsymbol{F}),$$

定义 V 上线性变换 T：对任意的 $\boldsymbol{\alpha}=\begin{pmatrix}x_1\\x_2\\\vdots\\x_n\end{pmatrix}\in V$，

$$T(\boldsymbol{\alpha})=\boldsymbol{A}\boldsymbol{\alpha}=x_1\boldsymbol{\alpha}_1+x_2\boldsymbol{\alpha}_2+\cdots+x_n\boldsymbol{\alpha}_n.$$

因为对任意的 $\boldsymbol{\alpha},\boldsymbol{\beta}\in V$ 及 $k\in\boldsymbol{F}$，有

$$T(\boldsymbol{\alpha}+\boldsymbol{\beta})=\boldsymbol{A}(\boldsymbol{\alpha}+\boldsymbol{\beta})=\boldsymbol{A}\boldsymbol{\alpha}+\boldsymbol{A}\boldsymbol{\beta}=T(\boldsymbol{\alpha})+T(\boldsymbol{\beta}),$$
$$T(k\boldsymbol{\alpha})=\boldsymbol{A}(k\boldsymbol{\alpha})=k(\boldsymbol{A}\boldsymbol{\alpha})=kT(\boldsymbol{\alpha}),$$

所以 T 是 V 上的一个线性变换，并且 T 的像空间

$$T(V)=\{\boldsymbol{\alpha}=x_1\boldsymbol{\alpha}_1+x_2\boldsymbol{\alpha}_2+\cdots+x_n\boldsymbol{\alpha}_n\mid x_1,x_2,\cdots,x_n\in\boldsymbol{F}\}\subseteq V$$

是 V 的由向量组 $\boldsymbol{\alpha}_1,\boldsymbol{\alpha}_2,\cdots,\boldsymbol{\alpha}_n$ 所生成的子空间 $V(\boldsymbol{\alpha}_1,\boldsymbol{\alpha}_2,\cdots,\boldsymbol{\alpha}_n)$，$T$ 的核

$$\text{Ker } T=\left\{\boldsymbol{\alpha}=\begin{pmatrix}x_1\\x_2\\\vdots\\x_n\end{pmatrix}\middle|\boldsymbol{A\alpha}=\mathbf{0}\right\}\subseteq V$$

就是齐次线性方程组 $\boldsymbol{Ax}=\mathbf{0}$ 的解空间.

6.3.3 线性变换的矩阵

数域 $\boldsymbol{F}$ 上线性空间 V 上的线性变换是一个远比矩阵抽象的概念,但是当 V 是有限维时,V 上线性变换"几乎"就是矩阵了.

定义 6.7 设 $\boldsymbol{\alpha}_1, \boldsymbol{\alpha}_2, \cdots, \boldsymbol{\alpha}_n$ 是数域 $\boldsymbol{F}$ 上 n 维线性空间 V 的一个基,T 是 V 上线性变换,那么基向量在 T 下的像可由这个基唯一地线性表示

$$\begin{cases}T(\boldsymbol{\alpha}_1)=a_{11}\boldsymbol{\alpha}_1+a_{21}\boldsymbol{\alpha}_2+\cdots+a_{n1}\boldsymbol{\alpha}_n,\\T(\boldsymbol{\alpha}_2)=a_{12}\boldsymbol{\alpha}_1+a_{22}\boldsymbol{\alpha}_2+\cdots+a_{n2}\boldsymbol{\alpha}_n,\\\qquad\vdots\\T(\boldsymbol{\alpha}_n)=a_{1n}\boldsymbol{\alpha}_1+a_{2n}\boldsymbol{\alpha}_2+\cdots+a_{nn}\boldsymbol{\alpha}_n.\end{cases}\tag{6-5}$$

用矩阵形式来表示,有

$$\begin{aligned}T(\boldsymbol{\alpha}_1, \boldsymbol{\alpha}_2, \cdots, \boldsymbol{\alpha}_n)&=(T(\boldsymbol{\alpha}_1), T(\boldsymbol{\alpha}_2), \cdots, T(\boldsymbol{\alpha}_n))\\&=(\boldsymbol{\alpha}_1, \boldsymbol{\alpha}_2, \cdots, \boldsymbol{\alpha}_n)\boldsymbol{A},\end{aligned}\tag{6-6}$$

其中,矩阵

$$\boldsymbol{A}=\begin{pmatrix}a_{11}&a_{12}&\cdots&a_{1n}\\a_{21}&a_{22}&\cdots&a_{2n}\\\vdots&\vdots&&\vdots\\a_{n1}&a_{n2}&\cdots&a_{nn}\end{pmatrix}$$

称为线性变换 T 在基 $\boldsymbol{\alpha}_1, \boldsymbol{\alpha}_2, \cdots, \boldsymbol{\alpha}_n$ 下的矩阵,并把矩阵 $\boldsymbol{A}$ 的行列式 $|\boldsymbol{A}|$ 称为线性变换 T 的行列式,记作 $\det(T)$.

定理 6.4 设线性变换 T 在基 $\boldsymbol{\alpha}_1, \boldsymbol{\alpha}_2, \cdots, \boldsymbol{\alpha}_n$ 下的矩阵是 $\boldsymbol{A}$,向量 $\boldsymbol{\alpha}$ 在这个基下的坐标是 $\begin{pmatrix}x_1\\x_2\\\vdots\\x_n\end{pmatrix}$,$T(\boldsymbol{\alpha})$ 在这个基下的坐标是 $\begin{pmatrix}y_1\\y_2\\\vdots\\y_n\end{pmatrix}$,那么

$$\begin{pmatrix}y_1\\y_2\\\vdots\\y_n\end{pmatrix}=\boldsymbol{A}\begin{pmatrix}x_1\\x_2\\\vdots\\x_n\end{pmatrix}.\tag{6-7}$$

证明 因为

$$\boldsymbol{\alpha}=(\boldsymbol{\alpha}_1,\boldsymbol{\alpha}_2,\cdots,\boldsymbol{\alpha}_n)\begin{pmatrix}x_1\\x_2\\\vdots\\x_n\end{pmatrix},$$

$$T(\boldsymbol{\alpha}_1,\boldsymbol{\alpha}_2,\cdots,\boldsymbol{\alpha}_n)=(\boldsymbol{\alpha}_1,\boldsymbol{\alpha}_2,\cdots,\boldsymbol{\alpha}_n)\boldsymbol{A},$$

所以

$$T(\boldsymbol{\alpha})=T\left((\boldsymbol{\alpha}_1,\boldsymbol{\alpha}_2,\cdots,\boldsymbol{\alpha}_n)\begin{pmatrix}x_1\\x_2\\\vdots\\x_n\end{pmatrix}\right)=(T(\boldsymbol{\alpha}_1,\boldsymbol{\alpha}_2,\cdots,\boldsymbol{\alpha}_n))\begin{pmatrix}x_1\\x_2\\\vdots\\x_n\end{pmatrix}$$

$$=(\boldsymbol{\alpha}_1,\boldsymbol{\alpha}_2,\cdots,\boldsymbol{\alpha}_n)\boldsymbol{A}\begin{pmatrix}x_1\\x_2\\\vdots\\x_n\end{pmatrix}. \tag{6-8}$$

另一方面,由定理条件有

$$T(\boldsymbol{\alpha})=(\boldsymbol{\alpha}_1,\boldsymbol{\alpha}_2,\cdots,\boldsymbol{\alpha}_n)\begin{pmatrix}y_1\\y_2\\\vdots\\y_n\end{pmatrix}, \tag{6-9}$$

由于向量 $T(\boldsymbol{\alpha})$ 在基 $\boldsymbol{\alpha}_1,\boldsymbol{\alpha}_2,\cdots,\boldsymbol{\alpha}_n$ 下的坐标是唯一确定的,比较式(6-8)与式(6-9),就证明了式(6-7).

这样一来,线性变换在任意一个向量上的作用,可以通过矩阵的乘法来实现.

例 6.16 如图 6-2 所示,设 R_θ 是 $\mathbf{R}^2$ 上逆时针旋转 θ 角的线性变换,取 $\mathbf{R}^2$ 的一个基

$$\boldsymbol{\varepsilon}_1=\begin{pmatrix}1\\0\end{pmatrix},\quad \boldsymbol{\varepsilon}_2=\begin{pmatrix}0\\1\end{pmatrix},$$

求 R_θ 在 $\boldsymbol{\varepsilon}_1,\boldsymbol{\varepsilon}_2$ 下的矩阵.

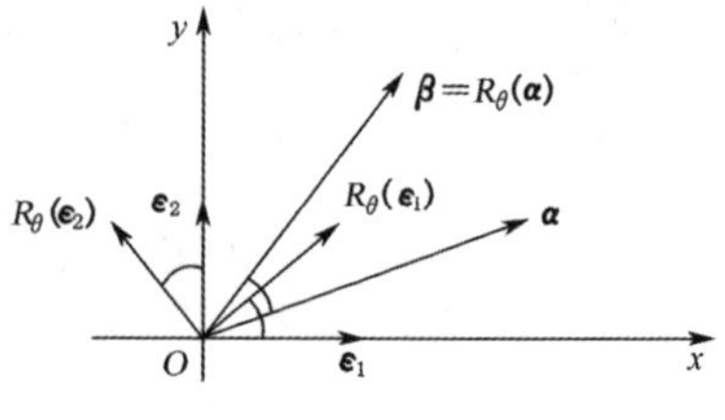

图 6-2

解 因为

$$R_\theta(\boldsymbol{\varepsilon}_1)=\cos\theta\boldsymbol{\varepsilon}_1+\sin\theta\boldsymbol{\varepsilon}_2,$$
$$R_\theta(\boldsymbol{\varepsilon}_2)=-\sin\theta\boldsymbol{\varepsilon}_1+\cos\theta\boldsymbol{\varepsilon}_2,$$

所以 R_θ 在基 $\boldsymbol{\varepsilon}_1$，$\boldsymbol{\varepsilon}_2$ 下的矩阵是

$$\boldsymbol{A}=\begin{pmatrix}\cos\theta & -\sin\theta\\ \sin\theta & \cos\theta\end{pmatrix},$$

并且

$$R_\theta(\boldsymbol{\varepsilon}_1,\boldsymbol{\varepsilon}_2)=(\boldsymbol{\varepsilon}_1,\boldsymbol{\varepsilon}_2)\boldsymbol{A}.$$

又设 $\boldsymbol{\alpha}=\begin{pmatrix}x\\ y\end{pmatrix}=x\boldsymbol{\varepsilon}_1+y\boldsymbol{\varepsilon}_2\in\mathbf{R}^2$ 是任意的向量，那么，$\boldsymbol{\beta}=R_\theta(\boldsymbol{\alpha})$ 在基 $\boldsymbol{\varepsilon}_1$，$\boldsymbol{\varepsilon}_2$ 下的坐标 $\begin{pmatrix}x'\\ y'\end{pmatrix}$ 是

$$\begin{pmatrix}x'\\ y'\end{pmatrix}=\begin{pmatrix}\cos\theta & -\sin\theta\\ \sin\theta & \cos\theta\end{pmatrix}\begin{pmatrix}x\\ y\end{pmatrix},$$

恰如例 6.12 所指出的那样.

例 6.17 考虑 $M_2(\boldsymbol{F})$ 上线性变换 J，对每个 $\boldsymbol{X}\in M_2(\boldsymbol{F})$，$J(\boldsymbol{X})=\boldsymbol{X}^{\mathrm{T}}$. 选取 $M_2(\boldsymbol{F})$ 的一个基 $\boldsymbol{E}_{11}$，$\boldsymbol{E}_{12}$，$\boldsymbol{E}_{21}$，$\boldsymbol{E}_{22}$（其中，$\boldsymbol{E}_{ij}$ 是第 i 行第 j 列元素为 1，其余元素为零的二阶矩阵），求 J 在基 $\boldsymbol{E}_{11}$，$\boldsymbol{E}_{12}$，$\boldsymbol{E}_{21}$，$\boldsymbol{E}_{22}$ 下的矩阵.

解 由题设 $J(\boldsymbol{E}_{11})=\boldsymbol{E}_{11}$，$J(\boldsymbol{E}_{12})=\boldsymbol{E}_{21}$，$J(\boldsymbol{E}_{21})=\boldsymbol{E}_{12}$，$J(\boldsymbol{E}_{22})=\boldsymbol{E}_{22}$，即

$$\begin{aligned}
J(\boldsymbol{E}_{11})&=1\boldsymbol{E}_{11}+0\boldsymbol{E}_{12}+0\boldsymbol{E}_{21}+0\boldsymbol{E}_{22},\\
J(\boldsymbol{E}_{12})&=0\boldsymbol{E}_{11}+0\boldsymbol{E}_{12}+1\boldsymbol{E}_{21}+0\boldsymbol{E}_{22},\\
J(\boldsymbol{E}_{21})&=0\boldsymbol{E}_{11}+1\boldsymbol{E}_{12}+0\boldsymbol{E}_{21}+0\boldsymbol{E}_{22},\\
J(\boldsymbol{E}_{22})&=0\boldsymbol{E}_{11}+0\boldsymbol{E}_{12}+0\boldsymbol{E}_{21}+1\boldsymbol{E}_{22},
\end{aligned}$$

得

$$J(\boldsymbol{E}_{11},\boldsymbol{E}_{12},\boldsymbol{E}_{21},\boldsymbol{E}_{22})=(\boldsymbol{E}_{11},\boldsymbol{E}_{12},\boldsymbol{E}_{21},\boldsymbol{E}_{22})\begin{pmatrix}1&0&0&0\\0&0&1&0\\0&1&0&0\\0&0&0&1\end{pmatrix}.$$

因此，J 在基 $\boldsymbol{E}_{11}$，$\boldsymbol{E}_{12}$，$\boldsymbol{E}_{21}$，$\boldsymbol{E}_{22}$ 下的矩阵为 $\begin{pmatrix}1&0&0&0\\0&0&1&0\\0&1&0&0\\0&0&0&1\end{pmatrix}$.

习 题 6

1. 验证：

(1) 二阶矩阵的全体所成的集合 S_1；

(2) 主对角线元素之和等于零的二阶矩阵全体所成的集合 S_2；

(3) 二阶对称矩阵全体所成的集合 S_3，

对于矩阵的加法和数乘运算构成线性空间.

2. 验证：与 Z 轴不平行的全体空间向量关于空间向量的加法和数乘运算不构成线性空间？

3. 在线性空间 $\mathbf{R}^n$ 中，分量满足下列条件的向量全体是否构成 $\mathbf{R}^n$ 的子空间？

$$V_1=\left\{\boldsymbol{\alpha}=\begin{pmatrix}x_1\\x_2\\\vdots\\x_n\end{pmatrix}\middle| x_1, x_2, \cdots, x_n\in\mathbf{R}, x_1+x_2+\cdots+x_n=1\right\},$$

$$V_2=\left\{\boldsymbol{\alpha}=\begin{pmatrix}x_1\\x_2\\\vdots\\x_n\end{pmatrix}\middle| x_1, x_2, \cdots, x_n\in\mathbf{R}, x_1+x_2+\cdots+x_n=0\right\},$$

$$V_3=\left\{\boldsymbol{\alpha}=\begin{pmatrix}x_1\\x_2\\\vdots\\x_n\end{pmatrix}\middle| x_1, x_2, \cdots, x_n\in\mathbf{R}, x_1=x_2=\cdots=x_n\right\}.$$

4. 试写出第 1 题各线性空间 S_1，S_2，S_3 的一个基.

5. 在 $\mathbf{R}^3$ 中求向量 $\boldsymbol{\alpha}=\begin{pmatrix}3\\7\\1\end{pmatrix}$ 在基

$$\boldsymbol{\alpha}_1=\begin{pmatrix}1\\3\\5\end{pmatrix},\quad \boldsymbol{\alpha}_2=\begin{pmatrix}6\\3\\2\end{pmatrix},\quad \boldsymbol{\alpha}_3=\begin{pmatrix}3\\1\\0\end{pmatrix}$$

下的坐标.

6. 在 $\mathbf{R}^3$ 中取两个基

$$\boldsymbol{\alpha}_1=\begin{pmatrix}1\\2\\1\end{pmatrix},\quad \boldsymbol{\alpha}_2=\begin{pmatrix}2\\3\\3\end{pmatrix},\quad \boldsymbol{\alpha}_3=\begin{pmatrix}3\\7\\1\end{pmatrix};$$

$$\boldsymbol{\beta}_1=\begin{pmatrix}3\\1\\4\end{pmatrix},\quad \boldsymbol{\beta}_2=\begin{pmatrix}5\\2\\1\end{pmatrix},\quad \boldsymbol{\beta}_3=\begin{pmatrix}1\\1\\-6\end{pmatrix}.$$

试求坐标变换公式.

7. 在 $\mathbf{R}^4$ 中取两个基

$$\boldsymbol{\varepsilon}_1=\begin{pmatrix}1\\0\\0\\0\end{pmatrix},\quad \boldsymbol{\varepsilon}_2=\begin{pmatrix}0\\1\\0\\0\end{pmatrix},\quad \boldsymbol{\varepsilon}_3=\begin{pmatrix}0\\0\\1\\0\end{pmatrix},\quad \boldsymbol{\varepsilon}_4=\begin{pmatrix}0\\0\\0\\1\end{pmatrix};$$

$$\boldsymbol{\alpha}_1=\begin{pmatrix}2\\1\\-1\\1\end{pmatrix},\quad \boldsymbol{\alpha}_2=\begin{pmatrix}0\\3\\1\\0\end{pmatrix},\quad \boldsymbol{\alpha}_3=\begin{pmatrix}5\\3\\2\\1\end{pmatrix},\quad \boldsymbol{\alpha}_4=\begin{pmatrix}6\\6\\1\\3\end{pmatrix}.$$

求(1) 由前一个基到后一个基的过渡矩阵;

(2) 向量 $\begin{pmatrix}x_1\\x_2\\x_3\\x_4\end{pmatrix}$ 在后一个基下的坐标;

(3) 在两个基下有相同坐标的向量.

8. 设 $\boldsymbol{\alpha}_1$, $\boldsymbol{\alpha}_2$, …, $\boldsymbol{\alpha}_n$ 是线性空间 V 的一个基,证明向量组 $2\boldsymbol{\alpha}_2$, $3\boldsymbol{\alpha}_3$, …, $n\boldsymbol{\alpha}_n$, $\boldsymbol{\alpha}_1$ 也是 V 的一个基,并求由基 $\boldsymbol{\alpha}_1$, $\boldsymbol{\alpha}_2$, …, $\boldsymbol{\alpha}_n$ 到基 $2\boldsymbol{\alpha}_2$, $3\boldsymbol{\alpha}_3$, …, $n\boldsymbol{\alpha}_n$, $\boldsymbol{\alpha}_1$ 的过渡矩阵 $\boldsymbol{P}$.

9. 在线性空间 $P_3[x]$ 中,

(1) 求由基(Ⅰ)$1, x, x^2, x^3$ 到基(Ⅱ)$1, 1+x, 1+x+x^2, 1+x+x^2+x^3$ 的过渡矩阵 $\boldsymbol{P}$;

(2) 已知 $g(x)$ 在基(Ⅰ)下的坐标为 $\begin{pmatrix}1\\0\\-2\\5\end{pmatrix}$,$f(x)$ 在基(Ⅱ)下的坐标为 $\begin{pmatrix}7\\0\\8\\2\end{pmatrix}$,求 $f(x)+g(x)$ 分别在基(Ⅰ)、基(Ⅱ)下的坐标.

10. 设 $\boldsymbol{\alpha}$ 是向量空间 V 中的一个固定向量,试判别下列变换是否为线性变换.

(1) $T(\boldsymbol{\beta})=\boldsymbol{\beta}+\boldsymbol{\alpha}, \forall\boldsymbol{\beta}\in V$;

(2) $T(\boldsymbol{\beta})=\boldsymbol{\alpha}, \forall\boldsymbol{\beta}\in V$.

11. 在 $\mathbf{R}^3$ 中如下定义了两个变换:

(1) $T_1\left(\begin{pmatrix}x_1\\x_2\\x_3\end{pmatrix}\right)=\begin{pmatrix}x_1^2\\x_2+x_3\\x_3^2\end{pmatrix}$,

(2) $T_2\left(\begin{pmatrix}x_1\\x_2\\x_3\end{pmatrix}\right)=\begin{pmatrix}2x_1-x_2\\x_2+x_3\\2x_1\end{pmatrix}$.

试问 T_1, T_2 是否为 $\mathbf{R}^3$ 上的线性变换?

12. 设 T 是 n 维线性空间 V 上的线性变换,向量 $\boldsymbol{\alpha}\in V$, $T^{n-1}(\boldsymbol{\alpha})\neq\mathbf{0}$,但 $T^n(\boldsymbol{\alpha})=\mathbf{0}$. 求证 T 在 V 的某个基下的矩阵是

$$\begin{pmatrix} 0 & 0 & \cdots & 0 & 0 \\ 1 & 0 & \cdots & 0 & 0 \\ 0 & 1 & \cdots & 0 & 0 \\ \vdots & \vdots & & \vdots & \vdots \\ 0 & 0 & \cdots & 1 & 0 \end{pmatrix}.$$

(提示:证明 $\boldsymbol{\alpha}, T(\boldsymbol{\alpha}), \cdots, T^{n-1}(\boldsymbol{\alpha})$ 为 V 的一个基.)

13. 求 $\mathbf{R}^3$ 上线性变换 $T\left(\begin{pmatrix} x_1 \\ x_2 \\ x_3 \end{pmatrix}\right) = \begin{pmatrix} 2x_1 - x_2 \\ x_2 + x_3 \\ 2x_1 \end{pmatrix}$ 在基 $\boldsymbol{\varepsilon}_1 = \begin{pmatrix} 1 \\ 0 \\ 0 \end{pmatrix}, \boldsymbol{\varepsilon}_2 = \begin{pmatrix} 0 \\ 1 \\ 0 \end{pmatrix}, \boldsymbol{\varepsilon}_3 = \begin{pmatrix} 0 \\ 0 \\ 1 \end{pmatrix}$ 下的矩阵.

14. $\mathbf{R}^3$ 上线性变换 T 定义如下:

$$T(\boldsymbol{\eta}_1) = \begin{pmatrix} -5 \\ 0 \\ 3 \end{pmatrix}, \quad T(\boldsymbol{\eta}_2) = \begin{pmatrix} 0 \\ -1 \\ 6 \end{pmatrix}, \quad T(\boldsymbol{\eta}_3) = \begin{pmatrix} -5 \\ -1 \\ 9 \end{pmatrix},$$

其中 $\boldsymbol{\eta}_1 = \begin{pmatrix} -1 \\ 0 \\ 2 \end{pmatrix}, \boldsymbol{\eta}_2 = \begin{pmatrix} 0 \\ 1 \\ 1 \end{pmatrix}, \boldsymbol{\eta}_3 = \begin{pmatrix} 3 \\ -1 \\ 0 \end{pmatrix}$,求线性变换 T 在基 $\boldsymbol{\varepsilon}_1 = \begin{pmatrix} 1 \\ 0 \\ 0 \end{pmatrix}, \boldsymbol{\varepsilon}_2 = \begin{pmatrix} 0 \\ 1 \\ 0 \end{pmatrix}, \boldsymbol{\varepsilon}_3 = \begin{pmatrix} 0 \\ 0 \\ 0 \end{pmatrix}$ 下的矩阵.

15. 已知 $\mathbf{R}^3$ 上线性变换 T 在基 $\boldsymbol{\eta}_1 = \begin{pmatrix} -1 \\ 1 \\ 1 \end{pmatrix}, \boldsymbol{\eta}_2 = \begin{pmatrix} 1 \\ 0 \\ -1 \end{pmatrix}, \boldsymbol{\eta}_3 = \begin{pmatrix} 0 \\ 1 \\ 1 \end{pmatrix}$ 下的矩阵是

$$\begin{pmatrix} 1 & 0 & 1 \\ 1 & 1 & 0 \\ -1 & 2 & 1 \end{pmatrix},$$

求线性变换 T 在基 $\boldsymbol{\varepsilon}_1 = \begin{pmatrix} 1 \\ 0 \\ 0 \end{pmatrix}, \boldsymbol{\varepsilon}_2 = \begin{pmatrix} 0 \\ 1 \\ 0 \end{pmatrix}, \boldsymbol{\varepsilon}_3 = \begin{pmatrix} 0 \\ 0 \\ 1 \end{pmatrix}$ 下的矩阵.

16. 二阶对称阵的全体

$$V_3 = \left\{ \mathbf{A} = \begin{pmatrix} x_1 & x_2 \\ x_2 & x_3 \end{pmatrix} \middle| \, x_1, x_2, x_3 \in \mathbf{R} \right\}$$

对于矩阵的线性运算构成三维线性空间,在 V_3 中取基

$$\mathbf{A}_1 = \begin{pmatrix} 1 & 0 \\ 0 & 0 \end{pmatrix}, \quad \mathbf{A}_2 = \begin{pmatrix} 0 & 1 \\ 1 & 0 \end{pmatrix}, \quad \mathbf{A}_3 = \begin{pmatrix} 0 & 0 \\ 0 & 1 \end{pmatrix},$$

在 V_3 中定义线性变换

$$T(\mathbf{A}) = \begin{pmatrix} 1 & 0 \\ 1 & 1 \end{pmatrix} \mathbf{A} \begin{pmatrix} 1 & 1 \\ 0 & 1 \end{pmatrix},$$

求 T 在基 $\mathbf{A}_1, \mathbf{A}_2, \mathbf{A}_3$ 下的矩阵.

参考答案与部分习题解答及提示

习题 1

1. (1) -4；(2) $3abc-a^3-b^3-c^3$；(3) $(a-b)(b-c)(c-a)$；(4) $-2(x^3+y^3)$.

2. (1) $A_{31}=-1$, $A_{32}=1$, $A_{33}=2$, $A_{34}=2$；$D=0$.

   (2) 代数余子式与(1)同；$D=a+b+2c+2d$.

3. (1) $(-1)^{1+n}a_1a_2\cdots a_n$；(2) $x^n+(-1)^{n+1}y^n$.

4. (1) 0；(2) 0；(3) $\dfrac{15}{16}$；(4) 1；(5) $4abcdef$；(6) $abcd+ab+cd+ad+1$；(7) $(a+b+c)^2$；

   (8) x^2y^2.

6. (1) 665. **提示** $D_5 \xlongequal{\text{按第 1 行展开}} 5D_4+(-1)^{1+2}\cdot 6\cdot\begin{vmatrix}1&6&&\\0&5&6&\\0&1&5&6\\0&0&1&5\end{vmatrix}$，得递推关系式 $D_5=5D_4-6D_3$.

   (2) $[x+(n-1)a](x-a)^{n-1}$；(3) $a_1a_2\cdots a_n\left(1+\sum\limits_{i=1}^{n}\dfrac{1}{a_i}\right)$；

   (4) 原式 $\xlongequal{c_1+\sum_2^n c_i}\begin{vmatrix}\dfrac{n(n+1)}{2}&2&3&\cdots&n-1&n\\0&-1&0&\cdots&0&0\\0&2&-2&\cdots&0&0\\\vdots&\vdots&\vdots&&\vdots&\vdots\\0&0&0&\cdots&n-1&1-n\end{vmatrix}$

$$=\frac{n(n+1)}{2}\begin{vmatrix}-1&0&\cdots&0&0\\2&-2&\cdots&0&0\\\vdots&\vdots&&\vdots&\vdots\\0&0&\cdots&n-1&1-n\end{vmatrix}=(-1)^{n-1}\frac{(n+1)!}{2}.$$

7. **解**

$$D=\begin{vmatrix}2&1&-5&1\\1&-3&0&-6\\0&2&-1&2\\1&4&-7&6\end{vmatrix}\xlongequal[r_4-r_2]{r_1-2r_2}\begin{vmatrix}0&7&-5&13\\1&-3&0&-6\\0&2&-1&2\\0&7&-7&12\end{vmatrix}$$

$$=-\begin{vmatrix}7&-5&13\\2&-1&2\\7&-7&12\end{vmatrix}\xlongequal[c_3+2c_2]{c_1+2c_2}-\begin{vmatrix}-3&-5&3\\0&-1&0\\-7&-7&-2\end{vmatrix}=\begin{vmatrix}-3&3\\-7&-2\end{vmatrix}=27,$$

$$D_1=\begin{vmatrix}8&1&-5&1\\9&-3&0&-6\\-5&2&-1&2\\0&4&-7&6\end{vmatrix}=81,\quad D_2=\begin{vmatrix}2&8&-5&1\\1&9&0&-6\\0&-5&-1&2\\1&0&-7&6\end{vmatrix}=-108,$$

$$D_3=\begin{vmatrix}1&2&8&1\\1&-3&9&-6\\0&2&-5&2\\1&4&0&6\end{vmatrix}=-27,\quad D_4=\begin{vmatrix}2&1&-5&8\\1&-3&0&9\\0&2&-1&-5\\1&4&-7&0\end{vmatrix}=27,$$

得 $x_1=3$，$x_2=-4$，$x_3=-1$，$x_4=1$.

8. **解** 把 4 个点的坐标代入曲线方程，得线性方程组

$$\begin{cases}a_0+a_1+a_2+a_3=3,\\a_0+2a_1+4a_2+8a_3=4,\\a_0+3a_1+9a_2+27a_3=3,\\a_0+4a_1+16a_2+64a_3=-3.\end{cases}$$

其系数行列式

$$D=\begin{vmatrix}1&1&1&1\\1&2&4&8\\1&3&9&27\\1&4&16&64\end{vmatrix}$$

是一个范德蒙德行列式，按例 1.11 的结果(例 1.11 中范德蒙德行列式取 D^{T} 的形式)，可得

$$D=1\times2\times3\times1\times2\times1=12.$$

$$而D_1=\begin{vmatrix}3&1&1&1\\4&2&4&8\\3&3&9&27\\-3&4&16&64\end{vmatrix}\xlongequal[c_1-3c_2]{\substack{c_4-c_3\\c_3-c_2}}\begin{vmatrix}0&1&0&0\\-2&2&2&4\\-6&3&6&18\\-15&4&12&48\end{vmatrix}=(-1)^3\begin{vmatrix}-2&2&4\\-6&6&18\\-15&12&48\end{vmatrix}$$

$$\xlongequal{c_1+c_2}-\begin{vmatrix}0&2&4\\0&6&18\\-3&12&48\end{vmatrix}=-(-3)\begin{vmatrix}2&4\\6&18\end{vmatrix}=36;$$

$$D_2=\begin{vmatrix}1&3&1&1\\1&4&4&8\\1&3&9&27\\1&-3&16&64\end{vmatrix}=-18;\quad D_3=\begin{vmatrix}1&1&3&1\\1&2&4&8\\1&3&3&27\\1&4&-3&64\end{vmatrix}=24;$$

$$D_4=\begin{vmatrix}1&1&1&3\\1&2&4&4\\1&3&9&3\\1&4&16&-3\end{vmatrix}=-6.$$

得 $a_0=3$，$a_1=-\dfrac{3}{2}$，$a_2=2$，$a_3=-\dfrac{1}{2}$，即所求曲线方程为 $y=3-\dfrac{3}{2}x+2x^2-\dfrac{1}{2}x^3$.

9. (1) (C). (2) (B). (3) (C). (4) 1. (5) $\lambda=1$, $\mu=0$. (6) $\lambda=0,2$ 或 3.

习题 2

1. $\frac{1}{3}\begin{pmatrix}-3 & 3\\ -4 & 4\\ 8 & -3\end{pmatrix}$.

2. (1) -4; (2) $\begin{pmatrix}2 & 6 & -2\\ -1 & -3 & 1\\ 3 & 9 & -3\end{pmatrix}$; (3) $(-4\quad 13\quad 5)$; (4) $\begin{pmatrix}-5\\ 9\\ 4\end{pmatrix}$;

(5) $\begin{pmatrix}7 & -3 & 1\\ 4 & 9 & -8\\ 22 & -3 & -2\end{pmatrix}$; (6) $\begin{pmatrix}0 & -6 & -6\\ 0 & 3 & 3\\ 0 & -9 & -9\end{pmatrix}$.

3. $3\boldsymbol{AB}-2\boldsymbol{A}=\begin{pmatrix}-2 & 13 & 22\\ -2 & -17 & 20\\ 4 & 29 & -2\end{pmatrix}$, $\boldsymbol{A}^{\mathrm{T}}\boldsymbol{B}=\begin{pmatrix}0 & 5 & 8\\ 0 & -5 & 6\\ 2 & 9 & 0\end{pmatrix}$.

4. (1) $\begin{pmatrix}1 & -2 & 7\\ 0 & 1 & -2\\ 0 & 0 & 1\end{pmatrix}$; (2) $\begin{pmatrix}0 & -\frac{1}{2} & \frac{1}{2}\\ -1 & 4 & -1\\ 1 & -\frac{5}{2} & \frac{1}{2}\end{pmatrix}$;

(3) $\frac{1}{24}\begin{pmatrix}24 & 0 & 0 & 0\\ -12 & 12 & 0 & 0\\ -12 & -4 & 8 & 0\\ 3 & -5 & -2 & 6\end{pmatrix}$; (4) $\begin{pmatrix}-3 & 2 & 0 & 0\\ -5 & 3 & 0 & 0\\ 0 & 0 & 4 & -1\\ 0 & 0 & -3 & 1\end{pmatrix}$.

5. $\begin{pmatrix}\boldsymbol{O} & \boldsymbol{B}^{-1}\\ \boldsymbol{A}^{-1} & \boldsymbol{O}\end{pmatrix}=\begin{pmatrix}0 & 0 & 1 & -1 & 1\\ 0 & 0 & 0 & 1 & -1\\ 0 & 0 & 0 & 0 & 1\\ -5 & 2 & 0 & 0 & 0\\ 3 & -1 & 0 & 0 & 0\end{pmatrix}$.

6. $\begin{pmatrix}-3 & 4 & 0 & 0 & 0\\ 1 & -1 & 0 & 0 & 0\\ 0 & 0 & \frac{5}{2} & -\frac{1}{2} & 0\\ 0 & 0 & -\frac{3}{2} & \frac{1}{2} & 0\\ 0 & 0 & 0 & 0 & \frac{1}{8}\end{pmatrix}$, $\begin{pmatrix}-3 & -6 & 1\\ 1 & 2 & 0\\ \frac{7}{2} & \frac{3}{2} & 0\\ -\frac{3}{2} & -\frac{1}{2} & 0\\ 0 & 0 & \frac{1}{8}\end{pmatrix}$.

7. (1) $\begin{pmatrix}2 & -23\\0 & 8\end{pmatrix}$; (2) $\begin{pmatrix}\frac{11}{6}\\-\frac{1}{6}\\\frac{2}{3}\end{pmatrix}$; (3) $(-2 \quad 3 \quad -1)$; (4) $\begin{pmatrix}2 & -1 & 0\\2 & 3 & -4\\1 & 0 & -2\end{pmatrix}$.

8. (1) $x_1=1$, $x_2=0$, $x_3=0$; (2) $x_1=5$, $x_2=0$, $x_3=3$.

9. $\begin{cases}y_1=-7x_1-4x_2+9x_3,\\y_2=6x_1+3x_2-7x_3,\\y_3=3x_1+2x_2-4x_3,\end{cases}$

10. $\boldsymbol{C}^n=\begin{pmatrix}3^{n-1} & \frac{3^{n-1}}{2} & 3^{n-2}\\2\times 3^{n-1} & 3^{n-1} & 2\times 3^{n-2}\\3^n & \frac{3^n}{2} & 3^{n-1}\end{pmatrix}$.

提示 $\boldsymbol{B}^{\mathrm{T}}\boldsymbol{A}=\left(1 \quad \frac{1}{2} \quad \frac{1}{3}\right)\begin{pmatrix}1\\2\\3\end{pmatrix}=3$, $\boldsymbol{AB}^{\mathrm{T}}=\begin{pmatrix}1\\2\\3\end{pmatrix}\left(1 \quad \frac{1}{2} \quad \frac{1}{3}\right)=\begin{pmatrix}1 & \frac{1}{2} & \frac{1}{3}\\2 & 1 & \frac{2}{3}\\3 & \frac{3}{2} & 1\end{pmatrix}$,

$$\boldsymbol{C}^2=(\boldsymbol{AB}^{\mathrm{T}})(\boldsymbol{AB}^{\mathrm{T}})=\boldsymbol{A}(\boldsymbol{B}^{\mathrm{T}}\boldsymbol{A})\boldsymbol{B}^{\mathrm{T}}=3\boldsymbol{AB}^{\mathrm{T}},$$
$$\boldsymbol{C}^n=(\boldsymbol{AB}^{\mathrm{T}})(\boldsymbol{AB}^{\mathrm{T}})\cdots(\boldsymbol{AB}^{\mathrm{T}})$$
$$=\boldsymbol{A}\underbrace{(\boldsymbol{B}^{\mathrm{T}}\boldsymbol{A})(\boldsymbol{B}^{\mathrm{T}}\boldsymbol{A})\cdots(\boldsymbol{B}^{\mathrm{T}}\boldsymbol{A})}_{n-1\text{个}}\boldsymbol{B}^{\mathrm{T}}=3^{n-1}\boldsymbol{AB}^{\mathrm{T}}.$$

11. $\boldsymbol{A}+\boldsymbol{B}=\begin{pmatrix}4 & 0 & 0\\0 & 7 & 0\\0 & 0 & 7\end{pmatrix}$. **提示** 由 $\boldsymbol{AB}=\boldsymbol{A}+\boldsymbol{B}$,得 $\boldsymbol{B}=(\boldsymbol{A}-\boldsymbol{E})^{-1}\boldsymbol{A}=\begin{pmatrix}2 & 0 & 0\\0 & 4 & -5\\0 & -1 & 3\end{pmatrix}$.

12. $\boldsymbol{A}=-\frac{1}{2}\begin{pmatrix}1 & -1 & 1\\-1 & 1 & -1\\1 & -1 & 1\end{pmatrix}$. **提示** $\boldsymbol{A}^{-1}=-(\boldsymbol{E}-\boldsymbol{B})^{-1}\boldsymbol{xx}^{\mathrm{T}}$.

13. $\boldsymbol{C}=(\boldsymbol{A}-\boldsymbol{BB}^{\mathrm{T}})^{-1}=\begin{pmatrix}2 & 0 & 0\\0 & 0 & 3\\0 & 4 & 0\end{pmatrix}$.

对这种类型的题目,往往先用矩阵运算规律作文字化简,再用数字代入运算.

解 由条件 $\boldsymbol{A}^{-1}(\boldsymbol{E}-\boldsymbol{BB}^{\mathrm{T}}\boldsymbol{A}^{-1})^{-1}\boldsymbol{C}^{-1}=\boldsymbol{E}$, 两边右乘 $\boldsymbol{C}$,得

$$\boldsymbol{A}^{-1}(\boldsymbol{E}-\boldsymbol{BB}^{\mathrm{T}}\boldsymbol{A}^{-1})^{-1}\boldsymbol{C}^{-1}\boldsymbol{C}=\boldsymbol{EC},$$

即

$$\boldsymbol{C}=\boldsymbol{A}^{-1}(\boldsymbol{E}-\boldsymbol{BB}^{\mathrm{T}}\boldsymbol{A}^{-1})^{-1}.$$

由逆阵运算规律(4),可得

$$C=[(E-BB^{T}A^{-1})A]^{-1}=(A-BB^{T})^{-1}.$$

$$BB^{T}=\begin{pmatrix}0\\1\\-1\end{pmatrix}(0\quad 1\quad -1)=\begin{pmatrix}0&0&0\\0&1&-1\\0&-1&1\end{pmatrix}.$$

$$A-BB^{T}=\begin{pmatrix}\frac{1}{2}&0&0\\0&1&-\frac{3}{4}\\0&-\frac{2}{3}&1\end{pmatrix}-\begin{pmatrix}0&0&0\\0&1&-1\\0&-1&1\end{pmatrix}=\begin{pmatrix}\frac{1}{2}&0&0\\0&0&\frac{1}{4}\\0&\frac{1}{3}&0\end{pmatrix},$$

得
$$C=(A-BB^{T})^{-1}=\begin{pmatrix}2&0&0\\0&0&3\\0&4&0\end{pmatrix}.$$

14. $B=\begin{pmatrix}2&0&1\\0&3&0\\1&0&2\end{pmatrix}$.

提示 由 $AB+E=A^2+B$ 得 $(A-E)B=(A-E)(A+E)$，$|A-E|=-1\neq 0$，$A-E$ 可逆，得 $B=(A-E)^{-1}(A-E)(A+E)=A+E$.

15. $B=4(A+E)^{-1}=\begin{pmatrix}2&&\\&-4&\\&&2\end{pmatrix}$.

提示 由题设 $|A|=-2\neq 0$，A 可逆，又 $A^*BA=2BA-8E$，两边同时左乘 A：$AA^*BA=2ABA-8A$，$(AA^*=|A|E)$，$|A|BA-2ABA=-8A$，$(E+A)BA=4A$，由 $|A+E|=-4\neq 0$，$A+E$ 可逆，得 $B=4(A+E)^{-1}$.

16. $B=3(A-E)^{-1}A=\mathrm{diag}(6,6,6,-1)$.

提示 由 $ABA^{-1}=BA^{-1}+3E$，$(A-E)BA^{-1}=3E$，即有 $(A-E)B=3A$. 如果 $A-E$ 可逆，得 $A=3(A-E)^{-1}A$.

下面说明 $A-E$ 可逆：由题设 $|A^*|=8$，而 $AA^*=|A|E$ 有 $|A|^{4-1}=|A^*|$，故 $|A|=2$，且 $A=|A|(A^*)^{-1}$，即

$$A=\frac{1}{4}\begin{pmatrix}8&0&0&0\\0&8&0&0\\0&0&8&0\\0&0&0&1\end{pmatrix},\quad A-E=\begin{pmatrix}1&0&0&0\\0&1&0&0\\0&0&1&0\\0&0&0&-\frac{3}{4}\end{pmatrix},\quad |A-E|=-\frac{3}{4}\neq 0,$$

所以 $A-E$ 可逆.

17. $A^{11}=\frac{1}{3}\begin{pmatrix}1+2^{13}&4+2^{13}\\-1-2^{11}&-4-2^{11}\end{pmatrix}=\begin{pmatrix}2\,731&2\,732\\-683&-684\end{pmatrix}$.

提示 由题设 $P^{-1}AP=\Lambda$，$A=P\Lambda P^{-1}$，$A^2=(P\Lambda P^{-1})(P\Lambda P^{-1})=P\Lambda^2P^{-1}$，…，$A^{11}=$

$P\Lambda^{11}P^{-1}$. 其中，$\Lambda^{11}=\begin{pmatrix}(-1)^{11} & 0\\ 0 & 2^{11}\end{pmatrix}$.

18. $\varphi(A)=\begin{pmatrix}4 & 4 & 4\\ 4 & 4 & 4\\ 4 & 4 & 4\end{pmatrix}$.

提示 由题设 $P=\begin{pmatrix}1 & 1 & 1\\ 1 & 0 & -2\\ 1 & -1 & 1\end{pmatrix}$，$|P|=-6\neq 0$，$P$ 可逆. 由 17 题知：$A=P\Lambda P^{-1}$，$\varphi(A)=P(5E-6\Lambda+\Lambda^2)P^{-1}$，其中 $P^{-1}=\dfrac{1}{|P|}P^*=\dfrac{1}{6}\begin{pmatrix}2 & 2 & 2\\ 3 & 0 & -3\\ 1 & -2 & 1\end{pmatrix}$.

19. $|A|=1$.

提示 由题设 $a_{ij}=A_{ij}\ (i,\ j=1,\ 2,\ 3)$，故 $A^*=A^{\mathrm{T}}$. 又 $AA^*=|A|E$，即 $AA^{\mathrm{T}}=|A|E$，得 $|A|^2=|A|^3$，$|A|=0$（舍去）或 $|A|=1$.

20. $x=\begin{pmatrix}0\\ 0\\ 1\end{pmatrix}$.

提示 由题设 $AA^{\mathrm{T}}=E$，且 $a_{33}=1$，即 $\begin{pmatrix}a_{11} & a_{12} & a_{13}\\ a_{21} & a_{22} & a_{23}\\ a_{31} & a_{32} & a_{33}\end{pmatrix}\begin{pmatrix}a_{11} & a_{21} & a_{31}\\ a_{12} & a_{22} & a_{32}\\ a_{13} & a_{23} & a_{33}\end{pmatrix}=\begin{pmatrix}1 & 0 & 0\\ 0 & 1 & 0\\ 0 & 0 & 1\end{pmatrix}$，$a_{31}^2+a_{32}^2+a_{33}^2=1$，$a_{31}=a_{32}=0$，且 $A^{-1}=A^{\mathrm{T}}$.

方程的解 $x=A^{-1}\begin{pmatrix}0\\ 0\\ 1\end{pmatrix}=A^{\mathrm{T}}\begin{pmatrix}0\\ 0\\ 1\end{pmatrix}=\begin{pmatrix}a_{11} & a_{21} & 0\\ a_{12} & a_{22} & 0\\ a_{13} & a_{23} & 1\end{pmatrix}\begin{pmatrix}0\\ 0\\ 1\end{pmatrix}=\begin{pmatrix}0\\ 0\\ 1\end{pmatrix}$.

21. $\dfrac{2E-A}{2}$.

22. (1) (C). (2) (B). (3) (C). (4) (B)； (5) (C).

23. 3^4.

24. $\dfrac{1}{36}$.

25. (1) 令 $A=\begin{pmatrix}0 & 1\\ 0 & 0\end{pmatrix}$，$A^2=O$，但 $A\neq O$；(2) 令 $A=\begin{pmatrix}1 & 0\\ 0 & 0\end{pmatrix}$，$A^2=A$，但 $A\neq O$ 且 $A\neq E$；

(3) 令 $A=\begin{pmatrix}0 & 0\\ 1 & 0\end{pmatrix}$，$X=\begin{pmatrix}1 & 2\\ 2 & 1\end{pmatrix}$，$Y=\begin{pmatrix}1 & 2\\ 3 & 4\end{pmatrix}$，$AX=AY$，但 $X\neq Y$.

习题 3

1. (1) $\begin{pmatrix}1 & -1 & 3 & -1 & 2\\ 0 & 1 & -4 & 4 & -3\\ 0 & 0 & 9 & -10 & 6\end{pmatrix}$； (2) $\begin{pmatrix}1 & 2 & -2\\ 0 & -1 & 2\\ 0 & 0 & 0\end{pmatrix}$；

(3) $\begin{pmatrix} 1 & 1 & 0 \\ 0 & 1 & 2 \\ 0 & 0 & 3 \\ 0 & 0 & 0 \\ 0 & 0 & 0 \end{pmatrix}$； (4) $\begin{pmatrix} 1 & 2 & 1 & 0 & 2 \\ 0 & -1 & 1 & 4 & -2 \\ 0 & 0 & 0 & 0 & 0 \end{pmatrix}$.

2. (1) $\begin{pmatrix} 1 & 0 & 0 \\ -6 & 3 & -5 \\ 2 & -1 & 2 \end{pmatrix}$； (2) $\begin{pmatrix} 1 & -4 & -3 \\ 1 & -5 & -3 \\ -1 & 6 & 4 \end{pmatrix}$； (3) $\frac{1}{4}\begin{pmatrix} 1 & 1 & 1 & 1 \\ 1 & 1 & -1 & -1 \\ 1 & -1 & 1 & -1 \\ 1 & -1 & -1 & 1 \end{pmatrix}$.

3. (1) $\boldsymbol{X} = \frac{1}{6}\begin{pmatrix} 11 \\ -1 \\ 4 \end{pmatrix}$； (2) $\boldsymbol{X} = \begin{pmatrix} 4 & 5 \\ 1 & 2 \\ 3 & 3 \end{pmatrix}$； (3) $\boldsymbol{X} = (-2 \quad 2 \quad 1)$.

4. (1) $R(\boldsymbol{A}) = 2$. (2) $R(\boldsymbol{A}) = 3$. (3) $R(\boldsymbol{A}) = 3$.

5. (1) $k = 1$ 时，$R(\boldsymbol{A}) = 1$；(2) $k = -2$ 时，$R(\boldsymbol{A}) = 2$；(3) $k \neq 1$ 且 $k \neq -2$ 时，$R(\boldsymbol{A}) = 3$.

提示 对 $\boldsymbol{A}$ 作行初等变换，化为行阶梯形矩阵.

$$\boldsymbol{A} = \begin{pmatrix} 1 & -2 & 3k \\ -1 & 2k & -3 \\ k & -2 & 3 \end{pmatrix} \xrightarrow[r_3 - kr_1]{r_2 + r_1} \begin{pmatrix} 1 & -2 & 3k \\ 0 & 2k-2 & 3k-3 \\ 0 & 2k-2 & 3-3k^2 \end{pmatrix}$$

$$\xrightarrow{r_3 - r_2} \begin{pmatrix} 1 & -2 & 3k \\ 0 & 2(k-1) & 3(k-1) \\ 0 & 0 & -3(k-1)(k+2) \end{pmatrix}.$$

6. (1) 无解；(2) 无解；(3) 有无穷多个解，$\begin{pmatrix} x_1 \\ x_2 \\ x_3 \end{pmatrix} = k\begin{pmatrix} -2 \\ 1 \\ 1 \end{pmatrix} + \begin{pmatrix} -1 \\ 2 \\ 0 \end{pmatrix} \quad (k \in \mathbf{R})$；

(4) 有无穷多个解，$\begin{pmatrix} x_1 \\ x_2 \\ x_3 \end{pmatrix} = k\begin{pmatrix} 9 \\ 8 \\ 7 \end{pmatrix} + \begin{pmatrix} -3 \\ 1 \\ 0 \end{pmatrix} \quad (k \in \mathbf{R})$；

(5) 有无穷多个解，$\begin{pmatrix} x_1 \\ x_2 \\ x_3 \end{pmatrix} = k\begin{pmatrix} -2 \\ 1 \\ 0 \end{pmatrix} \quad (k \in \mathbf{R})$；(6) 只有零解.

7. (1) 当 $k \neq 7$ 时，无解；当 $k = 7$ 时，有无穷多解，

$$\begin{pmatrix} x_1 \\ x_2 \\ x_3 \\ x_4 \end{pmatrix} = k_1\begin{pmatrix} 3 \\ 4 \\ 1 \\ 0 \end{pmatrix} + k_2\begin{pmatrix} 1 \\ -1 \\ 0 \\ 1 \end{pmatrix} + \begin{pmatrix} 3 \\ 1 \\ 0 \\ 0 \end{pmatrix} \quad (k_1, k_2 \in \mathbf{R}).$$

(2) 当 $k = 1$ 或 $k = -2$ 时，方程组有无穷多解；

当 $k=1$ 时，$$\begin{pmatrix}x_1\\x_2\\x_3\end{pmatrix}=c\begin{pmatrix}1\\1\\1\end{pmatrix}+\begin{pmatrix}1\\0\\0\end{pmatrix}\quad(c\in\mathbf{R})；$$

当 $k=-2$ 时，$$\begin{pmatrix}x_1\\x_2\\x_3\end{pmatrix}=c\begin{pmatrix}1\\1\\1\end{pmatrix}+\begin{pmatrix}2\\2\\0\end{pmatrix}\quad(c\in\mathbf{R}).$$

提示 对增广矩阵 $\bar{\mathbf{A}}=(\mathbf{A},\ \boldsymbol{b})$ 作行初等变换，化为行阶梯形矩阵，

$$\bar{\mathbf{A}}=(\mathbf{A},\ \boldsymbol{b})=\begin{pmatrix}-2&1&1&-2\\1&-2&1&\lambda\\1&1&-2&\lambda^2\end{pmatrix}\xrightarrow{r}\begin{pmatrix}1&1&-2&\lambda^2\\0&-3&3&\lambda(1-\lambda)\\0&0&0&-(1-\lambda)(2+\lambda)\end{pmatrix}.$$

8. 当 $\lambda\neq1$ 且 $\lambda\neq-2$ 时，$R(\mathbf{A})=R(\bar{\mathbf{A}})=3$(方程组中未知数个数)，方程组有唯一解；
当 $\lambda=1$ 时，$R(\mathbf{A})=R(\bar{\mathbf{A}})=1<3$，方程组有无穷多个解；
当 $\lambda=-2$ 时，$R(\mathbf{A})=2<R(\bar{\mathbf{A}})=3$，方程组无解.

提示 **解法 1** 对增广矩阵 $\bar{\mathbf{A}}=(\mathbf{A}\,\vdots\,\boldsymbol{b})$ 施以行初等变换，化 $\bar{\mathbf{A}}$ 为行阶梯形矩阵，可得

$$\bar{\mathbf{A}}=\begin{pmatrix}\lambda&1&1&1\\1&\lambda&1&\lambda\\1&1&\lambda&\lambda^2\end{pmatrix}\xrightarrow{r_1\leftrightarrow r_3}\begin{pmatrix}1&1&\lambda&\lambda^2\\1&\lambda&1&\lambda\\\lambda&1&1&1\end{pmatrix}\xrightarrow[r_3-\lambda r_1]{r_2-r_1}\begin{pmatrix}1&1&\lambda&\lambda^2\\0&\lambda-1&1-\lambda&\lambda(1-\lambda)\\0&1-\lambda&1-\lambda^2&1-\lambda^3\end{pmatrix}$$

$$\xrightarrow{r_3+r_2}\begin{pmatrix}1&1&\lambda&\lambda^2\\0&\lambda-1&1-\lambda&\lambda(1-\lambda)\\0&0&(1-\lambda)(\lambda+2)&(1-\lambda)(\lambda+1)^2\end{pmatrix}.$$

当 $\lambda\neq1$ 且 $\lambda\neq-2$ 时，$R(\mathbf{A})=R(\bar{\mathbf{A}})<3$，方程组有唯一解；
当 $\lambda=-2$ 时，$R(\mathbf{A})=2$，$R(\bar{\mathbf{A}})=3$，方程组无解；
当 $\lambda=1$ 时，$R(\mathbf{A})=R(\bar{\mathbf{A}})=1$，方程组有无穷多解.

解法 2 这是 3 个未知数 3 个方程组成的线性方程组，先计算系数矩阵的行列式，可得

$$|\mathbf{A}|=\begin{vmatrix}\lambda&1&1\\1&\lambda&1\\1&1&\lambda\end{vmatrix}=(\lambda-1)^2(\lambda+2).$$

当 $\lambda\neq1$ 且 $\lambda\neq-2$ 时，$|\mathbf{A}|\neq0$(此时 $R(\mathbf{A})=R(\bar{\mathbf{A}})=3$)，由克拉默法则知，方程组有唯一解；
当 $\lambda=1$ 时，$|\mathbf{A}|=0$(此时，$R(\mathbf{A})<3$)，对增广矩阵 $\bar{\mathbf{A}}$ 施以行初等变换，可得

$$\bar{\mathbf{A}}=\begin{pmatrix}1&1&1&1\\1&1&1&1\\1&1&1&1\end{pmatrix}\xrightarrow[r_2-r_1]{r_3-r_1}\begin{pmatrix}1&1&1&1\\0&0&0&0\\0&0&0&0\end{pmatrix},$$

$R(\mathbf{A})=R(\bar{\mathbf{A}})=1<3$，方程组有无穷多个解；

当 $\lambda=-2$ 时，$|\mathbf{A}|=0$(此时 $R(\mathbf{A})<3$)，对增广矩阵 $\bar{\mathbf{A}}$ 施以行初等变换，可得

$$\bar{\boldsymbol{A}}=\begin{pmatrix}-2&1&1&1\\1&-2&1&-2\\1&1&-2&4\end{pmatrix}\xrightarrow{r_1\leftrightarrow r_3}\begin{pmatrix}1&1&-2&4\\1&-2&1&-2\\-2&1&1&1\end{pmatrix}$$

$$\xrightarrow[r_3+2r_1]{r_2-r_1}\begin{pmatrix}1&1&-2&4\\0&-3&3&-6\\0&3&-3&9\end{pmatrix}\xrightarrow{r_3+r_2}\begin{pmatrix}1&1&-2&4\\0&-3&3&-6\\0&0&0&3\end{pmatrix},$$

$R(\boldsymbol{A})=2<R(\bar{\boldsymbol{A}})=3$，方程组无解.

9. 当 $\lambda=-2$ 时，方程组有无穷多解，$\begin{pmatrix}x_1\\x_2\\x_3\end{pmatrix}=c\begin{pmatrix}1\\0\\1\end{pmatrix}+\begin{pmatrix}-5\\2\\0\end{pmatrix}$.

提示 线性方程组的增广矩阵为

$$\bar{\boldsymbol{A}}=(\boldsymbol{A},\ \lambda\boldsymbol{b}_1+\boldsymbol{b}_2)=\begin{pmatrix}1&1&-1&2\lambda+1\\-1&-2&1&\lambda+3\\1&-1&-1&3\lambda-1\end{pmatrix}\xrightarrow{r}\begin{pmatrix}1&1&-1&2\lambda+1\\0&-1&0&3\lambda+4\\0&0&0&-5\lambda-10\end{pmatrix}.$$

10. **提示** 对增广矩阵 $\bar{\boldsymbol{A}}=(\boldsymbol{A},\ \boldsymbol{b})$ 作行初等变换，化为行阶梯形矩阵，

$$\bar{\boldsymbol{A}}=(\boldsymbol{A},\ \boldsymbol{b})=\begin{pmatrix}1&-1&0&0&a_1\\0&1&-1&0&a_2\\0&0&1&-1&a_3\\-1&0&0&1&a_4\end{pmatrix}$$

$$\xrightarrow{r}\begin{pmatrix}1&-1&0&0&a_1\\0&1&-1&0&a_2\\0&0&1&-1&a_3\\0&0&0&0&a_1+a_2+a_3+a_4\end{pmatrix}.$$

11. **证明** 必要性. $R(\boldsymbol{A})=1$，

$$A\longrightarrow\begin{pmatrix}1&0&\cdots&0\\0&0&\cdots&0\\\vdots&\vdots&\ddots&\vdots\\0&0&\cdots&0\end{pmatrix}=\begin{pmatrix}1\\0\\\vdots\\0\end{pmatrix}(1,\ 0,\ \cdots,\ 0),$$

即存在 n 阶可逆阵 $\boldsymbol{P}$，$\boldsymbol{Q}$ 使

$$\boldsymbol{PAQ}=\begin{pmatrix}1\\0\\\vdots\\0\end{pmatrix}(1,\ 0,\ \cdots,\ 0),$$

从而有

$$\boldsymbol{A}=\boldsymbol{P}^{-1}\begin{pmatrix}1\\0\\\vdots\\0\end{pmatrix}(1,\ 0,\ \cdots,\ 0)\boldsymbol{Q}^{-1},$$

记
$$\boldsymbol{\alpha}=\boldsymbol{P}^{-1}\begin{pmatrix}1\\0\\\vdots\\0\end{pmatrix},\quad \boldsymbol{\beta}=(\boldsymbol{Q}^{-1})^{\mathrm{T}}\begin{pmatrix}1\\0\\\vdots\\0\end{pmatrix}.$$
则 $\boldsymbol{\alpha}\neq\mathbf{0}$, $\boldsymbol{\beta}\neq\mathbf{0}$（想一想，为什么），有 $\boldsymbol{A}=\boldsymbol{\alpha}\boldsymbol{\beta}^{\mathrm{T}}$.

充分性. 设 $\boldsymbol{A}=\boldsymbol{\alpha}\boldsymbol{\beta}^{\mathrm{T}}$, $\boldsymbol{\alpha}\neq\mathbf{0}$, $\boldsymbol{\beta}\neq\mathbf{0}$，有
$$0<R(\boldsymbol{A})\leqslant\min\{R(\boldsymbol{\alpha}),R(\boldsymbol{\beta})\}=1.$$
从而只有 $R(\boldsymbol{A})=1$.

12. (1) (B). (2) (B). (3) (B). (4) (C).

13. 可能有等于零的 $r-1$ 阶，r 阶子式，但没有不等于零的 $r+1$ 阶子式. 例如，
$$\boldsymbol{A}=\begin{pmatrix}1&0&0&0\\0&1&0&0\\0&0&0&0\end{pmatrix},\quad R(\boldsymbol{A})=2.$$

习题 4

1. $\frac{1}{6}\begin{pmatrix}-1\\20\\10\\0\end{pmatrix}$.

2. $\boldsymbol{\alpha}-\boldsymbol{\beta}=\begin{pmatrix}2\\0\\1\end{pmatrix}$；$3\boldsymbol{\alpha}+\boldsymbol{\beta}-2\boldsymbol{\gamma}=\begin{pmatrix}0\\-6\\-5\end{pmatrix}$.

3. (1) $\boldsymbol{\beta}=3\boldsymbol{\alpha}_1+5\boldsymbol{\alpha}_3$，表示式不唯一；(2) $\boldsymbol{\beta}=-\boldsymbol{\alpha}_1+\boldsymbol{\alpha}_2+2\boldsymbol{\alpha}_3-2\boldsymbol{\alpha}_4$.

4. (1) 线性相关（$\boldsymbol{\alpha}_1$，$\boldsymbol{\alpha}_2$ 对应分量成比例）；
   (2) 线性相关（4 个 3 维向量线性相关）；
   (3) 线性无关（$\boldsymbol{\alpha}_1$，$\boldsymbol{\alpha}_2$，$\boldsymbol{\alpha}_3$ 构成矩阵 $\boldsymbol{A}$ 的行列式 $|\boldsymbol{A}|\neq0$）；
   (4) 线性无关（$\boldsymbol{\alpha}_1$，$\boldsymbol{\alpha}_2$，$\boldsymbol{\alpha}_3$ 构成矩阵 $\boldsymbol{A}$ 的秩 $R(\boldsymbol{A})=3$）.

5. 当 $a=-1$，或 $a=2$ 时，$\boldsymbol{\alpha}_1$，$\boldsymbol{\alpha}_2$，$\boldsymbol{\alpha}_3$ 线性相关.

解法 1 对矩阵 $\boldsymbol{A}=(\boldsymbol{\alpha}_1,\boldsymbol{\alpha}_2,\boldsymbol{\alpha}_3)$ 作行初等变换，化为行阶梯形矩阵
$$\boldsymbol{A}=(\boldsymbol{\alpha}_1,\boldsymbol{\alpha}_2,\boldsymbol{\alpha}_3)=\begin{pmatrix}a&1&1\\1&a&-1\\1&-1&a\end{pmatrix}\xrightarrow{r}\begin{pmatrix}1&-1&a\\0&a+1&-(a+1)\\0&0&(a+1)(2-a)\end{pmatrix},$$
可见当 $a=2$ 时，$R(\boldsymbol{A})=2$；当 $a=-1$ 时，$R(\boldsymbol{A})=1$，故当 $a=2$ 或 $a=-1$ 时，$\boldsymbol{\alpha}_1$，$\boldsymbol{\alpha}_2$，$\boldsymbol{\alpha}_3$ 线性相关.

解法 2 $\boldsymbol{A}=(\boldsymbol{\alpha}_1,\boldsymbol{\alpha}_2,\boldsymbol{\alpha}_3)$，计算 $\boldsymbol{A}$ 的行列式
$$|\boldsymbol{A}|=\begin{vmatrix}a&1&1\\1&a&-1\\1&-1&a\end{vmatrix}\xlongequal{r_1\leftrightarrow r_3}\begin{vmatrix}1&-1&a\\1&a&-1\\a&1&1\end{vmatrix}$$
$$\xlongequal[r_3-ar_1]{r_2-r_1}\begin{vmatrix}1&-1&a\\0&a+1&-(a+1)\\0&a+1&1-a^2\end{vmatrix}=(a+1)^2(a-2).$$

当 $a=2$ 或 $a=-1$ 时，$|\boldsymbol{A}|=0$，由定理 4.5 的推论 1 知，$\boldsymbol{\alpha}_1,\boldsymbol{\alpha}_2,\boldsymbol{\alpha}_3$ 线性相关.

6. **证明** (1) 因 $\boldsymbol{\alpha}_2,\boldsymbol{\alpha}_3,\boldsymbol{\alpha}_4$ 线性无关，由定理 4.2 的推论知 $\boldsymbol{\alpha}_2,\boldsymbol{\alpha}_3$ 线性无关，而 $\boldsymbol{\alpha}_1,\boldsymbol{\alpha}_2,\boldsymbol{\alpha}_3$ 线性相关，知 $\boldsymbol{\alpha}_1$ 能由 $\boldsymbol{\alpha}_2,\boldsymbol{\alpha}_3$ 线性表示.

(2) 用反证法. 假设 $\boldsymbol{\alpha}_4$ 能由 $\boldsymbol{\alpha}_1,\boldsymbol{\alpha}_2,\boldsymbol{\alpha}_3$ 表示，而由(1)知 $\boldsymbol{\alpha}_1$ 能由 $\boldsymbol{\alpha}_2,\boldsymbol{\alpha}_3$ 表示，因此 $\boldsymbol{\alpha}_4$ 能由 $\boldsymbol{\alpha}_2,\boldsymbol{\alpha}_3$ 线性表示，这与 $\boldsymbol{\alpha}_2,\boldsymbol{\alpha}_3,\boldsymbol{\alpha}_4$ 线性无关矛盾.

7. **证法 1** 设有 x_1,x_2,x_3,x_4，使 $x_1\boldsymbol{\beta}_1+x_2\boldsymbol{\beta}_2+x_3\boldsymbol{\beta}_3+x_4\boldsymbol{\beta}_4=\mathbf{0}$，

即 $$x_1(\boldsymbol{\alpha}_1+\boldsymbol{\alpha}_2)+x_2(\boldsymbol{\alpha}_2+\boldsymbol{\alpha}_3)+x_3(\boldsymbol{\alpha}_2+\boldsymbol{\alpha}_4)+x_4(\boldsymbol{\alpha}_4+\boldsymbol{\alpha}_1)=\mathbf{0}.$$

也即 $$(x_1+x_4)\boldsymbol{\alpha}_1+(x_1+x_2)\boldsymbol{\alpha}_2+(x_2+x_3)\boldsymbol{\alpha}_3+(x_3+x_4)\boldsymbol{\alpha}_4=\mathbf{0}.$$

考察线性方程组 $\begin{cases} x_1 \qquad\qquad +x_4=0, \\ x_1+x_2 \qquad\quad =0, \\ \quad x_2+x_3 \quad =0, \\ \qquad\quad x_3+x_4=0, \end{cases}$

它的系数行列式 $\begin{vmatrix} 1 & 0 & 0 & 1 \\ 1 & 1 & 0 & 0 \\ 0 & 1 & 1 & 0 \\ 0 & 0 & 1 & 1 \end{vmatrix}=0$，故有非零解(克拉默法则).

即向量等式 $x_1\boldsymbol{\beta}_1+x_2\boldsymbol{\beta}_2+x_3\boldsymbol{\beta}_3+x_4\boldsymbol{\beta}_4=0$ 有非零解，故 $\boldsymbol{\beta}_1,\boldsymbol{\beta}_2,\boldsymbol{\beta}_3,\boldsymbol{\beta}_4$ 线性相关.

证法 2 由题设写成

$$(\boldsymbol{\beta}_1,\boldsymbol{\beta}_2,\boldsymbol{\beta}_3,\boldsymbol{\beta}_4)=(\boldsymbol{\alpha}_1,\boldsymbol{\alpha}_2,\boldsymbol{\alpha}_3,\boldsymbol{\alpha}_4)\begin{pmatrix} 1 & 0 & 0 & 1 \\ 1 & 1 & 0 & 0 \\ 0 & 1 & 1 & 0 \\ 0 & 0 & 1 & 1 \end{pmatrix}，记作 \boldsymbol{B}=\boldsymbol{AK}.$$

由 $|\boldsymbol{K}|=0$ 知，$R(\boldsymbol{K})<4$，从而 $R(\boldsymbol{B})\leqslant\min\{R(\boldsymbol{A}),R(\boldsymbol{K})\}\leqslant R(\boldsymbol{K})<4$，知 $\boldsymbol{\beta}_1,\boldsymbol{\beta}_2,\boldsymbol{\beta}_3,\boldsymbol{\beta}_4$ 线性相关.

证法 3 观察可知 $\boldsymbol{\beta}_1-\boldsymbol{\beta}_2+\boldsymbol{\beta}_3-\boldsymbol{\beta}_4=(\boldsymbol{\alpha}_1+\boldsymbol{\alpha}_2)-(\boldsymbol{\alpha}_2+\boldsymbol{\alpha}_3)+(\boldsymbol{\alpha}_3+\boldsymbol{\alpha}_4)-(\boldsymbol{\alpha}_4+\boldsymbol{\alpha}_1)=\mathbf{0}$，知 $\boldsymbol{\beta}_1,\boldsymbol{\beta}_2,\boldsymbol{\beta}_3,\boldsymbol{\beta}_4$ 线性相关(向量式中系数为 $1,-1,1,-1$ 不为零).

8. $a\neq\dfrac{3}{2}b$.

提示 设有数 x_1,x_2,x_3，使 $x_1\boldsymbol{\beta}_1+x_2\boldsymbol{\beta}_2+x_3\boldsymbol{\beta}_3=\mathbf{0}$，即

$$x_1(a\boldsymbol{\alpha}_1-\boldsymbol{\alpha}_2)+x_2(2\boldsymbol{\alpha}_2-b\boldsymbol{\alpha}_3)+x_3(\boldsymbol{\alpha}_3-3\boldsymbol{\alpha}_1)=\mathbf{0},$$
$$(ax_1-3x_3)\boldsymbol{\alpha}_1+(-x_1+2x_2)\boldsymbol{\alpha}_2+(-bx_2+x_3)\boldsymbol{\alpha}_3=\mathbf{0}.$$

因 $\boldsymbol{\alpha}_1,\boldsymbol{\alpha}_2,\boldsymbol{\alpha}_3$ 线性无关，故得方程组

$$\begin{cases} ax_1 \qquad -3x_3=0, \\ -x_1+2x_2 \qquad =0, \\ \qquad -bx_2+x_3=0. \end{cases}$$

又 $\boldsymbol{\beta}_1,\boldsymbol{\beta}_2,\boldsymbol{\beta}_3$ 线性无关 $\Longleftrightarrow x_1=x_2=x_3=0 \Longleftrightarrow$ 方程组只有零解 $\Longleftrightarrow$ 系数行列式不等于零，得 $2a-3b\neq0$.

9. (1) 秩为 3，最大无关组 $\boldsymbol{\alpha}_1,\boldsymbol{\alpha}_2,\boldsymbol{\alpha}_3$；

(2) 秩为 2，其中任意两个向量都是它的一个最大无关组.

10. $a \neq 5$ 且 $a \neq -3$.

11. (1) 最大无关组为 $\boldsymbol{\alpha}_1, \boldsymbol{\alpha}_3, \boldsymbol{\alpha}_4$;其中 $\boldsymbol{\alpha}_2 = \boldsymbol{\alpha}_1 - \boldsymbol{\alpha}_2$;

(2) 最大无关组为 $\boldsymbol{\alpha}_1, \boldsymbol{\alpha}_2$;其中 $\boldsymbol{\alpha}_3 = 2\boldsymbol{\alpha}_1 - \boldsymbol{\alpha}_2$, $\boldsymbol{\alpha}_4 = \boldsymbol{\alpha}_1 + 3\boldsymbol{\alpha}_2$.

12. **证明** 记 $\boldsymbol{E} = (\boldsymbol{\varepsilon}_1, \boldsymbol{\varepsilon}_2, \cdots, \boldsymbol{\varepsilon}_n)$,$\boldsymbol{A} = (\boldsymbol{\alpha}_1, \boldsymbol{\alpha}_2, \cdots, \boldsymbol{\alpha}_n)$,由题设存在 n 阶方阵 $\boldsymbol{K}$,使 $\boldsymbol{E} = \boldsymbol{AK}$,从而

$$n = R(\boldsymbol{E}) \leqslant \max\{R(\boldsymbol{A}), R(\boldsymbol{K})\} \leqslant R(\boldsymbol{A}) \leqslant n,$$

得 $R(\boldsymbol{A}) = n$,从而 $\boldsymbol{\alpha}_1, \boldsymbol{\alpha}_2, \cdots, \boldsymbol{\alpha}_n$ 线性无关.

13. **证明** $\boldsymbol{\beta}_1, \boldsymbol{\beta}_2, \cdots, \boldsymbol{\beta}_r$ 线性无关 $\Longleftrightarrow x_1\boldsymbol{\beta}_1 + x_2\boldsymbol{\beta}_2 + \cdots + x_r\boldsymbol{\beta}_r = \boldsymbol{0}$, 即 $(\boldsymbol{\beta}_1, \boldsymbol{\beta}_2, \cdots, \boldsymbol{\beta}_r)\begin{pmatrix} x_1 \\ x_2 \\ \vdots \\ x_r \end{pmatrix} = \boldsymbol{0}$ 只有零解 $\Longleftrightarrow (\boldsymbol{\alpha}_1, \boldsymbol{\alpha}_2, \cdots, \boldsymbol{\alpha}_s)\boldsymbol{K}\begin{pmatrix} x_1 \\ x_2 \\ \vdots \\ x_s \end{pmatrix} = \boldsymbol{0}$ 只有零解,$\boldsymbol{\alpha}_1, \boldsymbol{\alpha}_2, \cdots, \boldsymbol{\alpha}_3$ 线性无关 $\Longleftrightarrow$ $\boldsymbol{K}\begin{pmatrix} x_1 \\ x_2 \\ \vdots \\ x_r \end{pmatrix} = \boldsymbol{0}$ 只有零解 $\Longleftrightarrow R(\boldsymbol{K}) = r$.

14. **证明** 由题设

$$(\boldsymbol{\beta}_1, \boldsymbol{\beta}_2, \boldsymbol{\beta}_3) = (\boldsymbol{\alpha}_1, \boldsymbol{\alpha}_2, \boldsymbol{\alpha}_3)\begin{pmatrix} 1 & 0 & 0 \\ a & 1 & 0 \\ b & c & 1 \end{pmatrix},$$

记 $\boldsymbol{B} = \boldsymbol{AK}$, $|\boldsymbol{K}| \neq 0$,$\boldsymbol{K}$ 可逆,从而由定理 3.3 的推论 1 知 $R(\boldsymbol{B}) = R(\boldsymbol{A})$,即 $R(\boldsymbol{\alpha}_1, \boldsymbol{\alpha}_2, \boldsymbol{\alpha}_3) = R(\boldsymbol{\beta}_1, \boldsymbol{\beta}_2, \boldsymbol{\beta}_3)$.

15. **证明 1** 齐次线性方程组 $\boldsymbol{Bx} = \boldsymbol{0}$ 有非零解 $\Longleftrightarrow$ 矩阵 $\boldsymbol{B}$ 的秩 $R(\boldsymbol{B}) < 4 \Longleftrightarrow \boldsymbol{B}$ 的四个列向量 $\boldsymbol{\alpha}_1 + \boldsymbol{\alpha}_2, \boldsymbol{\alpha}_2 + \boldsymbol{\alpha}_3, \boldsymbol{\alpha}_3 + \boldsymbol{\alpha}_4, \boldsymbol{\alpha}_4 + \boldsymbol{\alpha}_1$ 线性相关.

设有数 x_1, x_2, x_3, x_4 使

$$x_1(\boldsymbol{\alpha}_1 + \boldsymbol{\alpha}_2) + x_2(\boldsymbol{\alpha}_2 + \boldsymbol{\alpha}_3) + x_3(\boldsymbol{\alpha}_3 + \boldsymbol{\alpha}_4) + x_4(\boldsymbol{\alpha}_4 + \boldsymbol{\alpha}_1) = \boldsymbol{0},$$

即有

$$(x_1 + x_4)\boldsymbol{\alpha}_1 + (x_1 + x_2)\boldsymbol{\alpha}_2 + (x_2 + x_3)\boldsymbol{\alpha}_3 + (x_3 + x_4)\boldsymbol{\alpha}_4 = \boldsymbol{0}.$$

由题设 $R(\boldsymbol{A}) = 4$,所以向量组 $\boldsymbol{\alpha}_1, \boldsymbol{\alpha}_2, \boldsymbol{\alpha}_3, \boldsymbol{\alpha}_4$ 线性无关,从而得

$$\begin{cases} x_1 + x_4 = 0, \\ x_1 + x_2 = 0, \\ x_2 + x_3 = 0, \\ x_3 + x_4 = 0. \end{cases}$$

因为齐次线性方程组系数矩阵的行列式

$$\begin{vmatrix} 1 & 0 & 0 & 1 \\ 1 & 1 & 0 & 0 \\ 0 & 1 & 1 & 0 \\ 0 & 0 & 1 & 1 \end{vmatrix} = 0.$$

因而有非零解，即证得向量组 $\boldsymbol{\alpha}_1+\boldsymbol{\alpha}_2$，$\boldsymbol{\alpha}_2+\boldsymbol{\alpha}_3$，$\boldsymbol{\alpha}_3+\boldsymbol{\alpha}_4$，$\boldsymbol{\alpha}_4+\boldsymbol{\alpha}_1$ 线性相关，故方程组 $\boldsymbol{Bx}=\boldsymbol{0}$ 有非零解.

证明 2 由题设 $\boldsymbol{B}=(\boldsymbol{\alpha}_1+\boldsymbol{\alpha}_2,\ \boldsymbol{\alpha}_2+\boldsymbol{\alpha}_3,\ \boldsymbol{\alpha}_3+\boldsymbol{\alpha}_4,\ \boldsymbol{\alpha}_4+\boldsymbol{\alpha}_1)=(\boldsymbol{\alpha}_1,\ \boldsymbol{\alpha}_2,\ \boldsymbol{\alpha}_3,\ \boldsymbol{\alpha}_4)\begin{pmatrix}1&0&0&1\\1&1&0&0\\0&1&1&0\\0&0&1&1\end{pmatrix}\xlongequal{\text{记作}}\boldsymbol{AK}$.

因为 $\boldsymbol{\alpha}_1$，$\boldsymbol{\alpha}_2$，$\boldsymbol{\alpha}_3$，$\boldsymbol{\alpha}_4$ 线性无关，所以 $R(\mathbf{A})=4$；又 $|\mathbf{K}|=0$；$R(\mathbf{K})<4$，从而

$$R(\boldsymbol{B})=R(\boldsymbol{AK})\leqslant\min\{R(\mathbf{A}),\ R(\mathbf{K})\}=R(\mathbf{K})<4,$$

所以 $\boldsymbol{\alpha}_1+\boldsymbol{\alpha}_2$，$\boldsymbol{\alpha}_2+\boldsymbol{\alpha}_3$，$\boldsymbol{\alpha}_3+\boldsymbol{\alpha}_4$，$\boldsymbol{\alpha}_4+\boldsymbol{\alpha}_1$ 线性相关.

16. (1) $\boldsymbol{\xi}_1=\begin{pmatrix}1\\-11\\5\\0\end{pmatrix}$，$\boldsymbol{\xi}_2=\begin{pmatrix}-2\\7\\0\\5\end{pmatrix}$；　　(2) $\boldsymbol{\xi}_1=\begin{pmatrix}-11\\-1\\7\end{pmatrix}$；

(3) $\boldsymbol{\xi}_1=\begin{pmatrix}2\\1\\0\\0\end{pmatrix}$，$\boldsymbol{\xi}_2=\begin{pmatrix}2\\0\\-5\\7\end{pmatrix}$；　　(4) $\boldsymbol{\xi}_1=\begin{pmatrix}-2\\1\\1\\0\end{pmatrix}$，$\boldsymbol{\xi}_2=\begin{pmatrix}-2\\1\\0\\1\end{pmatrix}$.

17. (1) $\begin{pmatrix}x_1\\x_2\\x_3\end{pmatrix}=\begin{pmatrix}5\\-3\\0\end{pmatrix}$；　　(2) $\begin{pmatrix}x_1\\x_2\\x_3\\x_4\end{pmatrix}=k_1\begin{pmatrix}1\\2\\0\\1\end{pmatrix}+\begin{pmatrix}-1\\-1\\0\\0\end{pmatrix}\quad(k_1\in\mathbf{R})$.

18. **解** 由线性方程组解结构知，非齐次线性方程组 $\boldsymbol{Ax}=\boldsymbol{b}$ 的通解 $=$ 导出组 $\boldsymbol{Ax}=\boldsymbol{0}$ 的通解 $+$ 非齐次线性方程组 $\boldsymbol{Ax}=\boldsymbol{b}$ 的一个解(特解).

先求导出组 $\boldsymbol{Ax}=\boldsymbol{0}$ 的一个基础解系：因 $n=4$，$R(\mathbf{A})=3$，故导出组的基础解系所含线性无关向量个数为 1. 令

$$\boldsymbol{\xi}=(\boldsymbol{\eta}_1-\boldsymbol{\eta}_2)+(\boldsymbol{\eta}_1-\boldsymbol{\eta}_3)=2\boldsymbol{\eta}_1-(\boldsymbol{\eta}_2+\boldsymbol{\eta}_3)=\begin{pmatrix}3\\4\\5\\6\end{pmatrix},$$

由线性方程组解性质(1)(2)(3) 知 $\boldsymbol{\xi}\neq\boldsymbol{0}$ 是导出组 $\boldsymbol{Ax}=\boldsymbol{0}$ 的一个基础解系，导出组 $\boldsymbol{Ax}=\boldsymbol{0}$ 的通解为 $k\boldsymbol{\xi}$，令 $\boldsymbol{\eta}^*=\boldsymbol{\eta}_1$，是线性方程组 $\boldsymbol{Ax}=\boldsymbol{b}$ 的一个解. 从而得线性方程组通解

$$\boldsymbol{x}=k\boldsymbol{\xi}+\boldsymbol{\eta}^*,\quad \text{即}\begin{pmatrix}x_1\\x_2\\x_3\\x_4\end{pmatrix}=k\begin{pmatrix}3\\4\\5\\6\end{pmatrix}+\begin{pmatrix}2\\3\\4\\5\end{pmatrix}\quad(k\in\mathbf{R}).$$

19. **解** 记 $\boldsymbol{A}=(\boldsymbol{\alpha}_1,\boldsymbol{\alpha}_2,\boldsymbol{\alpha}_3,\boldsymbol{\alpha}_4)$，由题设 $\boldsymbol{\alpha}_2$，$\boldsymbol{\alpha}_3$，$\boldsymbol{\alpha}_4$ 线性无关，$\boldsymbol{\alpha}_1=2\boldsymbol{\alpha}_2-\boldsymbol{\alpha}_3$，即 $\boldsymbol{\alpha}_1$，$\boldsymbol{\alpha}_2$，$\boldsymbol{\alpha}_3$，$\boldsymbol{\alpha}_4$ 线性相关，从而 $R(\mathbf{A})=3$，导出组 $\boldsymbol{Ax}=\boldsymbol{0}$ 的基础解系所含线性无关向量个数为 1，又

$$\boldsymbol{\alpha}_1 = 2\boldsymbol{\alpha}_2 - \boldsymbol{\alpha}_3 \Leftrightarrow (\boldsymbol{\alpha}_1, \boldsymbol{\alpha}_2, \boldsymbol{\alpha}_3, \boldsymbol{\alpha}_4)\begin{pmatrix}1\\-2\\1\\0\end{pmatrix} = \mathbf{0} \quad (\text{即 } \boldsymbol{Ax} = \mathbf{0}),\text{记 } \boldsymbol{\xi} = \begin{pmatrix}1\\-2\\1\\0\end{pmatrix} \neq \mathbf{0},$$

即为导出组 $\boldsymbol{Ax} = \mathbf{0}$ 的一个基础解系.

$$\boldsymbol{\alpha}_1 + \boldsymbol{\alpha}_2 + \boldsymbol{\alpha}_3 + \boldsymbol{\alpha}_4 = \boldsymbol{\beta} \Longleftrightarrow (\boldsymbol{\alpha}_1, \boldsymbol{\alpha}_2, \boldsymbol{\alpha}_3, \boldsymbol{\alpha}_4)\begin{pmatrix}1\\1\\1\\1\end{pmatrix} = \boldsymbol{\beta}, (\text{即 } \boldsymbol{Ax} = \boldsymbol{\beta}),\text{记 } \boldsymbol{\eta}^* = \begin{pmatrix}1\\1\\1\\1\end{pmatrix},$$

即为方程组 $\boldsymbol{Ax} = \boldsymbol{b}$ 的一个解. 从而 $\boldsymbol{Ax} = \boldsymbol{b}$ 的通解为

$$\boldsymbol{x} = k\boldsymbol{\xi} + \boldsymbol{\eta}^*, \text{即} \begin{pmatrix}x_1\\x_2\\x_3\\x_4\end{pmatrix} = k\begin{pmatrix}1\\-2\\1\\0\end{pmatrix} + \begin{pmatrix}1\\1\\1\\1\end{pmatrix} \quad (k \in \mathbf{R}).$$

20. **证明** 方程组可写成$(\boldsymbol{a}, \boldsymbol{b})\begin{pmatrix}x\\y\end{pmatrix} = -\boldsymbol{c}$.

三线相交于一点 $\Longleftrightarrow$ 方程组有唯一解 $\Longleftrightarrow R(\boldsymbol{a}, \boldsymbol{b}) = R(\boldsymbol{a}, \boldsymbol{b}, -\boldsymbol{c}) = 2 \Longleftrightarrow \boldsymbol{a}, \boldsymbol{b}$线性无关，且 $\boldsymbol{a}, \boldsymbol{b}, \boldsymbol{c}$ 线性相关.

21. **证明** 由题设 $\boldsymbol{A}^2 = \boldsymbol{A}$, $\boldsymbol{A}(\boldsymbol{A}-\boldsymbol{E}) = \mathbf{0}$,由例 4.13 得 $R(\boldsymbol{A}) + R(\boldsymbol{A}-\boldsymbol{E}) \leqslant n$;又 $\boldsymbol{A} + (\boldsymbol{E}-\boldsymbol{A}) = \boldsymbol{E}$,由例 3.8 得 $n = R(\boldsymbol{E}) \leqslant R(\boldsymbol{A}) + R(\boldsymbol{E}-\boldsymbol{A}) = R(\boldsymbol{A}) + R(\boldsymbol{A}-\boldsymbol{E})$;于是 $R(\boldsymbol{A}) + R(\boldsymbol{A}-\boldsymbol{E}) = n$.

22. **证明** 利用 $\boldsymbol{AA}^* = |\boldsymbol{A}|\boldsymbol{E}$,以及伴随阵的定义来证明.

当 $R(\boldsymbol{A}) = n$ 时，$|\boldsymbol{A}| \neq 0$,由 $|\boldsymbol{A}^*| = |\boldsymbol{A}|^{n-1} \neq 0$,得 $R(\boldsymbol{A}^*) = n$;

当$R(\boldsymbol{A}) = n-1$ 时，$|\boldsymbol{A}| = 0$, $\boldsymbol{AA}^* = 0$,有 $R(\boldsymbol{A}) + R(\boldsymbol{A}^*) \leqslant n$, $R(\boldsymbol{A}^*) \leqslant 1$,又$R(\boldsymbol{A}) = n-1$, $\boldsymbol{A}$ 中有一个 $n-1$ 阶子式不等于零,从而 $\boldsymbol{A}^* \neq \mathbf{0}$, $R(\boldsymbol{A}^*) > 0$,综合之 $R(\boldsymbol{A}^*) = 1$;

当 $R(\boldsymbol{A}) < n-1$ 时,$\boldsymbol{A}$ 中所有 $n-1$ 阶子式全为零,故 $\boldsymbol{A}^* = \mathbf{0}$,从而 $R(\boldsymbol{A}^*) = 0$.

23. V_1是向量空间,因为 V_1关于向量的加法和数乘运算封闭;V_2不是向量空间,因为 V_2关于向量的加法和数乘运算不封闭.

24. **提示** 由向量空间 $\mathbf{R}^3$ 的结构知,只需证 $\boldsymbol{\alpha}_1, \boldsymbol{\alpha}_2, \boldsymbol{\alpha}_3$ 是 $\mathbf{R}^3$ 的一个基.

25. **解** 要证 $\boldsymbol{\alpha}_1, \boldsymbol{\alpha}_2, \boldsymbol{\alpha}_3$ 是 $\mathbf{R}^3$ 的一个基,只要证 $\boldsymbol{\alpha}_1, \boldsymbol{\alpha}_2, \boldsymbol{\alpha}_3$ 线性无关,即只要证 $\boldsymbol{A} \sim \boldsymbol{E}$.

$$(\boldsymbol{\beta}_1, \boldsymbol{\beta}_2) = (\boldsymbol{\alpha}_1, \boldsymbol{\alpha}_2, \boldsymbol{\alpha}_3)\begin{pmatrix}x_{11} & x_{12}\\x_{21} & x_{22}\\x_{31} & x_{32}\end{pmatrix}, \text{记作 } \boldsymbol{B} = \boldsymbol{AX}.$$

对矩阵$(\boldsymbol{A}, \boldsymbol{B})$施行初等行变换,若$\boldsymbol{A}$能化为$\boldsymbol{E}$,则$\boldsymbol{\alpha}_1, \boldsymbol{\alpha}_2, \boldsymbol{\alpha}_3$ 为 $\mathbf{R}^3$ 的一个基,且当$\boldsymbol{A}$化为$\boldsymbol{E}$时,$\boldsymbol{B}$ 化为 $\boldsymbol{X} = \boldsymbol{A}^{-1}\boldsymbol{B}$.

$$(\boldsymbol{A}, \boldsymbol{B}) = \begin{pmatrix}2 & 2 & -1 & 1 & 4\\2 & -1 & 2 & 0 & 3\\-1 & 2 & 2 & -4 & 2\end{pmatrix} \xrightarrow[\substack{r_2-2r_1\\r_3+r_1}]{\frac{1}{3}(r_1+r_2+r_3)} \begin{pmatrix}1 & 1 & 1 & -1 & 3\\0 & -3 & 0 & 2 & -3\\0 & 3 & 3 & -5 & 5\end{pmatrix}$$

$$\xrightarrow[r_3\div 3]{r_2\div(-3)}\begin{pmatrix}1&1&1&-1&3\\0&1&0&-\frac{2}{3}&1\\0&1&1&-\frac{5}{3}&\frac{5}{3}\end{pmatrix}\xrightarrow[r_3-r_2]{r_1-r_3}\begin{pmatrix}1&0&0&\frac{2}{3}&\frac{4}{3}\\0&1&0&-\frac{2}{3}&1\\0&0&1&-1&\frac{2}{3}\end{pmatrix}.$$

因有 $\boldsymbol{A}\sim\boldsymbol{E}$,故 $\boldsymbol{\alpha}_1,\boldsymbol{\alpha}_2,\boldsymbol{\alpha}_3$ 为 $\mathbf{R}^3$ 的一个基,且

$$(\boldsymbol{\beta}_1,\boldsymbol{\beta}_2)=(\boldsymbol{\alpha}_1,\boldsymbol{\alpha}_2,\boldsymbol{\alpha}_3)\begin{pmatrix}\frac{2}{3}&\frac{4}{3}\\-\frac{2}{3}&1\\-1&\frac{2}{3}\end{pmatrix},$$

即 $\boldsymbol{\beta}_1,\boldsymbol{\beta}_2$ 在基 $\boldsymbol{\alpha}_1,\boldsymbol{\alpha}_2,\boldsymbol{\alpha}_3$ 中的坐标依次为

$$\frac{2}{3},-\frac{2}{3},-1\text{ 和 }\frac{4}{3},1,\frac{2}{3}.$$

26. $\boldsymbol{P}=\boldsymbol{A}^{-1}\boldsymbol{B}=\begin{pmatrix}2&3&4\\0&-1&0\\-1&0&-1\end{pmatrix}$.

提示　$(\boldsymbol{\alpha}_1,\boldsymbol{\alpha}_2,\boldsymbol{\alpha}_3)=(\boldsymbol{\varepsilon}_1,\boldsymbol{\varepsilon}_2,\boldsymbol{\varepsilon}_3)\boldsymbol{A}$,$(\boldsymbol{\varepsilon}_1,\boldsymbol{\varepsilon}_2,\boldsymbol{\varepsilon}_3)=(\boldsymbol{\alpha}_1,\boldsymbol{\alpha}_2,\boldsymbol{\alpha}_3)\boldsymbol{A}^{-1}$. $(\boldsymbol{\beta}_1,\boldsymbol{\beta}_2,\boldsymbol{\beta}_3)=(\boldsymbol{\varepsilon}_1,\boldsymbol{\varepsilon}_2,\boldsymbol{\varepsilon}_3)\boldsymbol{B}=(\boldsymbol{\alpha}_1,\boldsymbol{\alpha}_2,\boldsymbol{\alpha}_3)\boldsymbol{A}^{-1}\boldsymbol{B}$,则 $\boldsymbol{A}^{-1}\boldsymbol{B}$ 就是基 $\boldsymbol{\alpha}_1,\boldsymbol{\alpha}_2,\boldsymbol{\alpha}_3$ 到基 $\boldsymbol{\beta}_1,\boldsymbol{\beta}_2,\boldsymbol{\beta}_3$ 的过渡矩阵,记作 $\boldsymbol{P}$.

27. (1) (A).　(2) (C).　(3) (D).

28. (1) 令　$\boldsymbol{\alpha}_1=\begin{pmatrix}1\\0\end{pmatrix},\boldsymbol{\alpha}_2=\begin{pmatrix}0\\1\end{pmatrix},\boldsymbol{\alpha}_3=\begin{pmatrix}0\\0\end{pmatrix}$.

$\boldsymbol{\alpha}_1,\boldsymbol{\alpha}_2,\boldsymbol{\alpha}_3$ 线性相关,但 $\boldsymbol{\alpha}_1$ 不能由 $\boldsymbol{\alpha}_2,\boldsymbol{\alpha}_3$ 线性表示.

(2) 令 $\boldsymbol{\alpha}_1=\begin{pmatrix}1\\0\end{pmatrix},\boldsymbol{\alpha}_2=\begin{pmatrix}0\\1\end{pmatrix};\boldsymbol{\beta}_1=\begin{pmatrix}-1\\0\end{pmatrix},\boldsymbol{\beta}_2=\begin{pmatrix}0\\-1\end{pmatrix}$.

对任意不全为零的数 λ_1,λ_2,有

$$\lambda_1\boldsymbol{\alpha}_1+\lambda_2\boldsymbol{\alpha}_2+\lambda_1\boldsymbol{\beta}_1+\lambda_2\boldsymbol{\gamma}_2=\mathbf{0}.$$

但 $\boldsymbol{\alpha}_1,\boldsymbol{\alpha}_2$ 线性无关;$\boldsymbol{\beta}_1,\boldsymbol{\beta}_2$ 也线性无关.

(3) 令 $\boldsymbol{\alpha}_1=\begin{pmatrix}1\\0\end{pmatrix},\boldsymbol{\alpha}_2=\begin{pmatrix}0\\0\end{pmatrix};\boldsymbol{\beta}_1=\begin{pmatrix}0\\0\end{pmatrix},\boldsymbol{\beta}_2=\begin{pmatrix}0\\1\end{pmatrix}$.

只有当 $\lambda_1=\lambda_2=0$ 时,

$$\lambda_1\boldsymbol{\alpha}_1+\lambda_2\boldsymbol{\alpha}_2+\lambda_1\boldsymbol{\beta}_1+\lambda_2\boldsymbol{\beta}_2=\mathbf{0}$$

才成立,但 $\boldsymbol{\alpha}_1,\boldsymbol{\alpha}_2$ 线性相关,$\boldsymbol{\beta}_1,\boldsymbol{\beta}_2$ 也线性相关.

29. (1)是. 因为 $(\boldsymbol{\xi}_1+\boldsymbol{\xi}_2,\boldsymbol{\xi}_2+\boldsymbol{\xi}_3,\boldsymbol{\xi}_3+\boldsymbol{\xi}_1)=(\boldsymbol{\xi}_1,\boldsymbol{\xi}_2,\boldsymbol{\xi}_3)\begin{pmatrix}1&0&1\\1&1&0\\0&1&1\end{pmatrix}$,记 $\boldsymbol{K}=\begin{pmatrix}1&0&1\\1&1&0\\0&1&1\end{pmatrix}$,

$|\boldsymbol{K}|=2\neq 0$. $R(\boldsymbol{K})=3$,由 13 题知,$\boldsymbol{\xi}_1+\boldsymbol{\xi}_2,\boldsymbol{\xi}_2+\boldsymbol{\xi}_3,\boldsymbol{\xi}_3+\boldsymbol{\xi}_1$ 线性无关.

(2) 不是. 因为 $(\boldsymbol{\xi}_1-\boldsymbol{\xi}_2)+(\boldsymbol{\xi}_2-\boldsymbol{\xi}_3)+(\boldsymbol{\xi}_3-\boldsymbol{\xi}_1)=\mathbf{0}$,$\boldsymbol{\xi}_1-\boldsymbol{\xi}_2,\boldsymbol{\xi}_2-\boldsymbol{\xi}_3,\boldsymbol{\xi}_3-\boldsymbol{\xi}_1$ 线性相关.

习题 5

1. 8.

2. (1) $\boldsymbol{\beta}_1=\begin{pmatrix}\frac{1}{\sqrt{2}}\\ \frac{1}{\sqrt{2}}\\ 0\end{pmatrix}$, $\boldsymbol{\beta}_2=\begin{pmatrix}\frac{1}{\sqrt{3}}\\ -\frac{1}{\sqrt{3}}\\ \frac{1}{\sqrt{3}}\end{pmatrix}$, $\boldsymbol{\beta}_3=\begin{pmatrix}-\frac{1}{\sqrt{6}}\\ \frac{1}{\sqrt{6}}\\ \frac{2}{\sqrt{6}}\end{pmatrix}$;

(2) $\boldsymbol{\beta}_1=\begin{pmatrix}\frac{1}{2}\\ \frac{1}{2}\\ \frac{1}{2}\\ \frac{1}{2}\end{pmatrix}$, $\boldsymbol{\beta}_2=\begin{pmatrix}\frac{3\sqrt{14}}{14}\\ 0\\ -\frac{\sqrt{14}}{14}\\ -\frac{2\sqrt{14}}{14}\end{pmatrix}$, $\boldsymbol{\beta}_3=\begin{pmatrix}0\\ \frac{\sqrt{6}}{6}\\ -\frac{2\sqrt{6}}{6}\\ \frac{\sqrt{6}}{6}\end{pmatrix}$.

3. $\boldsymbol{A}$ 不是;$\boldsymbol{B}$ 是.

4. **证明** $\boldsymbol{A}$ 是正交阵,则 $\boldsymbol{A}\boldsymbol{A}^{\mathrm{T}}=\boldsymbol{E}$,且 $|\boldsymbol{A}|=\pm 1$, $\boldsymbol{A}^{-1}=\boldsymbol{A}^{\mathrm{T}}$, $\boldsymbol{A}^{*}=|\boldsymbol{A}|\boldsymbol{A}^{-1}=|\boldsymbol{A}|\boldsymbol{A}^{\mathrm{T}}$,有

$$(\boldsymbol{A}^{*})^{\mathrm{T}}\boldsymbol{A}^{*}=(|\boldsymbol{A}|\boldsymbol{A}^{\mathrm{T}})^{\mathrm{T}}\cdot|\boldsymbol{A}|\boldsymbol{A}^{\mathrm{T}}=|\boldsymbol{A}|^2\boldsymbol{A}\cdot\boldsymbol{A}^{\mathrm{T}}=\boldsymbol{E}.$$

所以,$\boldsymbol{A}^{*}$ 也是正交阵.

5. **证明** $\boldsymbol{H}=\boldsymbol{E}-2\boldsymbol{x}\boldsymbol{x}^{\mathrm{T}}$,$\boldsymbol{H}^{\mathrm{T}}=(\boldsymbol{E}-2\boldsymbol{x}\boldsymbol{x}^{\mathrm{T}})^{\mathrm{T}}=\boldsymbol{E}-2\boldsymbol{x}\boldsymbol{x}^{\mathrm{T}}$,故 $\boldsymbol{H}$ 为对称阵. 又 $\boldsymbol{H}\boldsymbol{H}^{\mathrm{T}}=\boldsymbol{H}^2=(\boldsymbol{E}-2\boldsymbol{x}\boldsymbol{x}^{\mathrm{T}})^2=\boldsymbol{E}-2\boldsymbol{x}\boldsymbol{x}^{\mathrm{T}}-2\boldsymbol{x}\boldsymbol{x}^{\mathrm{T}}+4\boldsymbol{x}(\boldsymbol{x}^{\mathrm{T}}\boldsymbol{x})\boldsymbol{x}^{\mathrm{T}}=\boldsymbol{E}$,($\boldsymbol{x}^{\mathrm{T}}\boldsymbol{x}=1$),所以 $\boldsymbol{H}$ 又是正交阵.

6. (1) $\lambda_1=7$, $k_1\begin{pmatrix}1\\1\end{pmatrix}$($k_1\in\mathbf{R}$, $k_1\neq 0$),$\lambda_2=-2$, $k_2\begin{pmatrix}-4\\5\end{pmatrix}$ ($k_2\in\mathbf{R}$, $k_2\neq 0$);

(2) $\lambda_1=\lambda_2=\lambda_3=-1$, $k\begin{pmatrix}1\\1\\-1\end{pmatrix}$ ($k\in\mathbf{R}$, $k\neq 0$);

(3) $\lambda_1=\lambda_2=1$, $k_1\begin{pmatrix}1\\-2\\0\end{pmatrix}$ ($k_1\in\mathbf{R}$, $k_1\neq 0$), $\lambda_3=-1$, $k_3\begin{pmatrix}0\\0\\1\end{pmatrix}$ ($k_3\in\mathbf{R}$, $k_3\neq 0$);

(4) $\lambda_1=-1$, $k_1\begin{pmatrix}1\\-1\\0\end{pmatrix}$; $\lambda_2=9$, $k_2\begin{pmatrix}1\\1\\2\end{pmatrix}$; $\lambda_3=0$, $k_3\begin{pmatrix}1\\1\\-1\end{pmatrix}$ (k_1, k_2, $k_3\in\mathbf{R}$, k_1, k_2, k_3 均不为零).

7. **证明** 由题设,$\boldsymbol{A}\boldsymbol{\alpha}_1=\lambda_1\boldsymbol{\alpha}_1$, $\boldsymbol{A}\boldsymbol{\alpha}_2=\lambda_2\boldsymbol{\alpha}_2$,其中 $\lambda_1\neq\lambda_2$,若存在数 λ,使 $\boldsymbol{A}(\boldsymbol{\alpha}_1+\boldsymbol{\alpha}_2)=\lambda(\boldsymbol{\alpha}_1+\boldsymbol{\alpha}_2)$,即 $\boldsymbol{A}\boldsymbol{\alpha}_1+\boldsymbol{A}\boldsymbol{\alpha}_2=\lambda_1\boldsymbol{\alpha}_1+\lambda_2\boldsymbol{\alpha}_2=\lambda\boldsymbol{\alpha}_1+\lambda\boldsymbol{\alpha}_2$,得 $(\lambda_1-\lambda)\boldsymbol{\alpha}_1+(\lambda_2-\lambda)\boldsymbol{\alpha}_2=\mathbf{0}$,因 $\boldsymbol{\alpha}_1$, $\boldsymbol{\alpha}_2$ 线性无关(不同的特征值对应的特征向量线性无关),得 $\lambda-\lambda_1=\lambda-\lambda_2=0$,即 $\lambda_1=\lambda_2$,矛盾.

8. **解** 由 $\boldsymbol{A}^2=\boldsymbol{E}$,得 $(\boldsymbol{A}-\boldsymbol{E})(\boldsymbol{A}+\boldsymbol{E})=\boldsymbol{O}$,于是有 $|\boldsymbol{A}-\boldsymbol{E}||\boldsymbol{A}+\boldsymbol{E}|=0$,得

$$|\boldsymbol{A}-\boldsymbol{E}|=0 \quad 或 \quad |\boldsymbol{A}+\boldsymbol{E}|=0.$$

从而知 $\boldsymbol{A}$ 的特征值为 1 或 -1.

9. **证明** 要证 $\lambda=-1$ 是 $\boldsymbol{A}$ 的特征值,只要证 $|\boldsymbol{A}+\boldsymbol{E}|=0$. 由题设,$\boldsymbol{A}$ 为正交阵,故 $\boldsymbol{A}^{\mathrm{T}}\boldsymbol{A}=\boldsymbol{E}$,于是有

$$\begin{aligned}|\boldsymbol{A}+\boldsymbol{E}|&=|\boldsymbol{A}+\boldsymbol{A}^{\mathrm{T}}\boldsymbol{A}|=|(\boldsymbol{E}+\boldsymbol{A}^{\mathrm{T}})\boldsymbol{A}|=|\boldsymbol{E}+\boldsymbol{A}^{\mathrm{T}}||\boldsymbol{A}|\\&=-|\boldsymbol{E}+\boldsymbol{A}^{\mathrm{T}}|=-|(\boldsymbol{E}+\boldsymbol{A})^{\mathrm{T}}|=-|\boldsymbol{E}+\boldsymbol{A}|,\end{aligned}$$

得 $|\boldsymbol{A}+\boldsymbol{E}|=0$,即 $\lambda=-1$ 是 $\boldsymbol{A}$ 的特征值.

10. **解** 记 $\varphi(\boldsymbol{A})=\boldsymbol{A}^3-5\boldsymbol{A}^2+7\boldsymbol{A}$, $\varphi(\lambda)=\lambda^3-5\lambda+7\lambda$. 若 λ 是 $\boldsymbol{A}$ 的特征值,则 $\varphi(\lambda)$ 是 $\varphi(\boldsymbol{A})$ 的特征值. 由题设,$\boldsymbol{A}$ 为三阶方阵,$\boldsymbol{A}$ 的三个特征值为 $\lambda_1=1$, $\lambda_2=2$, $\lambda_3=3$,故 $\varphi(\boldsymbol{A})$ 的三个特征值为 $\varphi(1)=1-5+7=3$, $\varphi(2)=8-20+14=2$, $\varphi(3)=27-45+21=3$,从而 $|\varphi(\boldsymbol{A})|=|\boldsymbol{A}^3-5\boldsymbol{A}^2+7\boldsymbol{A}|=|\varphi(1)\varphi(2)\varphi(3)|=3\times2\times3=18$.

11. $|\boldsymbol{A}^*+3\boldsymbol{A}+2\boldsymbol{E}|=25$.

提示 由题设三阶方阵 $\boldsymbol{A}$ 的三个特征值为 $1, 2, -3$,故 $|\boldsymbol{A}|=1\times2\times(-3)=-6\neq0$, $\boldsymbol{A}$ 可逆;又 $\boldsymbol{A}^*=|\boldsymbol{A}|\boldsymbol{A}^{-1}=-6\boldsymbol{A}^{-1}$. 若 λ 是 $\boldsymbol{A}$ 的特征值,$\boldsymbol{A}$ 可逆,则 $\dfrac{1}{\lambda}$ 是 $\boldsymbol{A}^{-1}$ 的特征值,$\dfrac{-6}{\lambda}$ 是 $-6\boldsymbol{A}^{-1}$ 的特征值.

12. $x=3$.

解 n 阶方阵 $\boldsymbol{A}$ 可对角化的充分必要条件是 $\boldsymbol{A}$ 有几个线性无关的特征向量.

由题设 $|\boldsymbol{A}-\lambda\boldsymbol{E}|=\begin{vmatrix}2-\lambda&0&1\\3&1-\lambda&x\\4&0&5-\lambda\end{vmatrix}=(1-\lambda)\begin{vmatrix}2-\lambda&1\\4&5-\lambda\end{vmatrix}=(1-\lambda)^2(6-\lambda)$,

得 $\lambda_1=6$, $\lambda_2=\lambda_3=1$.

对于单根 $\lambda_1=6$ 可求得线性无关的特征向量恰有一个. 故方阵 $\boldsymbol{A}$ 可对角化的充分必要条件是对应重根 $\lambda_2=\lambda_3=1$ 有 2 个线性无关的特征向量,即方程 $(\boldsymbol{A}-\boldsymbol{E})\boldsymbol{x}=\boldsymbol{0}$ 有 2 个线性无关的解,也就是系数矩阵秩 $R(\boldsymbol{A}-\boldsymbol{E})=1$. 由

$$\boldsymbol{A}-\boldsymbol{E}=\begin{pmatrix}1&0&1\\3&0&x\\4&0&4\end{pmatrix}\overset{r_2-3r_1}{\underset{r_3-4r_1}{\sim}}\begin{pmatrix}1&0&1\\0&0&x-3\\0&0&0\end{pmatrix},\text{得 } x=3.$$

13. (1) 可以对角化.

$$\boldsymbol{P}=\begin{pmatrix}2&1&1\\-1&1&0\\1&0&0\end{pmatrix},\quad \boldsymbol{P}^{-1}\boldsymbol{A}\boldsymbol{P}=\begin{pmatrix}1&&\\&3&\\&&3\end{pmatrix};$$

(2) 不可以对角化.

14. $\boldsymbol{A}=\dfrac{1}{3}\begin{pmatrix}-1&0&2\\0&1&2\\2&2&0\end{pmatrix}$.

提示 三阶方阵 $\boldsymbol{A}$ 有三个不相等的特征值,故 $\boldsymbol{A}$ 与对角阵 $\boldsymbol{\Lambda}=\begin{pmatrix}1&&\\&0&\\&&-1\end{pmatrix}$ 相似,即存在可

逆阵 $\boldsymbol{P}$，使 $\boldsymbol{P}^{-1}\boldsymbol{A}\boldsymbol{P}=\boldsymbol{\Lambda}$. 得 $\boldsymbol{A}=\boldsymbol{P}\boldsymbol{\Lambda}\boldsymbol{P}^{-1}$，其中 $\boldsymbol{P}=(\boldsymbol{p}_1, \boldsymbol{p}_2, \boldsymbol{p}_3)$，$\boldsymbol{P}^{-1}=\dfrac{1}{9}\begin{pmatrix}1 & 2 & 2\\ 2 & -2 & 1\\ -2 & -1 & 2\end{pmatrix}$.

15. **提示** $\boldsymbol{A}$ 可逆，有 $\boldsymbol{A}^{-1}\boldsymbol{ABA}=\boldsymbol{BA}$.

16. **提示** (1) $\boldsymbol{A}$ 的三个特征值为 $\lambda_1=\lambda_2=1$，$\lambda_3=-2$ 对应特征向量分别为 $\boldsymbol{p}_1=\begin{pmatrix}-2\\ 1\\ 0\end{pmatrix}$，$\boldsymbol{p}_2=\begin{pmatrix}0\\ 0\\ 1\end{pmatrix}$，$\boldsymbol{p}_3=\begin{pmatrix}-1\\ 1\\ 1\end{pmatrix}$，线性无关，所以方阵 $\boldsymbol{A}$ 可以对角化；

(2) $\boldsymbol{P}=(\boldsymbol{p}_1, \boldsymbol{p}_2, \boldsymbol{p}_3)=\begin{pmatrix}-2 & 0 & -1\\ 1 & 0 & 1\\ 0 & 1 & 1\end{pmatrix}$，$\boldsymbol{P}^{-1}\boldsymbol{A}\boldsymbol{P}=\begin{pmatrix}1 & & \\ & 1 & \\ & & -2\end{pmatrix}=\boldsymbol{\Lambda}$；

(3) $\boldsymbol{A}=\boldsymbol{P}\boldsymbol{\Lambda}\boldsymbol{P}^{-1}$，$\boldsymbol{A}^2=\boldsymbol{P}\boldsymbol{\Lambda}^2\boldsymbol{P}^{-1}$，…，$\boldsymbol{A}^{10}=\boldsymbol{P}\boldsymbol{\Lambda}^{10}\boldsymbol{P}^{-1}=\begin{pmatrix}2-2^{10} & 2-2^{11} & 0\\ -1+2^{10} & -1+2^{11} & 0\\ -1+2^{10} & -2+2^{11} & 1\end{pmatrix}$.

$$\begin{aligned}|\boldsymbol{A}^2-3\boldsymbol{E}| &= |\boldsymbol{P}\boldsymbol{\Lambda}^2\boldsymbol{P}^{-1}-3\boldsymbol{P}\boldsymbol{E}\boldsymbol{P}^{-1}|=|\boldsymbol{P}(\boldsymbol{\Lambda}^2-3\boldsymbol{E})\boldsymbol{P}^{-1}|\\ &=|\boldsymbol{P}||\boldsymbol{\Lambda}^2-3\boldsymbol{E}||\boldsymbol{P}^{-1}|=|\boldsymbol{\Lambda}^2-3\boldsymbol{E}|=4.\end{aligned}$$

17. (1) $\boldsymbol{P}=\dfrac{1}{3}\begin{pmatrix}2 & -2 & 1\\ 2 & 1 & -2\\ 1 & 2 & 2\end{pmatrix}$，$\boldsymbol{P}^{-1}\boldsymbol{A}\boldsymbol{P}=\begin{pmatrix}-1 & & \\ & 2 & \\ & & 5\end{pmatrix}$；

(2) $\boldsymbol{P}=\begin{pmatrix}\frac{2}{\sqrt{5}} & \frac{2}{3\sqrt{5}} & \frac{1}{3}\\ -\frac{1}{\sqrt{5}} & \frac{4}{3\sqrt{5}} & \frac{2}{3}\\ 0 & \frac{5}{3\sqrt{5}} & -\frac{2}{3}\end{pmatrix}$，$\boldsymbol{P}^{-1}\boldsymbol{A}\boldsymbol{P}=\begin{pmatrix}1 & & \\ & 1 & \\ & & 10\end{pmatrix}$.

18. $\boldsymbol{A}$ 与 $\boldsymbol{B}$ 相似，有 $\boldsymbol{P}_1$ 可逆，使 $\boldsymbol{P}_1^{-1}\boldsymbol{A}\boldsymbol{P}_1=\boldsymbol{B}$；$\boldsymbol{C}$ 与 $\boldsymbol{D}$ 相似，有 $\boldsymbol{P}_2$ 可逆，使 $\boldsymbol{P}_2^{-1}\boldsymbol{C}\boldsymbol{P}_2=\boldsymbol{D}$，作

$$\boldsymbol{P}=\begin{pmatrix}\boldsymbol{P}_1 & \boldsymbol{O}\\ \boldsymbol{O} & \boldsymbol{P}_2\end{pmatrix},$$

则有

$$\boldsymbol{P}^{-1}\begin{pmatrix}\boldsymbol{A} & \boldsymbol{O}\\ \boldsymbol{O} & \boldsymbol{C}\end{pmatrix}\boldsymbol{P}=\begin{pmatrix}\boldsymbol{B} & \boldsymbol{O}\\ \boldsymbol{O} & \boldsymbol{D}\end{pmatrix}.$$

19. $\boldsymbol{P}=\begin{pmatrix}\frac{1}{\sqrt{2}} & \frac{1}{\sqrt{2}} & 0 & 0\\ -\frac{1}{\sqrt{2}} & \frac{1}{\sqrt{2}} & 0 & 0\\ 0 & 0 & \frac{1}{\sqrt{2}} & \frac{1}{\sqrt{2}}\\ 0 & 0 & -\frac{1}{\sqrt{2}} & \frac{1}{\sqrt{2}}\end{pmatrix}$，$\boldsymbol{P}^{-1}\boldsymbol{A}\boldsymbol{P}=\begin{pmatrix}3 & 0 & 0 & 0\\ 0 & 5 & 0 & 0\\ 0 & 0 & 3 & 0\\ 0 & 0 & 0 & 5\end{pmatrix}$.

20. (1) $f(x_1, x_2, x_3)=(x_1, x_2, x_3)\begin{pmatrix}1&1&1\\1&2&3\\1&3&5\end{pmatrix}\begin{pmatrix}x_1\\x_2\\x_3\end{pmatrix}$;

(2) $f(x_1, x_2, x_3)=(x_1, x_2, x_3)\begin{pmatrix}0&\frac{1}{2}&\frac{1}{2}\\\frac{1}{2}&0&\frac{1}{2}\\\frac{1}{2}&\frac{1}{2}&0\end{pmatrix}\begin{pmatrix}x_1\\x_2\\x_3\end{pmatrix}$;

(3) $f(x_1, x_2, x_3)=(x_1, x_2, x_3)\begin{pmatrix}1&1&1\\1&1&1\\1&1&1\end{pmatrix}\begin{pmatrix}x_1\\x_2\\x_3\end{pmatrix}$.

21. (1) $\begin{pmatrix}x_1\\x_2\\x_3\end{pmatrix}=\begin{pmatrix}1&0&0\\0&\frac{1}{\sqrt{2}}&\frac{1}{\sqrt{2}}\\0&-\frac{1}{\sqrt{2}}&\frac{1}{\sqrt{2}}\end{pmatrix}\begin{pmatrix}y_1\\y_2\\y_3\end{pmatrix}$, $f=2y_1^2+y_2^2+5y_3^2$;

(2) $\begin{pmatrix}x_1\\x_2\\x_3\end{pmatrix}=\begin{pmatrix}\frac{2}{\sqrt{6}}&0&\frac{1}{\sqrt{3}}\\-\frac{1}{\sqrt{6}}&\frac{1}{\sqrt{2}}&\frac{1}{\sqrt{3}}\\\frac{1}{\sqrt{6}}&\frac{1}{\sqrt{2}}&-\frac{1}{\sqrt{3}}\end{pmatrix}\begin{pmatrix}y_1\\y_2\\y_3\end{pmatrix}$, $f=2y_1^2+3y_2^2$;

(3) $\begin{pmatrix}x_1\\x_2\\x_3\\x_4\end{pmatrix}=\begin{pmatrix}\frac{1}{\sqrt{2}}&0&\frac{1}{\sqrt{2}}&0\\\frac{1}{\sqrt{2}}&0&-\frac{1}{\sqrt{2}}&0\\0&\frac{1}{\sqrt{2}}&0&\frac{1}{\sqrt{2}}\\0&-\frac{1}{\sqrt{2}}&0&\frac{1}{\sqrt{2}}\end{pmatrix}\begin{pmatrix}y_1\\y_2\\y_3\\y_4\end{pmatrix}$, $f=y_1^2+y_2^2-y_3^2-y_4^2$.

22. (1) 正定；(2) 正定.

23. (1) 非正定($\lambda_1=1$, $\lambda_2=4$, $\lambda_3=-2$)；(2) 正定($\lambda_1=1$, $\lambda_2=\lambda_3=2$, $\lambda_4=10$).

24. **证明** 充分性. 由题设 $\boldsymbol{A}=\boldsymbol{D}^{\mathrm{T}}\boldsymbol{D}$, $\boldsymbol{D}$ 为可逆阵，要证 $\boldsymbol{A}$ 为正定的，就是要证明对 $\boldsymbol{x}\neq\boldsymbol{0}(\boldsymbol{x}\in\mathbf{R}^n)$，矩阵 $\boldsymbol{A}$ 的二次型 $f(\boldsymbol{x})=\boldsymbol{x}^{\mathrm{T}}\boldsymbol{A}\boldsymbol{x}>0$. 因为 $\boldsymbol{D}$ 可逆，故 $\boldsymbol{D}\boldsymbol{x}\neq\boldsymbol{0}$，有

$$f(\boldsymbol{x})=\boldsymbol{x}^{\mathrm{T}}\boldsymbol{A}\boldsymbol{x}=\boldsymbol{x}^{\mathrm{T}}\boldsymbol{D}^{\mathrm{T}}\boldsymbol{D}\boldsymbol{x}=(\boldsymbol{D}\boldsymbol{x})^{\mathrm{T}}(\boldsymbol{D}\boldsymbol{x})=[\boldsymbol{D}\boldsymbol{x}, \boldsymbol{D}\boldsymbol{x}]>0.$$

必要性. $\boldsymbol{A}$ 为正定阵，$\boldsymbol{A}$ 的特征值 $\lambda_1, \lambda_2, \cdots, \lambda_n$ 全大于零，且存在正交阵 $\boldsymbol{P}$，使

$$\boldsymbol{P}^{\mathrm{T}}\boldsymbol{A}\boldsymbol{P}=\begin{pmatrix}\lambda_1&&&\\&\lambda_2&&\\&&\ddots&\\&&&\lambda_n\end{pmatrix}, \boldsymbol{P}^{\mathrm{T}}=\boldsymbol{P}^{-1}, \text{有}$$

$$A=P\begin{pmatrix}\lambda_1&&&\\&\lambda_2&&\\&&\ddots&\\&&&\lambda_n\end{pmatrix}P^{T}=P\begin{pmatrix}\sqrt{\lambda_1}&&&\\&\sqrt{\lambda_2}&&\\&&\ddots&\\&&&\sqrt{\lambda_n}\end{pmatrix}\begin{pmatrix}\sqrt{\lambda_1}&&&\\&\sqrt{\lambda_2}&&\\&&\ddots&\\&&&\sqrt{\lambda_n}\end{pmatrix}^{T}P^{T}=D^{T}D,$$

其中
$$D^{T}=P\begin{pmatrix}\sqrt{\lambda_1}&&&\\&\sqrt{\lambda_2}&&\\&&\ddots&\\&&&\sqrt{\lambda_n}\end{pmatrix}.$$

25. (1) (D). (2) (A). (3) (C). (4) (C). (5) (B).

习题 6

3. V_1不是;V_2,V_3是.

4. (1) $\boldsymbol{\alpha}_1=\begin{pmatrix}1&0\\0&0\end{pmatrix}$, $\boldsymbol{\alpha}_2=\begin{pmatrix}0&1\\0&0\end{pmatrix}$, $\boldsymbol{\alpha}_3=\begin{pmatrix}0&0\\1&0\end{pmatrix}$, $\boldsymbol{\alpha}_4=\begin{pmatrix}0&0\\0&1\end{pmatrix}$;

(2) $\boldsymbol{\alpha}_1=\begin{pmatrix}1&0\\0&-1\end{pmatrix}$, $\boldsymbol{\alpha}_2=\begin{pmatrix}0&1\\0&0\end{pmatrix}$, $\boldsymbol{\alpha}_3=\begin{pmatrix}0&0\\1&0\end{pmatrix}$;

(3) $\boldsymbol{\alpha}_1=\begin{pmatrix}1&0\\0&0\end{pmatrix}$, $\boldsymbol{\alpha}_2=\begin{pmatrix}0&0\\0&1\end{pmatrix}$, $\boldsymbol{\alpha}_3=\begin{pmatrix}0&1\\1&0\end{pmatrix}$.

5. $(33, -82, 154)^{T}$.

6. $\begin{pmatrix}x_1'\\x_2'\\x_3'\end{pmatrix}=\begin{pmatrix}13&19&\frac{181}{4}\\-9&-13&-\frac{63}{2}\\7&10&\frac{99}{4}\end{pmatrix}\begin{pmatrix}x_1\\x_2\\x_3\end{pmatrix}$ 或 $\begin{pmatrix}x_1\\x_2\\x_3\end{pmatrix}=\begin{pmatrix}-27&-71&-41\\9&20&9\\4&12&8\end{pmatrix}\begin{pmatrix}x_1'\\x_2'\\x_3'\end{pmatrix}$.

7. (1) $P=\begin{pmatrix}2&0&5&6\\1&3&3&6\\-1&1&2&1\\1&0&1&3\end{pmatrix}$; (2) $\begin{pmatrix}x_1'\\x_2'\\x_3'\\x_4'\end{pmatrix}=\frac{1}{27}\begin{pmatrix}12&9&-27&-33\\1&12&-9&-23\\9&0&0&-18\\-7&-3&9&26\end{pmatrix}\begin{pmatrix}x_1\\x_2\\x_3\\x_4\end{pmatrix}$;

(3) $k\begin{pmatrix}1\\1\\1\\-1\end{pmatrix}$ $(k\in\mathbf{R})$.

8. $P=\begin{pmatrix}0&0&\cdots&0&1\\2&0&\cdots&0&0\\0&3&\cdots&0&0\\\vdots&\vdots&&\vdots&\vdots\\0&0&\cdots&n&0\end{pmatrix}$.

9. (1) $\boldsymbol{P}=\begin{pmatrix}1&1&1&1\\0&1&1&1\\0&0&1&1\\0&0&0&1\end{pmatrix}$；(2) 在基(Ⅰ)下的坐标是$\begin{pmatrix}18\\10\\8\\7\end{pmatrix}$,在基(Ⅱ)下的坐标是$\begin{pmatrix}8\\2\\1\\7\end{pmatrix}$.

10. (1) 否;(2) 否.

11. (1) 否;(2) 是.

13. $\begin{pmatrix}2&-1&0\\0&1&1\\2&0&0\end{pmatrix}$.

14. $\begin{pmatrix}2&3&4\\0&-1&0\\-1&0&-1\end{pmatrix}$.

15. $\begin{pmatrix}-1&1&-2\\2&2&0\\3&0&2\end{pmatrix}$.

16. $\begin{pmatrix}1&0&0\\1&1&0\\1&2&1\end{pmatrix}$.

参 考 文 献

[1] 北京大学数学力学系几何与代数教研室代数小组. 高等代数[M]. 北京:人民教育出版社,1978.

[2] 同济大学数学教研室. 线性代数[M]. 北京:高等教育出版社,2003.

[3] 同济大学应用数学系. 线性代数[M]. 上海:同济大学出版社,2003.

[4] 同济大学函授数学教研室. 线性代数[M]. 上海:同济大学出版社,1999.